Edmund Conway

50 Schlüsselideen

Wirtschafts-
wissenschaft

Aus dem Englischen übersetzt von Maria Bühler

Spektrum
AKADEMISCHER VERLAG

Inhalt

Einleitung

„Ein ödes, trübseliges, ja sogar recht verachtenswertes und leidvolles [Thema]; wir könnten auch von der trostlosen Wissenschaft sprechen."

Thomas Carlyles Beschreibung der Ökonomie aus dem Jahr 1849 wird bis heute gern zitiert, ob zum Guten oder zum Schlechten. Das ist eigentlich auch kein Wunder. Denn von der Ökonomie nehmen die Menschen in der Regel erst dann Kenntnis, wenn etwas schiefgeht. Erst wenn eine Volkswirtschaft in eine Krise gerät, wenn Tausende ihre Arbeitsplätze verlieren und die Preise zu stark steigen oder zu rasant fallen, rückt das Thema in unser Blickfeld. Dann ist die Lage natürlich trostlos – in der Krise stehen nun einmal zwangsläufig Herausforderungen und Zwänge im Vordergrund, in der Krise erinnern wir uns schmerzhaft daran, dass wir nicht alles haben können, was wir möchten, und in der Krise müssen wir wieder einmal erkennen, dass der Mensch nicht vollkommen ist.

Doch die Wahrheit – was könnte ein Ökonom schon anderes sagen – stellt sich weit komplizierter dar. Ginge es in der Wirtschaftswissenschaft lediglich um Zahlen, Statistiken und Theorien, dann wäre die Behauptung der „trostlosen Wissenschaft" ja nachvollziehbar. Aber letztlich hat sie den Menschen zum Untersuchungsgegenstand. Sie fragt, wie Menschen zum Erfolg gelangen, was uns glücklich oder zufrieden macht, und wie die Menschheit es geschafft hat, im Lauf der Generationen gesünder und wohlhabender als jemals zuvor zu werden.

Die Wirtschaftswissenschaft beschäftigt sich damit, was die Menschen zu ihrem Tun bewegt. Sie beobachtet, wie sie auf Schwierigkeiten oder Erfolge reagieren. Sie untersucht, welche Entscheidungen Menschen treffen, wenn ihnen nur wenige Optionen zur Verfügung stehen, und wie sie diese gegeneinander abwägen. Es ist eine Wissenschaft, in die auch die Geschichte, Politik und Psychologie hineinspielen und die zugegebenermaßen die eine oder andere Gleichung enthält. Wenn die Geschichte uns über die Fehler der Vergangenheit aufklären soll, dann muss die Ökonomie herausfinden, wie wir es beim nächsten Mal besser machen können.

Ob ihr das gelingt, steht auf einem anderen Blatt. Als dieses Buch in Druck ging, kämpfte die Welt mit einer der größten Finanzkrisen in der Geschichte. Jahrzehntelange Sünden im Umgang mit Krediten rächten sich nun an den internationalen Märkten. Einige der weltweit größten und ältesten Banken, Handels- und Industrieunternehmen brachen zusammen. In der Krise gab es vieles, das neu war, etwa neue und komplexe Finanzinstrumente oder neue wirtschaftliche Kräfteverhältnisse. Erstmals seit dem Ende des Kalten Krieges wurde die Position der USA als Weltmacht hinterfragt. Aber in ihren Grundzügen ähnelte die Wirtschafts- und Finanzkrise vielen anderen Krisen der Vergangenheit. Wenn wir dieselben Fehler immer wieder machen, so wurde gerufen, welchen Zweck hat dann die Ökonomie?

Die Antwort ist ganz einfach. Die Erkenntnisse, die uns die Ökonomie im Lauf der Jahrhunderte darüber gebracht hat, wie wir unsere Volkswirtschaften am besten führen, haben uns zu größerem Wohlstand, mehr Gesundheit und einer längeren Lebenserwartung verholfen, als unsere Vorfahren es sich jemals hätten träumen lassen. Das ist keineswegs selbstverständlich. Man muss sich nur viele Länder südlich der Sahara und in Teilen Asiens ansehen, in denen die Menschen noch in Verhältnissen leben, wie sie in Europa im Mittelalter üblich waren, um zu erkennen, dass unser Wohlstand keineswegs selbstverständlich ist. Er ist vielmehr äußerst anfällig. Aber wir nehmen den Erfolg für selbstverständlich und zeigen lieber mit dem Finger auf die trostlose Seite der Dinge.

Das entspricht der menschlichen Natur. Viele Wirtschaftsbücher versuchen, den Illusionen ein Ende zu bereiten. Aber daraus spricht auch eine Portion Verzweiflung, die eigentlich nicht meinem Stil entspricht. Ich möchte in diesem Buch einfach nur erklären, wie die Wirtschaft funktioniert. Das schmutzige kleine Geheimnis der Wirtschaftswissenschaft lautet nämlich, dass sie keine komplizierte Materie ist – warum auch? Sie beschäftigt sich mit den Menschen, und das erklärt, warum ihre Ideen im Grunde auf den gesunden Menschenverstand zurückgehen.

Die einzelnen Kapitel dieses Buches können in beliebiger Reihenfolge gelesen werden, weil jede der 50 Ideen ein in sich geschlossenes Konzept darstellt. Nur wo es sinnvoll ist, verweise ich auf andere, ergänzende Kapitel.

Meine Hoffnung ist, dass Sie sich ein bisschen mehr in die Welt der Ökonomen hineindenken können, wenn Sie die Ideen dieses Buches kennen gelernt haben. Sie können dann gezielte Fragen zu unserer Vorgehensweise stellen, Sie können die angeblich anerkannten Konzepte hinterfragen, und Sie werden erkennen, dass selbst die einfachsten Dinge komplizierter sind, als sie scheinen – und deshalb umso schöner.

Ein Beispiel dafür ist diese Einleitung. Jeder Autor möchte all jenen danken, die in irgendeiner Weise zum Entstehen seines Buches beigetragen haben. Aber wo soll ich anfangen? Beim Besitzer des Waldes, aus dem die Bäume stammen, die zur Herstellung des Papiers für dieses Buch benötigt wurden? Bei den Fabrikarbeitern, die die Tinte herstellten, mit denen die Seiten bedruckt wurden? Oder den Druckern in China, die das Buch schließlich herstellten? Wie so oft in dieser eng verflochtenen Welt waren letztlich Millionen Menschen an der Entstehung dieses Buches beteiligt – angefangen vom Verlag und Hersteller bis hin zum Speditionsunternehmen, das dafür sorgte, dass das Buch von China in Ihre Buchhandlung gelangte, und noch viele andere mehr. (Wenn Sie wissen möchten, warum das Buch in China gedruckt wurde, lesen Sie das Kapitel über die Globalisierung.)

Vor allem ist dieses Buch aber das Produkt von Tausenden von Gesprächen, die ich in den vergangenen Jahren mit Ökonomen, Professoren, Finanzexperten, Geschäftsleuten und Politikern führte. Es ist auch das Produkt der exzellenten Wirtschaftspublikationen, die in den Bücherregalen stehen und – noch spannender – im Internet zugänglich sind. In vielen der hier vorgestellten Ideen finden die Gedanken bekannter und weniger bekannter Ökonomen Widerhall. Sie sind zu zahlreich, um genannt zu werden. Ich möchte aber auch Judith Shipman von Quercus danken, weil sie mir ermöglichte, einen Beitrag zu dieser hervorragenden Buchreihe zu leisten. Ich danke auch Nick Fawcett und Ian Crofton für ihr Lektorat, Vicki und Mark Garthwaite dafür, dass Sie mir einen Ort zum Schreiben zur Verfügung stellten, David Litterick, Harry Briggs und Olivia Hunt für ihre guten Vorschläge und schließlich meiner Mutter und dem Rest meiner Familie für ihre Unterstützung.

Edmund Conway, 2009

01 Die unsichtbare Hand

„Gier ist gut", verkündete Gordon Gekko, der Bösewicht im Filmklassiker *Wall Street* und bestätigte damit kurz und bündig die schlimmsten Befürchtungen der vornehmen Gesellschaft der achtziger Jahre über Bank- und Börsenmakler. Im Haifischbecken Manhattan musste sich niemand mehr seiner Habgier schämen – man konnte sie vielmehr stolz zur Schau tragen, wie ein gestreiftes Hemd und rote Hosenträger.

Der Film rief im ausgehenden 20. Jahrhundert empörte Reaktionen hervor. Versuchen Sie sich einmal vorzustellen, wie eine solche Botschaft zwei Jahrhunderte früher geklungen hätte, als die Kirche noch über das geistige Leben bestimmte und es schon fast als Blasphemie galt, Menschen als „Profitjäger" („economic animals") zu bezeichnen. Nun haben Sie eine ungefähre Vorstellung davon, wie skandalträchtig Adam Smiths radikale Idee der „unsichtbaren Hand" im 18. Jahrhundert sein musste. Dennoch wurde sein Buch ebenso wie der Hollywood-Film ein großer kommerzieller Erfolg. Die erste Auflage war schnell ausverkauft und seitdem ist das Buch aus dem Kanon der Ökonomie nicht mehr wegzudenken.

Die Rolle des Eigennutzes Die „unsichtbare Hand" ist eine andere Umschreibung für das Gesetz von Angebot und Nachfrage (▶ Kapitel 2). Das Konzept erklärt, wie diese beiden widerstreitenden Kräfte der Gesellschaft insgesamt nützen. Einfach ausgedrückt, steht dahinter der Gedanke, dass nichts daran auszusetzen ist, wenn die Menschen eigennützig handeln. In einer freien Marktwirtschaft wirken sich die vereinten Kräfte der Einzelnen, die im Eigeninteresse handeln, zum Vorteil der Gesellschaft als Ganzes aus. Jeder Einzelne zieht einen Nutzen daraus.

Smith verwendete die Metapher von der „unsichtbaren Hand" in seinem Meisterwerk *Der Wohlstand der Nationen* aus dem Jahr 1776 nur drei Mal. Es gibt jedoch eine zentrale Passage, die ihre Bedeutung unterstreicht:

Zeitleiste

350 v. Chr.	1723	1759
Aristoteles spricht sich für das Privateigentum aus	Adam Smith wird geboren	Adam Smith veröffentlicht *Die Theorie der ethischen Gefühle*

[Jeder Einzelne] fördert in der Regel nicht bewusst das Allgemeinwohl, noch weiß er, wie hoch der eigene Beitrag ist ... Wenn er ... die Erwerbstätigkeit so fördert, dass ihr Ertrag den höchsten Wert erzielen kann, strebt er lediglich nach eigenem Gewinn. Er wird in diesem wie auch in vielen anderen Fällen von einer unsichtbaren Hand geleitet, um einen Zweck zu fördern, den zu erfüllen er in keiner Weise beabsichtigt hat ... Indem er sein Eigeninteresse verfolgt, fördert er häufig auch das der Gesellschaft viel wirkungsvoller, als er dies in bewusster Absicht tun würde. Es ist noch nie viel Gutes dabei herausgekommen, wenn jemand Handel treiben wollte, um dem Allgemeinwohl zu dienen.

Dieses Gedankenkonzept hilft zu erklären, warum die freien Märkte für die Entwicklung der komplexen modernen Gesellschaften so wichtig waren.

Die Lehre der Hand   Nehmen wir einen Erfinder namens Thomas, der eine neue Glühbirne erfunden hat, die effizienter, haltbarer und heller als die bisherigen Birnen ist. Er handelt im Eigeninteresse, weil er hofft, reich und vielleicht sogar berühmt zu werden. Nebenbei erweist er auch der Gesellschaft als Ganzes einen Gefallen, denn er schafft Arbeitsplätze in der Glühbirnenproduktion und verbessert das Leben (und Wohnzimmer) der Käufer. Wäre keine Nachfrage nach der Glühbirne vorhanden gewesen, hätte niemand Thomas dafür Geld bezahlt. Die unsichtbare Hand hätte ihm für seinen Fehler eine Ohrfeige versetzt.

Sobald nun Thomas im Geschäft ist, wird er Nachahmer haben, die ebenso viel Geld verdienen wollen und dazu noch bessere und noch heller strahlende Glühbirnen erfinden. Auch sie fangen an, reich zu werden. Aber die unsichtbare Hand begleitet sie immer. Thomas fängt an, seine Konkurrenten zu unterbieten, um sich an der Spitze zu behaupten. Die begeisterten Kunden freuen sich über sinkende Glühbirnenpreise.

In jeder Phase dieses Prozesses würde Thomas eher im eigenen Interesse als in dem der Gesellschaft handeln, und erstaunlicherweise würden im Ergebnis alle Seiten profitieren. In gewissem Sinn entspricht die Theorie der unsichtbaren Hand dem mathematischen Gedanken, dass zwei Mal Minus Plus ergibt. Wenn nur eine Person im eigenen Interesse handelt, alle anderen aber an das Gemeinwohl denken, hat die Gesellschaft nichts davon.

1776
Adam Smith veröffentlicht
Der Wohlstand der Nationen

2007
Smith wird auf der britischen
20-Pfund-Banknote als Begründer
der Nationalökonomie gewürdigt

ADAM SMITH 1723–1790

Der „Vater" der Ökonomie aus der kleinen schottischen Stadt Kirkcaldy war nicht gerade der Prototyp eines radikalen Helden. Wie es sich für den Begründer der Volkswirtschaftslehre gehört, war Smith ein exzentrischer Gelehrter, der sich als Außenseiter betrachtete und gelegentlich sein etwas unvorteilhaftes äußeres Erscheinungsbild und seine mangelnden sozialen Umgangsformen beklagte. Wie viele seiner modernen Nachfolger türmten sich in seinem Büro an der Glasgow University chaotische Stapel von Unterlagen und Büchern. Gelegentlich führte er Selbstgespräche, und er war Schlafwandler.

Smith prägte den Begriff der „unsichtbaren Hand" in seinem ersten Buch *Die Theorie der ethischen Gefühle* (1759). Darin beschäftigte er sich mit der Frage, wie Menschen miteinander umgehen und kommunizieren und wie sich das Streben nach moralischer Aufrichtigkeit und die menschliche Triebfeder des Eigeninteresses zueinander verhielten. Nachdem er Glasgow verließ, um Tutor das jungen Duke of Buccleuch zu werden, begann er ein Buch zu schreiben, dessen vollständiger Titel *Wohlstand der Nationen – Eine Untersuchung seiner Natur und seiner Ursachen* lautete.

Smith wurde danach schnell berühmt. Seine Ideen beeinflussten nicht nur alle großen Namen in der Volkswirtschaftslehre, sondern sie trugen mit dazu bei, die Industrielle Revolution und die erste Globalisierungswelle, die mit dem Ersten Weltkrieg endete, voranzutreiben. In den vergangenen 30 Jahren erlebten Smiths Ideen über freie Märkte, den freien Handel und die Arbeitsteilung (▶ Kapitel 6) eine Renaissance, da sie vielen modernen Konzepten in der Ökonomie zugrunde lagen.

Passenderweise wurde Smith 2007 als erstem Schotten die Ehre zuteil, auf einer Banknote der Bank of England zu erscheinen. Sein Gesicht ist auf jeder 20-Pfund-Note zu sehen.

Ein Beispiel dafür ist Coca-Cola, das die Rezeptur seines Brausegetränks in den 1980er-Jahren änderte, um für jüngere, moderne Konsumenten attraktiv zu werden. Aber New Coke war ein Desaster. Die Öffentlichkeit wollte das neue Getränk nicht, der Umsatz fiel in den Keller. Die Botschaft der unsichtbaren Hand war klar: Coca-Colas Gewinne schrumpften, und New Coke wurde nach wenigen Monaten vom Markt genommen. Die alte Rezeptur kam wieder auf den Markt, und die Kunden waren zufrieden – wie auch die Manager von Coca-Cola, deren Gewinne prompt wieder anstiegen.

Smith erkannte, dass es auch Umstände gab, unter denen die Theorie der unsichtbaren Hand nicht funktionierte. Dazu zählt ein Dilemma, das häufig als „Tragödie des Allgemeinguts" oder „Tragik der Allmende" bezeichnet wird: Frei verfügbare, aber begrenzte Ressourcen, etwa gemeinschaftlich genutztes Weideland, werden zum Schaden der Nachbarn in der Regel übernutzt. Dieses Argument wird auch häufig im Kampf gegen den Klimawandel angeführt (▶ Kapitel 45).

Die Grenzen des freien Marktes

Obwohl die Idee der unsichtbaren Hand in den vergangenen Jahrzehnten gelegentlich gern von rechtsgerichteten Politikern beansprucht wurde, entspricht die Theorie nicht notwendigerweise einer bestimmten politischen Sichtweise. Sie ist eine positive Wirtschaftstheorie (▶ Kapitel 16). Allerdings widerspricht sie jenen Ökonomen, die glauben, dass eine Volkswirtschaft am besten von oben gelenkt wird und der Staat entscheiden solle, was produziert wird.

Die unsichtbare Hand unterstreicht die Tatsache, dass Individuen besser als Staaten und Verwaltungen entscheiden können, was hergestellt und konsumiert wird. Es gibt aber auch einige wichtige Vorbehalte. Smith unterschied sorgfältig zwischen Eigeninteresse und rein egoistischer Gier. Es liegt in unserem Eigeninteresse, einen Rahmen von Gesetzen und Vorschriften abzustecken, die uns als Verbraucher vor ungerechter Behandlung schützen. Dazu gehören Eigentumsrechte, der Schutz von Patenten und Urheberrechten und Vorschriften zum Schutz der Arbeiter. Die unsichtbare Hand kommt also nicht ohne die Herrschaft des Gesetzes aus.

Das hatte Gordon Gekko nicht verstanden. Wer nur von Gier getrieben wird, verstößt möglicherweise schnell gegen das Gesetz, um sich auf dem Rücken anderer zu bereichern. Das hätte Adam Smith niemals gutgeheißen.

> **❞ Nicht auf das Wohlwollen von Metzger, Brauer, Bäcker hoffen wir, wenn es um unsere Mahlzeiten geht, sondern wir bauen auf deren Wertschätzung der eigenen Interessen. Wir rechnen nicht mit ihrer Menschlichkeit, sondern mit ihrer Eigenliebe, und wir sprechen mit ihnen nie über unsere Bedürfnisse, sondern nur über deren Vorteile. ❞**
> **Adam Smith**

Worum es geht
Eigeninteresse dient dem Gemeinwohl

02 Angebot und Nachfrage

Im Zentrum der Ökonomie, aber auch der menschlichen Beziehungen steht das Gesetz von Angebot und Nachfrage. Aus dem Wechselspiel dieser beiden Kräfte ergeben sich die Preise für die Waren im Geschäft, die Gewinne eines Unternehmens und der Reichtum der einen oder die Armut einer anderen Familie.

Das Gesetz von Angebot und Nachfrage erklärt, warum Supermärkte einen deutlich höheren Preis für ihre Premium-Würstchen als für die Würstchen der Hausmarke verlangen, und warum ein Computerhersteller ein Notebook teurer verkaufen kann, nur weil es eine andere Farbe hat. So wie in der Mathematik und Physik nur einige wenige Grundregeln gelten, ist durchdringt das Wechselspiel von Angebot und Nachfrage die gesamte Ökonomie.

Das Prinzip ist in den überfüllten Straßen von Otavalo in Ecuador ebenso wie auf den großzügigen Boulevards rund um die Wall Street in New York am Werk. Trotz ihrer augenscheinlichen Unterschiede – staubige, von Bauern bevölkerte südamerikanische Straßen gegenüber einem Manhattan mit gut gekleideten Bankern – sind die beiden Orte aus rein ökonomischer Sicht praktisch identisch. Schauen Sie näher hin: Beides sind große Märkte. Otavalo beherbergt einen der größten und berühmtesten Straßenmärkte Lateinamerikas. Die Wall Street dagegen ist die Heimat der New Yorker Börse. Es sind Orte, die Menschen aufsuchen, um Dinge zu kaufen und zu verkaufen.

Der Markt bringt Käufer und Verkäufer zusammen. Es kann ein physischer Ort mit Marktständen sein, an denen die Produkte direkt verkauft werden, oder es kann ein virtueller Markt wie die Wall Street sein, wo der Handel größtenteils elektronisch erfolgt. Und am Schnittpunkt von Angebot und Nachfrage liegt der Preis. Diese drei harmlosen Informationen erzählen uns eine Menge über die Gesellschaft. Sie bilden die Säule der Marktwirtschaftslehre.

Zeitleiste

1776	1807
Adam Smith veröffentlicht *Der Wohlstand der Nationen*	Der französische Nationalökonom Jean-Baptiste Say formuliert sein Gesetz, wonach die Nachfrage früher oder später immer dem Angebot entspreche

Die Nachfrage entspricht der Menge von Waren oder Dienstleistungen, die Menschen von einem Anbieter zu einem bestimmten Preis zu kaufen bereit sind. Je höher der Preis ist, desto niedriger ist die Kaufbereitschaft, bis ein Punkt erreicht wird, an dem niemand mehr kaufen möchte. Analog dazu entspricht das Angebot der Menge von Waren oder Dienstleistungen, von denen sich ein Verkäufer für einen bestimmten Preis zu trennen bereit ist. Je niedriger der Preis ist, desto weniger Waren möchte der Anbieter verkaufen, da er für ihre Herstellung Geld und Zeit aufwenden muss.

> **Wir können uns ebenso gut ernstlich darüber streiten, ob bei einer Schere das obere oder das untere Blatt ein Stück Papier durchschneidet, oder ob der Wert vom Angebot oder von der Nachfrage bestimmt wird.**
> **Alfred Marshall**, viktorianischer Nationalökonom

Stimmt der Preis? Preise sind das Signal dafür, ob das Angebot eines Produktes oder die Nachfrage danach steigt oder fällt. Ein Beispiel sind die Häuserpreise. Zu Beginn des 21. Jahrhunderts stiegen sie in den USA immer schneller, während gleichzeitig immer mehr Familien, ermutigt durch niedrige Kreditzinsen, den Schritt zum Hauseigentum wagten. Die gestiegene Nachfrage veranlasste die Bauunternehmer, mehr Häuser zu bauen – vor allem in Miami und Teilen Kaliforniens. Als schließlich die Eigenheime fertig gestellt waren, führte das plötzliche Überangebot zu einem – äußerst schnellen – Einbruch der Preise.

Es ist kein Geheimnis in der Wirtschaftslehre, dass sich die Preise in der Realität selten im Gleichgewicht befinden. Der Preis für Rosen steigt und fällt im Jahresverlauf: Wenn es auf den Winter zugeht und Supermärkte und Floristen die Rosen von weiter entfernten Lieferanten einkaufen müssen, sinkt das Angebot und der Preis steigt. Vor dem 14. Februar steigen die Preise, weil die Nachfrage zum Valentinstag anzieht.

Die Ökonomen nennen das „Saisonabhängigkeit" oder „Periodizität". Einige versuchen dennoch, auch den Gleichgewichtspreis zu ermitteln. Nehmen wir noch einmal die Häuserpreise: Kein Ökonom hat je ermittelt, wie viel ein durchschnittliches Haus wert sein sollte. Aus der Vergangenheit wissen wir, dass es ein Vielfaches des Einkommens – durchschnittlich etwa das drei- bis vierfache Jahreseinkommen – sein dürfte, aber niemand kann es genau bestimmen.

Aus dem Preis für Waren lassen sich einige grundsätzliche Aussagen über Menschen ableiten. Vor einigen Jahren brachte der Computerhersteller Apple sein neues

1890
Alfred Marshall stellt die Theorie von Angebot und Nachfrage in Preis-Mengen-Tabellen dar

1930er-Jahre
Sir John Hicks entwickelt die Ökonomie von Angebot und Nachfrage weiter

Angebot und Nachfrage in Aktion

In Ecuador verkauft Maria an ihrem Marktstand selbstgewebte bunte Decken im Andenstil. Sie weiß, dass der Preis für eine Decke nicht unter zehn Dollar liegen darf, weil sie sich sonst das Material und die Standmiete nicht leisten kann. Zunächst versucht sie, die Decken für je 50 Dollar zu verkaufen. Damit sind die Kosten für die Herstellung von 80 Decken abgedeckt. Wie sich jedoch zeigt, ist dieser Preis den potenziellen Kunden zu hoch – Maria bleibt auf ihren Decken sitzen. Also senkt sie den Preis nach und nach, um ihre Bestände abzubauen. Tatsächlich steigt nun die Nachfrage allmählich. Mit jeder Preissenkung gewinnt sie neue Kunden. Bei einem Preis von 40 Dollar verkauft sie 20 Decken, bei 30 Dollar sind es 40 Decken. Als sie bei 20 Dollar angekommen ist, stellt sie fest, dass dieser Preis zu niedrig ist. Ihr Bestand schrumpft, aber sie kann nicht schnell genug neue Decken weben, um die Nachfrage zu befriedigen. Sie muss die Decken für 30 Dollar verkaufen, damit sie mit der Nachfrage Schritt halten kann. Damit hat sie das wichtigste aller Diagramme in der Wirtschaftswissenschaft gezeichnet: die Angebots-Nachfrage-Kurve. Sie hat gerade den Gleichgewichtspreis für Decken gefunden.

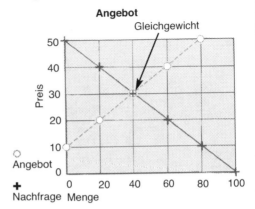

Die durchgehende schwarze Linie entspricht der Nachfrage nach Marias Decken, die gestrichelte graue Linie dem Angebot. Bei einem Preis von 0 liegt die Nachfrage bei 100 Decken, aber es gibt kein Angebot (weil sie für einen Preis von 0 nicht hergestellt werden können). Bei einem Preis von 20 Dollar liegt eine potenzielle Nachfrage nach 60 Decken vor, doch Maria kann nur 20 Stück herstellen. Der Gleichgewichtspreis für die Decken beträgt laut Diagramm 30 Dollar. An dieser Stelle entspricht das Angebot der Nachfrage.

MacBook in den Farben weiß und schwarz auf den Markt. Schwarz war die besondere und teurere Version. Obwohl sich die Leistungsmerkmale des schwarzen Laptops – Geschwindigkeit, Festplattengröße und so weiter – in keiner Hinsicht von denen des weißen unterschieden, war die schwarze Version 200 Dollar teurer. Dennoch lief der Verkauf bestens. Das wäre nicht der Fall gewesen, wenn die Nachfrage nicht groß genug gewesen wäre. Es gab also Kunden, die gerne mehr Geld dafür bezahlten, sich von den Besitzern normaler weißer Laptops abzuheben.

Elastizität   Manchmal dauert es eine Weile, bis Angebot und Nachfrage auf eine Preisänderung reagieren. Erhöht eine Telefongesellschaft ihre Tarife, reduzieren die Kunden meist ziemlich schnell die Zahl ihrer Anrufe, oder sie wechseln zu einem Konkurrenten. In der Sprache der Ökonomen ist die Nachfrage *preiselastisch*: Sie ändert sich mit den Preisen.

In anderen Fällen dagegen reagieren Verbraucher nur langsam auf Kostenänderungen – sie sind *preisunelastisch*. Als beispielsweise Anfang dieses Jahrhunderts die Ölpreise steil nach oben schnellten, gab es für die Verbraucher in Anbetracht der hohen Energiepreise keine Alternative, und sie konnten sich auch den Kauf eines energiesparenden, aber teuren Elektro- oder Hybridautos nicht unbedingt leisten. Auch Unternehmen mit einem hohen Ölbedarf konnten wenig tun, um die zusätzlichen Kosten aufzufangen. Im Lauf der Zeit begannen dann immer mehr Verbraucher, öffentliche Verkehrsmittel zu benutzen. Eine solche Verlagerung nennt man Substitution: Anstatt weiter die teuren Waren zu kaufen, weicht man auf Alternativangebote aus. Aber viele Familien hatten kaum eine andere Wahl, als die höheren Treibstoffkosten so lange wie möglich aufzubringen.

So wie die Nachfrage kann natürlich auch das Angebot elastisch oder unelastisch reagieren. Viele Unternehmen sind extrem anpassungsfähig – oder preiselastisch – geworden: Sinkt die Nachfrage nach ihren Produkten, reagieren sie darauf mit Personalentlassungen oder Investitionskürzungen. Andere dagegen verhalten sich eher unelastisch. So könnte es einem Bananenproduzenten in der Karibik extrem schwer fallen zu reagieren, wenn er von größeren lateinamerikanischen Herstellern ausgestochen wird oder feststellt, dass die Verbraucher seine Bananen nicht mehr kaufen wollen.

Ob die Markthändlerin in Ecuador, der Wall-Street-Banker oder ein anderer Akteur, die treibende Kraft hinter wirtschaftlichen Entscheidungen ist immer das Wechselspiel zwischen den Preisen und den Käufern und Verkäufern, die sie festlegen mit anderen Worten: das Wechselspiel zwischen Angebot und Nachfrage.

> **Bring einem Papagei bei, Angebot und Nachfrage zu sagen, und schon hast du einen weiteren Ökonomen.**
> **Thomas Carlyle**

Der Preis ist perfekt, wenn das Angebot der Nachfrage entspricht

03 Die Bevölkerungs-falle

Paradoxerweise erwies sich ausgerechnet eine der bekanntesten, einflussreichsten und langlebigsten Wirtschaftstheorien über Generationen hinweg als falsch. Dennoch gibt es kaum eine fesselndere Idee als die, dass die Menschheit wächst, immer mehr Platz einnimmt und Ressourcen verbraucht, bis sie sich unweigerlich selbst vernichtet. Nehmen Sie sich also vor der Bevölkerungsfalle in Acht.

Aus dem Biologieunterricht kennen Sie wahrscheinlich die Mikroskopaufnahmen sich vermehrender Zellen: Zunächst sehen Sie nur ein Paar Zellen, das sich teilt und ein weiteres Paar hervorbringt. Die Zellen teilen sich weiter und breiten sich in Sekundenschnelle aus, bis sie den Rand der Petrischale erreichen und kein Platz mehr vorhanden ist. Was passiert dann?

Nun schauen wir uns die Menschen an. Auch sie vermehren sich mit exponentieller Geschwindigkeit. Besteht auch hier die Gefahr einer zu schnellen Vermehrung, so dass wir uns irgendwann nicht mehr ernähren können? Vor zwei Jahrhunderten war der englische Ökonom Thomas Malthus davon fest überzeugt. Nach seinen Berechnungen wuchs die Bevölkerung schneller als das Nahrungsmittelangebot. Zu allem Überfluss vermehrte sich die menschliche Bevölkerung geometrisch (also um das 2-, 4-, 8-, 16-, 32-Fache usw.), während – so Malthus – eine Zunahme des Nahrungsmittelangebots nur arithmetisch (also wie 2, 4, 6, 8 ...) möglich sei.

Malthus stellte in *Das Bevölkerungsgesetz* im Jahr 1798 fest, der Mensch benötige Nahrungsmittel zum Überleben und die Menschheit vermehre sich in rasantem Tempo. Er zog die Schlussfolgerung:

Zeitleiste

1776

Adam Smith veröffentlicht
Der Wohlstand der Natio-nen

Ich sage, dass die Bevölkerung viel stärker wächst als das Vermögen der Erde, die für ihren Unterhalt notwendigen Nahrungsmittel hervorzubringen. Wenn das Wachstum der Bevölkerung nicht kontrolliert wird, steigt sie geometrisch, während die Nahrungsmittel nur arithmetisch zunehmen. Auch wer nicht viel von Zahlen versteht, wird erkennen, wie übermächtig die erste Kraft gegenüber der zweiten ist.

In den Augen von Malthus steuerte die Menschheit auf den unvermeidlichen Kollaps zu. Wenn die Menschen ihre Geburtenrate nicht freiwillig senkten (was er für unmöglich hielt), würde die Natur sie einer von drei unangenehmen Prüfungen unterziehen, um ihr Wachstum auf ein nachhaltigeres Niveau zurückzuführen: Hungersnot, Krankheit oder Krieg. Die Menschen würden verhungern, an Epidemien sterben oder sich im Krieg um die immer knapperen Ressourcen umbringen.

> **„Malthus wurde schon oft zu Grabe getragen und mit ihm die Theorie von der Knappheit der Ressourcen. Aber wie Garrett Hardin bemerkte: Wer so häufig beerdigt wurde, kann nicht ganz tot sein.**
>
> Herman E. Daly, US-Ökonom

Kein Wunder, dass Malthus' Theorie häufig als die „malthusianische Katastrophe" oder das „malthusianische Dilemma" bezeichnet wird. Auf dieses Grundsatzproblem verweisen noch heute verschiedene Experten, wenn sie sich für eine Kontrolle der Weltbevölkerung aussprechen. Viele Umweltbewegungen haben diesen Gedankengang übernommen, um auf die nicht nachhaltige Lebensweise der Menschen hinzuweisen.

Schwachpunkte der Theorie
Malthus war einem Irrtum erlegen. Seit er seine Theorien zu Papier brachte, stieß die Weltbevölkerung nicht wie vorhergesagt an eine natürliche Grenze, sondern kletterte von 980 Millionen auf 6,5 Milliarden. Bis 2050 sollen neun Milliarden Menschen auf der Erde leben. Dennoch sind die meisten Menschen heute besser ernährt und gesünder denn je zuvor, und sie leben länger. Malthus irrte sich in zwei Punkten.

1. Die Menschen entwickeln immer neue Methoden und Techniken, um die Probleme der Übervölkerung zu lösen. Nicht zuletzt dank des Gesetzes von Angebot und Nachfrage wendeten Hersteller bessere und effizientere Methoden der Nahrungsmittelerzeugung an und ermöglichten dadurch eine Reihe von landwirtschaftlichen Revolutionen, die die verfügbaren Ressourcen dramatisch erhöhten. Die Menschen lösten das Nahrungsmittelproblem mit Hilfe des Marktes selbst.

1798	**1805**	**1859**
Thomas Robert Malthus veröffentlicht *Das Bevölkerungsgesetz*	Malthus erhält einen Lehrstuhl für Ökonomie in Haileybury	Charles Darwin veröffentlicht unter dem Einfluss der Ideen von Malthus sein Werk *Über die Entstehung der Arten*

Thomas Robert Malthus 1766–1834

Auch wenn es auf Thomas Malthus zurückging, als Thomas Carlyle die Ökonomie eine „trostlose Wissenschaft" nannte, war er ein allgemein beliebter und unterhaltsamer Mensch, gesellig und gut angesehen trotz seiner düsteren Ideen. Er stammte aus einer wohlhabenden Familie mit intellektuellen Neigungen sein Vater verkehrte mit den Philosophen David Hume und Jean-Jacques Rousseau und verbrachte den größten Teil seines Lebens entweder mit seinem Studium oder Lehrtätigkeiten, abgesehen von seiner Zeit als anglikanischer Pfarrer. Die Ökonomie wurde als ein so undefinierbares Feld betrachtet, dass sie an den meisten Universitäten nicht als eigene Disziplin anerkannt wurde. Deshalb studierte Malthus Mathematik am Jesus College in Cambridge und lehrte dieses Fach später. Aber die Ökonomie erfreute sich dann doch wachsender Beliebtheit, so dass Malthus Anfang des 19. Jahrhunderts Inhaber des weltweit ersten Lehrstuhls für politische Ökonomie wurde und das Fach am College der East India Company in Haileybury in Herttfordshire lehrte. Die Anerkennung der Disziplin zeigt sich auch darin, dass Malthus 1818 mit der Ernennung zum Fellow der Royal Society für seine Pionierleistungen in der Ökonomie ausgezeichnet wurde.

2. Die Bevölkerung wächst nicht immer exponentiell. Nach einer bestimmten Zeit besteht eine natürliche Tendenz zur Abschwächung. Anders als Zellen, die sich so lange vermehren, bis sie die Petrischale ausfüllen, vermehren sich die Menschen ab einem gewissen Wohlstandsniveau weniger stark. Tatsächlich reichen die Geburtenraten in Japan, Kanada, Brasilien, Türkei und ganz Europa heute nicht einmal mehr aus, um einen Bevölkerungsrückgang zu verhindern. Eine längere Lebenserwartung bringt es gleichzeitig mit sich, dass die Bevölkerung immer älter wird, aber das ist eine andere Geschichte (▶ Kapitel 32).

Der Wirtschaftshistoriker Gregory Clark schreibt in seinem kontroversen Buch *A Farewell to Alms,* dass die Menschheit bis 1790 tatsächlich in eine Bevölkerungsfalle geraten war, aufgrund einer Kombination von Faktoren jedoch dem Kollaps entging. Zu diesen Faktoren zählten das Schicksal der Ärmsten, von Krankheiten dahingerafft zu werden, die Notwendigkeit, sie durch Kinder der oberen und mittleren Schichten zu ersetzen („gesellschaftliche Abwärtsmobilität"), und die Bereitschaft dieser Schichten zu härterer Arbeit. Nach Clarks Ansicht bleiben viele Teile der Welt so lange in der Falle gefangen, bis auch sie diese Entwicklung durchlaufen haben.

Richtig an der malthusianischen Theorie war zweifelsohne das ihr zugrunde liegende *Gesetz der rückläufigen Erträge*. Besonders Unternehmen sollten sich dieses Gesetz genau anschauen. Nehmen wir an, der Leiter eines landwirtschaftlichen Betriebs oder ein Unternehmenschef beschließt, jede Woche einen zusätzlichen Arbeiter einzustellen. Zunächst ermöglicht jeder neue Mitarbeiter einen starken Anstieg der Produktivität. Einige Wochen später jedoch wird sich jede Neueinstellung weniger stark als die vorherige auswirken. Denn wenn die Anzahl der zu bestellenden Felder oder zu bedienenden Maschinen begrenzt ist, macht es irgendwann keinen Unterschied mehr, wenn man noch mehr Arbeiter einstellt.

Apokalypse wo? Die meisten Länder der so genannten westlichen Welt (Europa, USA, Japan und eine Handvoll weiterer hoch entwickelter Volkswirtschaften) entkamen der Bevölkerungsfalle, indem sie die Produktivität in der Landwirtschaft erhöhten und gleichzeitig mit steigendem Wohlstand weniger Kinder bekamen. Hinzu kam der technische Fortschritt, der die Industrielle Revolution ermöglichte und zu noch mehr Wohlstand und Gesundheit führte. Leider stecken verschiedene Teile der Welt immer noch in dieser Falle fest.

In vielen afrikanischen Ländern südlich der Sahara sind die Böden so unfruchtbar, dass ihre Bewohner mehrheitlich als Selbstversorger leben müssen (Subsistenzwirtschaft). Gelingt es ihnen, durch den Einsatz neuer Techniken die landwirtschaftlichen Erträge zu steigern, explodieren ihre Bevölkerungszahlen. Wenn dann wie so oft Hungersnöte in Jahren mit schlechten Ernten folgen, wächst die Bevölkerung nicht mehr weiter und kann ihren Wohlstand nicht weiter mehren.

Apokalypse wann? Nach Ansicht der Neo-Malthusianer ist es dank menschlicher Erfindungskraft zwar gelungen, die Katastrophe für eine Reihe von Jahrhunderten hinauszuzögern, doch nun befinden wir uns am Rand eines weiteren Kollapses. Stand bei Malthus das Nahrungsangebot im Mittelpunkt, könne man nun Öl und Energie als die wichtigsten „Mittel zum Erhalt der Menschheit" betrachten. Da der Höhepunkt der Ölförderung demnächst erreicht werde oder vielleicht schon überschritten sei, sei der Weltbevölkerung kein nachhaltiger Fortbestand mehr beschieden. Es wird sich zeigen, ob der technische Fortschritt oder die Bevölkerungsentwicklung, die einst Malthus' Theorie widerlegten, auch dieses Mal die vorhergesagte Katastrophe verhindern können.

Worum es geht
Vorsicht vor uneingeschränktem Bevölkerungswachstum

04 Opportunitäts-kosten

Wie wohlhabend und einflussreich wir auch sein mögen, der Tag hat nie genug Stunden, um alles zu tun, was wir tun möchten. In der Ökonomie gibt es in diesem Zusammenhang den Begriff der Opportunitätskosten. Diese Kosten geben an, ob jemand seine Zeit oder sein Geld besser für etwas anderes aufwenden sollte.

Jede Stunde unserer Zeit hat einen bestimmten Wert. In jeder Stunde, die wir mit einer Tätigkeit verbringen, könnten wir auch etwas anderes tun – zum Beispiel schlafen oder uns einen Film anschauen. Jede Option hat andere Opportunitätskosten – *der Preis, den wir für die verpassten Chancen zahlen.*

Nehmen wir an, Sie schauen sich ein Fußballspiel an, für das Sie ein teures Ticket gekauft haben. Für den Hin- und Rückweg benötigen Sie mehrere Stunden. Nun könnten Sie auf den Gedanken kommen, sich das Spiel zu Hause anzuschauen und das gesparte Geld und die Zeit lieber für ein gemeinsames Essen mit Ihren Freunden zu verwenden. Diese Möglichkeit einer alternativen Verwendung Ihres Geldes und Ihrer Zeit wird durch die Opportunitätskosten dargestellt.

Ein anderes Beispiel ist die Überlegung, ob sich ein Studium lohnt. Einerseits gelten die an der Uni verbrachten Jahre in intellektueller und sozialer Hinsicht als lohnend, und meist haben die Absolventen auch bessere Chancen am Arbeitsmarkt. Andererseits müssen Studiengebühren, Bücher und Material bezahlt werden. Dagegen sind die Opportunitätskosten abzuwägen: In den drei oder vier Jahren an der Universität könnten Sie auch einer bezahlten Arbeit nachgehen, Geld verdienen und Ihren Lebenslauf durch wertvolle berufliche Erfahrungen bereichern.

Zeitleiste

1776
Adam Smith veröffentlicht
Der Wohlstand der Nationen

1798
Thomas Robert Malthus veröffentlicht *Das Bevölkerungsgesetz*

Verpasste Chancen Das Konzept der Opportunitätskosten ist für Unternehmen so wichtig wie für Einzelne. Das zeigt das Beispiel einer Schuhfabrik. Der Inhaber möchte 500 000 Euro in eine neue Maschine investieren, um die Produktion von Lederschuhen deutlich zu beschleunigen. Er könnte das Geld aber auch auf ein Bankkonto einzahlen, das fünf Prozent Zinsen jährlich abwerfen würde. Die Opportunitätskosten belaufen sich also auf 25 000 Euro jährlich – das ist der Betrag, auf den der Unternehmer verzichtet, weil er lieber investiert.

> **❜ Aus Sicht der Gesellschaft drücken die ‚Kosten' den Wert einer Sache aus, den sie bei alternativen Verwendungsmöglichkeiten hätte. ❛**
>
> Thomas Sowell, US-Ökonom

Ökonomen betrachten jede Entscheidung unter dem Aspekt, dass man dafür auf etwas anderes – Geld und Genuss – verzichten muss. Wenn Sie genau wissen, was Sie bekommen und was Ihnen entgeht, können Sie auch fundiertere und rationalere Entscheidungen treffen.

Berücksichtigen Sie also die berühmteste Regel in der Wirtschaft überhaupt: Nichts ist umsonst. Selbst wenn Ihnen jemand etwas kostenlos anbietet, etwa ein Mittagessen, ohne als Gegenleistung einen Gefallen oder zumindest freundliche Konversation zu fordern, ist die Mahlzeit nicht vollkommen umsonst. Schließlich entgeht Ihnen in der Zeit, die Sie im Restaurant verbringen, die Chance, etwas anderes zu tun.

Manche Menschen finden das Konzept der Opportunitätskosten sehr deprimierend: Stellen Sie sich vor, Sie berechneten Ihr Leben lang ständig, ob Sie Ihre Zeit nicht anderswo besser verbringen und mit profitableren oder unterhaltsameren Tätigkeiten füllen könnten. Aber in gewisser Weise liegt genau das in der Natur des Menschen – wir beurteilen ständig das Pro und Contra unseres Tuns.

In der Geschäftswelt spricht man gerne davon, dass etwas „sein Geld wert" sei. Die Menschen möchten mit ihrem Geld möglichst weit kommen. Allerdings spricht man auch immer häufiger davon, dass etwas „seine Zeit wert" sei. Die größte Beschränkung unserer Ressourcen ist die Zeit, die wir für etwas aufbringen können. Deshalb versuchen wir, eine möglichst hohe Rendite aus unserer Zeitinvestition zu erhalten. Während Sie dieses Kapitel lesen, könnten Sie auch andere Dinge tun – schlafen, essen, einen Film anschauen. Im Gegenzug wird dieses Kapitel Ihnen aber helfen, wie ein Ökonom zu denken, der stets die Opportunitätskosten seiner Entscheidungen berücksichtigt.

1817
David Ricardo veröffentlicht
*Principles of Political
Economy and Taxation*

1889
Friedrich von Wieser entwickelt
das Konzept der Opportunitätskosten

Lassen Sie das Geld für sich arbeiten

Wer kennt nicht das Gefühl, dass einem das Herz in die Hose rutscht, wenn man auf die falsche Mannschaft im Sport gesetzt oder eine Investition getätigt hat, die sich als Flop erweist, anstatt eine Million einzubringen. Dieses Gefühl entsteht, weil man sich die Opportunitätskosten – die verpasste Chance – ins Bewusstsein ruft. Stellen Sie sich vor, Sie hätten im Jahr 1900 ein Pfund Sterling in britische Staatsanleihen investiert. Hundert Jahre später sind daraus 140 Pfund geworden. Ein Pfund, das einfach der Inflationsentwicklung gefolgt wäre, hätte einen Wert von 54 Pfund, während aus einer Investition von einem Pfund in britische Aktien 16 946 Pfund

geworden wären. Die Opportunitätskosten dafür, nicht in Aktien zu investieren, waren in diesem Beispiel also enorm hoch.

Beim Kauf eines Hauses sind die Opportunitätskosten weit unvorhersehbarer. Ziehen die Eigenheimkosten rasant an, befürchten jene, die lieber zur Miete wohnen, mögliche Wertsteigerungsgewinne zu verpassen. Sinken dagegen die Preise, befinden sie sich in einer besseren Position, weil sie von den Auswirkungen nicht betroffen sind. Und wenn Sie einen Teil Ihres Einkommens sparen, verzichten Sie auf mögliche Gewinne, die Sie erzielen könnten, indem Sie das Geld woanders investieren.

Opportunitätskosten zu Hause Ob bewusst oder unbewusst, wir alle treffen Entscheidungen auf der Grundlage der Opportunitätskosten. Wenn der Wasserhahn tropft, entscheiden Sie sich möglicherweise dafür, das Problem selbst zu beheben. Denn Sie haben herausgefunden, dass Sie auch unter Berücksichtigung der Kosten für Werkzeug, ein Heimwerkerbuch und Material eine beträchtliche Summe gegenüber der Rechnung eines Fachmanns sparen. Allerdings entstehen gleichzeitig unsichtbare Kosten, weil Sie die Zeit, die Sie für die Reparatur benötigten, auch mit etwas anderem hätten verbringen können – ganz zu schweigen davon, dass ein Klempner die Reparatur wahrscheinlich kompetenter ausführen würde. Ein solcher Gedanke wiederum ist eng mit der Theorie des Wettbewerbsvorteils verbunden (▶ Kapitel 7).

Opportunitätskosten im Staat Auch Staaten denken an die Opportunitätskosten, beispielsweise wenn es um Privatisierungen geht. Nach ihrer Argumentation werden nicht nur öffentliche Versorgungsleistungen im privaten Sektor häufig in besserer Qualität erbracht, sondern der Privatisierungserlös kann auch sinnvoller für öffentliche Investitionen verwendet werden.

Allerdings können Entscheidungen, die unter Berücksichtigung der Opportunitätskosten getroffen werden, oft auch schief gehen. Im Jahr 1999 beschloss der damalige britische Schatzmeister Gordon Brown, den Großteil der britischen Goldreserven – fast 400 Tonnen – zu verkaufen. Damals befand sich das Gold bereits seit Jahren in den Kellern der Bank of England, und sein Wert war gesunken, weil das Gold als Geldanlage kein hohes Ansehen mehr besaß. Wäre das Geld in demselben Zeitraum in Wertpapiere wie Staatsanleihen investiert worden, hätte es sich stetig vermehrt. So jedoch beschloss das britische Finanzministerium, das Gold für einen durchschnittlichen Preis von 276 Pfund je Unze zu verkaufen und dafür verschiedene Arten von Anleihen zu kaufen.

» Die Kosten einer Sache entsprechen dem, was Sie dafür aufzugeben bereit sind. «
Greg Mankiw, Professor für Volkswirtschaftslehre an der Harvard University

Wer hätte vorhersehen können, dass kaum ein Jahrzehnt später der Goldpreis Rekordhöhen mit knapp 981 Pfund je Unze erreichen sollte? Das Gold, das Gordon Brown für 3,5 Milliarden Pfund verkauft hatte, wäre jetzt etwa 12,5 Milliarden Pfund wert gewesen. Die britische Regierung erzielte zwar einen bestimmten Gewinn aus der Anlage des Verkaufserlöses, aber nicht einmal einen Bruchteil des Gewinns, der ein paar Jahre später möglich gewesen wäre. Dieses Beispiel verdeutlicht eine der Gefahren der Opportunitätskosten: Sie machen glauben, woanders sei das Gras immer grüner.

05 Handlungsanreize

Es gehörte jahrelang zu den bestgehüteten Geheimnissen Jamaikas, dass Coral Spring Beach einer der weißesten und herrlichsten Strände auf der Nordseite der Karibikinsel war. Aber dann, eines Morgens im Jahr 2008, machten Immobilienentwickler, die ein Hotel in der Nähe bauen wollten, eine bizarre Entdeckung: Der Sand war verschwunden. Im Schutz der Nacht hatten Diebe 500 Lkw-Ladungen abtransportiert.

Mit Sand gefüllte Fässer sind in den meisten Teilen der Welt eher wertlos, aber nicht in Jamaika. Wer hatte den Diebstahl begangen? War es ein Rivale in der Tourismusbranche, der seinen eigenen Strand aufwerten wollten, oder war es ein Bauunternehmer, der den Sand als Baumaterial nutzen wollte? Eins stand jedenfalls fest: Es gab jemanden, dem dieser Sand äußerst wichtig gewesen war und der über einen starken Anreiz verfügte, ihn zu stehlen.

So wie es Aufgabe der Polizisten war, diesen Fall aufzuklären, besteht auch die Aufgabe eines Ökonomen häufig darin herauszufinden, was Menschen zu ihren Handlungen treibt. Er muss diese Aufgabe nicht aus der moralischen, politischen oder soziologischen Warte klären, sondern auf empirischem Weg ermitteln, welche Kräfte am Werk sind.

Das Motiv finden   Für einen Bankräuber ist der Reiz des Geldes größer als die Angst vor einer Gefängnisstrafe. Die Bürger eines Landes arbeiten weniger hart, wenn die Steuern erhöht werden, weil sie die Vergütung für Überstunden sowieso größtenteils wieder an den Staat abführen müssen. Die Menschen schauen also, welchen Vorteil ihnen ein Verhalten bringt. Das ist die wichtigste Grundlage der Wirtschaftslehre.

Denken Sie einmal genauer darüber nach, warum Sie und Ihre Mitmenschen bestimmte Entscheidungen treffen. Ein Mechaniker repariert Ihr Auto nicht deshalb, weil Sie es wieder fahren möchten, sondern weil er dafür bezahlt wird. Die Kellnerin, die Ihnen das Mittagessen serviert, handelt aus dem gleichen Grund und nicht deshalb, weil Sie hungrig sind. Und sie serviert Ihnen das Essen nicht deshalb mit

Zeitleiste

1723	1798	1803
Adam Smith wird geboren	Thomas Robert Malthus veröffentlicht *Das Bevölkerungsgesetz*	Jean-Baptiste Say stellt die Behauptung auf, in einer Wirtschaft könne es nie zu einem Nachfragemangel kommen

einem Lächeln, weil sie so nett ist, sondern weil Restaurants in hohem Maß von ihrer Stammkundschaft abhängig sind.

Auch wenn das Geld eine wichtige Rolle in der Wirtschaft spielt, gibt es noch andere Anreize, die Menschen zu ihrem Handeln treiben. Männer und Frauen verbringen vor einer Verabredung ein bisschen mehr Zeit als sonst vor dem Spiegel, weil sie der Anreiz eines romantischen Abends dazu veranlasst. Oder sie lehnen einen gut bezahlten, aber sehr arbeitsintensiven Job ab und ziehen eine schlechter bezahlte Stelle vor, weil der Anreiz einer geregelten Freizeit für sie stärker ist.

Überall sind versteckte Anreize am Werk. So bieten die meisten Supermarktketten ihren Kunden Bonuskarten an, mit denen sie ihnen gelegentliche Rabatte auf ihre Einkäufe gewähren. Der Kunde erhält damit einen Anreiz, das Geschäft regelmäßiger aufzusuchen, was wiederum dem Supermarkt mehr Umsatz bringt. Für den Supermarkt ist aber auch der Anreiz wichtig, mit Hilfe dieser Karten das Einkaufsverhalten seiner Karten besser verfolgen zu können. Damit wissen die Filialleiter nicht nur, welche Produkte am meisten nachgefragt werden, sondern sie können auch individuelle Sonderangebote entwickeln. Außerdem können sie das Wissen über die Kaufgewohnheiten der Verbraucher an externe Marketingfirmen verkaufen, für die solche Informationen sehr wertvoll sind. Die unsichtbare Hand (▶ Kapital 1) sorgt dafür, dass beide Parteien profitieren, nachdem sie auf jedem Schritt dieses Weges auf starke Anreize reagiert haben.

> **Nennen Sie es, wie Sie wollen – Anreize spornen die Menschen jedenfalls dazu an, härter zu arbeiten.**
> **Nikita Chruschtschow**

Sogar offensichtlich altruistische Handlungen lassen sich als rationale wirtschaftliche Entscheidungen beschreiben, auch wenn dies kontrovers betrachtet wird. Spenden Menschen aus reiner Güte oder wegen der emotionalen Belohnung (Zufriedenheitsgefühl und Pflichterfüllung) für wohltätige Zwecke? Dieselbe Frage könnte man Organspendern stellen. Auch wenn die Verhaltensökonomik viele Fälle kennt, in denen Menschen auf unerwartete Weise auf Belohnungen reagieren (▶ Kapitel 46), lassen sich doch die allermeisten Entscheidungen auf eine einfache Kombination von Anreizen zurückverfolgen.

Diese Anreize müssen zwar nicht immer finanzieller Natur sein, doch Ökonomen konzentrieren sich nun einmal für gewöhnlich auf Geld – und nicht Liebe oder Ruhm –, weil es leichter zu quantifizieren ist als Selbstachtung oder Glück.

1817	**1871**	**1890**
David Ricardo veröffentlicht *Principles of Political Economy and Taxation*	Carl Menger stellt als erster das Prinzip des Grenznutzens vor und revolutioniert damit die Lehre von den Anreizen	Alfred Marshall veröffentlicht *Principles of Economics*

Gesunde Anreize

Die Erkenntnis, wie stark Anreize sein können, brachte in Afrika einen neuen Ansatz zur Bekämpfung der Ausbreitung von AIDS hervor. Nachdem die Weltbank bereits mit ihren Versuchen gescheitert war, über die Gefahren sexuell übertragbarer Krankheiten aufzuklären und Kondome zu verteilen, tat sie etwas Ungewöhnliches. Sie richtete in Tansania einen Fonds von 1,8 Millionen Dollar ein und bezahlte 3 000 Männer und Frauen dafür, unsicheren Sex zu vermeiden. Die Teilnehmer des Programms mussten sich regelmäßigen Tests unterziehen, um nachzuweisen, dass sie sich nicht mit Geschlechtskrankheiten angesteckt hatten. Die Weltbank bezeichnete das Programm als „umgekehrte Prostitution".

Derartige an bestimmte Bedingungen geknüpfte Geldzahlungen wurden bereits sehr erfolgreich in Lateinamerika als Anreize eingesetzt, um arme Familien dazu zu bewegen, ihre Kinder impfen zu lassen und zur Schule zu schicken. In der Regel bringen solche Zahlungen bessere Ergebnisse als andere Maßnahmen.

Die Rolle des Staates bei Anreizen In wirtschaftlich schwierigen Zeiten senken Regierungen häufig die Steuern, wie es etwa in der Rezession im Zuge der Finanzkrise 2008 der Fall war. Dahinter steckt der Gedanke, den Menschen einen Anreiz zu geben, weiterhin Geld auszugeben und dadurch die Wirtschaftsflaute abzumildern.

Aber die Menschen reagieren nicht nur auf das Zuckerbrot, sondern auch auf die Peitsche. Deshalb greifen Staaten häufig zum Mittel der Abschreckung, wenn sie erreichen wollen, dass ihre Bürger sich an bestimmte Normen halten. Ein Beispiel dafür sind Geldbußen für Falschparker oder Raser. Andere Beispiele sind so genannte „Sündensteuern" – zusätzliche Abgaben auf schädliche Genussmittel wie Zigaretten und Alkohol – sowie Umweltsteuern auf Benzin oder Schadstoffemissionen. Bezeichnenderweise bringen solche Steuern den Staaten weltweit am meisten Geld ein. Anreize und Abschreckungen sind so starke Instrumente, dass die Geschichte zahlreiche Beispiele von Staaten bereithält, die mit ihren Versuchen, das Eigeninteresse auszuschalten, große Krisen hervorriefen.

So führten Staaten schon häufig Lebensmittelpreiskontrollen ein, wenn es zu einer starken Teuerung gekommen war. Die Absicht dabei lautet, den ärmsten Familien den Zugang zu Lebensmitteln zu ermöglichen – aber sie schlägt regelmäßig fehl. Tatsächlich führt eine solche Politik oft sogar dazu, dass noch weniger Lebensmittel produziert werden: Die Preiskontrollen schwächen nämlich die Anreize für die Bauern, Lebensmittel herzustellen. Deshalb lassen sie ihre Felder brachliegen, oder sie produzieren weniger und behalten so viel wie möglich für ihre eigenen Familien.

Ein bekanntes Beispiel sind die Lohn- und Preiskontrollen, die Präsident Richard Nixon gegen seine eigenen Instinkte und diejenigen seiner Berater im Jahr 1971 einführte. Er handelte sich damit große wirtschaftliche Probleme und letztlich eine höhere Inflation ein. Aber die Nixon-Regierung hatte einen klaren Anreiz für diese Kontrollen: Sie stand vor einer Wahl und wusste, dass es einige Zeit dauern würde, bis die Nachteile ihrer Politik zu Tage treten würden. Kurzfristig war der Plan in der Öffentlichkeit enorm populär – und Nixon wurde im November 1972 in einem Erdrutschsieg wieder gewählt.

Ein weiteres Beispiel ist die frühere Planwirtschaft in der kommunistischen Sowjetunion. Da die zentralen Planer die Lebensmittelpreise kontrollierten, hatten die Bauern nicht einmal einen Anreiz, ihre fruchtbarsten Felder zu bestellen. Gleichzeitig verhungerten Millionen im ganzen Land.

Die Lehre aus diesen Beispielen lautet, dass das Eigeninteresse die stärkste Kraft in der Wirtschaft ist. Im Lauf unseres Lebens gibt es immer wieder Anreize, die uns zu unserem Handeln bewegen. Wer dies nicht erkennt, hat die Natur des Menschen nicht erkannt.

Worum es geht
Menschen reagieren auf Anreize

06 Arbeitsteilung

Der Spanier schaute sich die prächtige Szene vor ihm an und schnappte vor Erstaunen nach Luft. Man schrieb das Jahr 1436, und er befand sich in Venedig, um zu erfahren, wie der italienische Stadtstaat seine Kriegsschiffe mit Waffen ausrüstete. In seiner Heimat war dies nämlich eine sehr mühsame, viele Tage in Anspruch nehmende Angelegenheit. Aber hier vor seinen Augen rüsteten die Venezianer ein Schiff in weniger als einer Stunde aus. Wie schafften sie das?

In Spanien mussten die Schiffe am Dock festgemacht werden, damit Scharen von Arbeitern frische Munition und Vorräte an Bord bringen konnten. In Venedig dagegen wurden die Schiffe durch einen Kanal geschleppt. Im Vorbeiziehen ließen dann die verschiedenen Lieferanten ihre Spezialwaffen auf das Deck hinunter. Mit offenem Mund hielt der spanische Tourist seine Beobachtungen in seinem Tagebuch fest. Er war gerade Zeuge der Entstehung der Arbeitsteilung geworden: Er sah eines der weltweit ersten Fließbänder.

Die Idee ist einfach: Wir können mehr produzieren, und wir können besser produzieren, wenn wir die Arbeit aufteilen und uns darauf konzentrieren, was wir am besten beherrschen. Die Arbeitsteilung wird schon seit Jahrtausenden praktiziert. Sie war schon im alten Griechenland gang und gäbe. Sie wurde in den Fabriken zu Zeiten Adam Smiths im ganzen Land umgesetzt. Aber erst zu Beginn des 20. Jahrhunderts fand sie ihren Höhepunkt in Gestalt von Henry Fords T-Modell.

Die Arbeitsteilung trieb die erste Industrielle Revolution voran und ermöglichte es den Ländern weltweit, ihre Produktivität und ihren Wohlstand drastisch zu verbessern. In fast jedem hergestellten Gegenstand, den man sich denken kann, ist das Prinzip der Arbeitsteilung verwirklicht.

Zeitleiste

360 v. Chr.	1430
Plato spricht in seiner *Republik* von Spezialisierung	Die Schiffswerft von Venedig – standardisierte Teile und Fließbandmethoden

Teilen in großem Maßstab

Die Arbeit zu teilen ist sinnvoll, ob in kleinem oder in großem Maßstab. Nehmen Sie beispielsweise eine Region, die sich besonders für den Anbau von Weizen eignet, da sie über die richtige Bodenbeschaffenheit und die geeignete Niederschlagsmenge verfügt. Aber das Ackerland liegt oft brach, weil den Bewohnern die Werkzeuge fehlen, um zur Erntezeit genug Weizen zu ernten. Dagegen verstehen sich die Bewohner der Nachbarregion besonders gut auf die Herstellung von Schwertern und Werkzeugen, ihr Boden ist jedoch relativ unfruchtbar und ihre Einwohner müssen oft hungern.

Nach der Logik der Arbeitsteilung sollten sich die beiden Regionen auf diejenige Tätigkeit, auf die sie sich am besten verstehen, spezialisieren und diejenigen Produkte kaufen, deren Herstellung ihnen große Mühe bereitet. Dann hätte jedes Land ausreichend Nahrungsmittel und genügend Werkzeuge, um den Weizen zu ernten oder sich erforderlichenfalls zu verteidigen.

Die Komplexität der Herstellung Nehmen Sie als Beispiel einen ganz normalen Bleistift. Zu seiner Herstellung gehören viele verschiedene Schritte. Es muss Holz gefällt werden, das Graphit muss abgebaut und verarbeitet werden, und der Stift muss lackiert, bedruckt und mit einem Radiergummi versehen werden. Um nur einen Stift herzustellen, werden unzählige Hände benötigt. Dazu schrieb Leonard Read, Gründer der Foundation for Economic Education in seinem originellen Essay *I, Pencil* (1958): „Einfach? Dennoch weiß kein einziger Mensch auf dieser Erde, wie er mich herstellen soll. Das klingt fantastisch, oder nicht? Vor allem, wenn man bedenkt, dass von meiner Sorte in den USA alljährlich etwa eineinhalb Milliarden Stück hergestellt werden."

Erst im Zeitalter Adam Smiths wurde die Arbeitsteilung in einer einfachen Theorie zusammengefasst. Als berühmtes Beispiel verwendete Smith in *Der Wohlstand der Nationen* eine Nadelfabrik im England des 18. Jahrhunderts, in der Stecknadeln in Handarbeit hergestellt wurden. Jemand, der nicht dafür ausgebildet wurde, konnte pro Tag höchstens eine Stecknadel herstellen, während die Arbeit in einer Nadelfabrik unter einer Reihe von Spezialisten aufgeteilt wurde:

1776

Adam Smith erklärt anhand des Beispiels der Stecknadelfabrik, wie die Arbeitsteilung funktioniert

1913

Henry Ford und das Fließband – Automation der Autoherstellung

> **Wo der ganze Mensch beteiligt ist, liegt keine Arbeit vor. Arbeit fängt erst mit der Arbeitsteilung an.**
> Marshall McLuhan,
> kanadischer
> Kommunikationstheoretiker

Ein Arbeiter zieht den Draht, ein anderer streckt ihn, ein dritter schneidet ihn, ein vierter spitzt ihn zu und ein fünfter schleift das obere Ende. Die Herstellung des Kopfes erfordert zwei oder drei getrennte Arbeitsgänge ... Um eine Stecknadel anzufertigen, sind etwa achtzehn verschiedene Arbeitsschritte notwendig.

Dank der Arbeitsteilung, so Smith, könne eine Fabrik mit zehn Arbeitern 48 000 Nadeln täglich herstellen – das entspricht einer verblüffenden Produktivitätssteigerung von 400 000 Prozent. Das Team bringt auf diese Art und Weise beträchtlich mehr zustande, als es der Summe seiner Teile entspräche.

Dies ist natürlich der Prototyp der Fabrik, die Henry Ford vor einem Jahrhundert schuf. Er entwickelte ein Fließband, auf dem das Auto verschiedene Gruppen von Arbeitern passierte, die jeweils ein weiteres – standardisiertes – Teil montierten. Im Ergebnis konnte Henry Ford ein Auto zu einem Bruchteil des Preises und der Zeit herstellen, wie sie die Konkurrenz benötigte.

Auf die Stärken konzentrieren An diesem Punkt hört die Arbeitsteilung noch nicht auf. Nehmen Sie den Geschäftsführer eines Unternehmens, der sich weit besser als seine Mitarbeiter auf Verwaltung, Management, Rechnungswesen, Marketing und Gebäudereinigung versteht. Er wäre weit besser bedient, wenn er diese Aufgaben an seine Mitarbeiter delegiert und selbst nur die profitabelste wahrnimmt.

Analog dazu ist es auch nicht sinnvoll, wenn ein Autohersteller jedes Einzelteil seiner Fahrzeuge selbst herstellt, angefangen vom Leder für die Sitze bis hin zum Motor und Soundsystem. Er ist besser beraten, wenn er einige oder alle dieser Spezialprozesse anderen Unternehmen überlässt, ihre Produkte dann zukauft und sie schließlich nur noch montiert.

Smith führte den Gedanken noch einen Schritt weiter: Die Arbeit sollte nicht nur zwischen verschiedenen Arbeitern aufgeteilt werden, die einzelne Aufgaben besonders gut beherrschten, sondern auch zwischen Städten und Ländern.

Die Gefahren der Arbeitsteilung Das Prinzip der Arbeitsteilung birgt aber auch Probleme. Erstens ist es außerordentlich schwierig, Arbeit zu finden, wenn man sich auf eine Tätigkeit spezialisiert hat, die gar nicht mehr nachgefragt wird. Hunderttausende Arbeiter in der Automobil-, Bergbau- und Stahlindustrie wurden in den vergangenen Jahrzehnten langfristig arbeitslos, als die Fabriken, Minen und Werke, in denen sie gearbeitet hatten, schließen mussten. Zweitens birgt die Arbeitsteilung die Gefahr, dass sich eine Fabrik von einer Person oder kleinen

Gruppe von Menschen, die eine unverhältnismäßige Macht über den gesamten Prozess ausüben, abhängig macht. Im Fall eines Streiks wäre sie ihnen dann ausgeliefert.

Drittens kann es für den einzelnen Arbeiter sehr frustrierend sein, sich auf eine bestimmte Tätigkeit zu spezialisieren. Tagein tagaus dieselbe Arbeit zu tun, kann zur „geistigen Verstümmelung" führen, wie Smith es nannte. Darunter leide das Denken und es entfremde die Arbeiter von anderen Menschen. Dieser Analyse stimmte Karl Marx voll und ganz zu. Sie floss in sein *Kommunistisches Manifest* ein, in dem er eine so große Unzufriedenheit der Arbeiter vorhersagte, dass sie sich schließlich gegen ihre Arbeitgeber erheben würden, die ihnen solche Bedingungen auferlegten.

Dennoch muss die Entfremdung, die die Arbeitsteilung mit sich bringt, gegen ihre immensen Vorteile abgewogen werden. Die Arbeitsteilung hat sich als so vorteilhaft für das Wachstum und die Entwicklung der modernen Volkswirtschaften erwiesen, dass sie nach wie vor zu den wichtigsten Konzepten in der Ökonomie gehört.

Worum es geht
Konzentrieren Sie sich
auf Ihre Stärken

07 Komparative Vorteile

Müsste man aus der Marktwirtschaftslehre zwei zentrale Glaubenssätze herauskristallisieren, würden sie wie folgt lauten: Erstens sorgt die unsichtbare Hand dafür, dass sogar eigennützige Handlungen für das Gemeinwohl von Vorteil sind (▶ Kapitel 1), und zweitens ist das Wirtschaftswachstum kein Nullsummenspiel, bei dem der Gewinner nur auf Kosten eines Verlierers siegen kann. Beide Credos – vor allem das zweite – widersprechen der Intuition. Denn man sollte doch annehmen, dass jemand nur dann reicher, dicker oder gesünder werden kann, wenn jemand anderer auf der Welt ärmer, dünner und kranker wird.

Betrachten wir einmal zwei Länder, beispielsweise Portugal und England. Sie betreiben Handel mit Wein und Stoffen. Zufällig produziert Portugal beide Güter effizienter als England. Es kann Stoff für die Hälfte der Kosten und Wein für ein Fünftel der Kosten herstellen.

Portugal verfügt damit über einen *absoluten* Vorteil, wie die Ökonomen es nennen. Auf den ersten Blick scheint die Arbeitsteilung – jeder spezialisiert sich auf seine Stärken – keine Lösung zu bieten. England kann offensichtlich wenig tun, um wettbewerbsfähiger zu werden, und muss sich wohl damit abfinden, allmählich zu verarmen. Aber nein.

Würde nämlich England alle Kräfte bündeln, um Stoff herzustellen, und würde sich gleichzeitig Portugal nur noch auf die Herstellung von Wein konzentrieren, würden am Ende mehr Stoff und mehr Wein hergestellt. Portugal könnte dann seinen überschüssigen Wein gegen englisches Tuch tauschen. Denn England verfügt in diesem Beispiel über einen komparativen Vorteil bei der Herstellung von Stoff, nicht aber bei Wein, den es weit weniger effizient als die Portugiesen herstellt. Der Begründer des Konzepts des komparativen Kostenvorteils, der Ökonom David Ricardo, verwendete dieses Beispiel in seinem bahnbrechenden Buch aus dem Jahr

Zeitleiste

1776
Adam Smith veröffentlicht
Der Wohlstand der Nationen

1798
Thomas Robert Malthus
veröffentlicht *Das Bevölkerungsgesetz*

1817 mit dem Titel *On the Principles of Political Economy and Taxation*. Zunächst erscheint das Konzept unlogisch, weil wir gewohnt sind zu glauben, dass es im Konkurrenzkampf der Menschen nur Gewinner und Verlierer geben kann. Aber das Gesetz der komparativen Kostenvorteile zeigt, dass der Handel für beide Seiten vorteilhaft sein kann.

Wie funktioniert der komparative Kostenvorteil?

Nehmen wir zwei gleich große Länder A und B, die mit Schuhen und Getreide handeln. Land A kann beides effizienter herstellen. Während Land A 80 Bündel Getreide pro Mannstunde und Land B nur 30 Bündel produziert, stellt Land A nur 25 Schuhe pro Mannstunde gegenüber 20 Schuhen im Land B her. Folglich verfügt Land B über einen komparativen Vorteil in der Schuhherstellung. Folgendes würde passieren, wenn jedes Land beide Produkte herstellte:

	Mannstunden Land A	Produktion A	Mannstunden Land B	Produktion B
Getreide	600	48 000 (600x80)	600	18 000
Schuhe	400	10 000 (400x25)	400	8 000

Produktion beider Länder = 66 000 Bündel Getreide und 18 000 Schuhe

Würde sich nun Land A auf die Herstellung von Getreide und Land B auf die Herstellung von Schuhen konzentrieren, würde Folgendes geschehen:

	Mannstunden Land A	Produktion A	Mannstunden Land B	Produktion B
Getreide	1 000	80 000	0	
Schuhe	0		1 000	20 000

Produktion beider Länder = 80 000 Bündel Getreide und 20 000 Schuhe

In keinem der Länder würde deshalb mehr gearbeitet werden. Vielmehr konzentrieren sich beide Länder auf ihren komparativen Vorteil. Auf diese Weise produzieren sie gemeinsam deutlich mehr, und jedes Land kann seine Situation verbessern.

Diese Theorie funktioniert nur dann nicht, wenn ein Land zwei Arten von Waren nicht nur effizienter als ein anderes Land herstellen kann, sondern auch noch genau im gleichen Verhältnis effizienter ist. In der Praxis ist dies jedoch unwahrscheinlich, wenn nicht gar ausgeschlossen.

1817

David Ricardo beschreibt den komparativen Vorteil in *On the Principles of Political Economy and Taxation*

1945

Nach dem zweiten Weltkrieg setzt eine verstärkte Entwicklung zum Freihandel ein

🎗 **Nennen Sie mir
ein Konzept
der Sozialwissen-
schaften, das richtig
und gleichzeitig
nicht trivial ist.** 🎗

Stanislaw Ulam,
Mathematiker

Der Grund dafür ist der, dass jedes Land nur auf eine begrenzte Anzahl von Menschen zurückgreifen kann, die wiederum für eine bestimmte Aufgabe nur eine begrenzte Anzahl von Stunden aufwenden können. Selbst wenn Portugal eine Ware theoretisch etwas günstiger als England herstellen könnte, könnte es nicht alle Waren zu niedrigeren Kosten herstellen, denn die für die Herstellung von Stoff benötigte Zeit geht zulasten der für die Herstellung von Wein oder etwas anderem aufgewendete Zeit.

Die Theorie des komparativen Kostenvorteils wird zwar meist auf die internationale Wirtschaftslehre angewendet, ist aber in kleinerem Maßstab genauso wichtig. Im Kapitel über die Arbeitsteilung (▶ Kapitel 6) ging es um einen Geschäftsmann, der alle möglichen Aufgaben, vom Management bis zur Gebäudereinigung, besser als seine Mitarbeiter erledigte. Man kann anhand des komparativen Kostenvorteils erklären, warum er seine Zeit für die lukrativste Aufgabe (Management) aufwenden und die anderen, weniger rentablen Aufgaben seinen Mitarbeitern überlassen sollte.

Freier Handel für immer? Auf Ricardos Theorie des komparativen Vorteils berufen sich die Ökonomen, um für den Freihandel zu argumentieren – also für die Abschaffung von Zöllen und Abgaben auf Waren, die aus dem Ausland eingeführt werden. Durch den freien Handel mit anderen Ländern – selbst solchen, die Waren und Dienstleistungen auf dem Papier effizienter herstellen – gelange man zu mehr Wohlstand als durch die Schließung der Grenzen, meinen sie.

Einige jedoch – darunter etwa Hillary Clinton und der bekannte Ökonom Paul Samuelson – warnen davor, dass Ricardos Ideen, so schön sie auch sind, auf die heutige Welt nicht mehr anwendbar seien. Sie weisen vor allem darauf hin, dass es zu Ricardos Zeiten Anfang des 19. Jahrhunderts nur sehr eingeschränkt möglich war, Kapital (Bargeld und Vermögenswerte) ins Ausland zu bringen. Das ist heute ganz anders: Mit einem Mausklick kann jeder Geschäftsmann Vermögenswerte im Wert von Milliarden Dollar von einer Seite der Welt auf die andere schicken.

Jack Welch, der ehemalige Chef von General Electric, sagte gerne, „jede Fabrik müsste eigentlich auf einem Lastkahn" untergebracht sein. Damit meinte er, dass Produktionsstätten im Idealfall immer dort stehen sollten, wo die Kosten für Personal, Material und Steuern am niedrigsten sind. Heute ist das schon längst Realität. Unternehmen, die nicht mehr an ein Land gebunden sind, wie es zu Ricardos Zeit noch der Fall war, können ihre Mitarbeiter und ihr Geld überall hin verlagern. Einige Ökonomen glauben, dies führe dazu, dass die Löhne rasch sinken und die Bewohner einiger Länder benachteiligt werden. Andererseits aber profitiert das Land, das die Jobs an das Ausland verloren hat, von den höheren Unternehmensgewinnen, die an seine Anleger zurückfließen, und von niedrigeren Preisen in den Geschäften.

Andere dagegen werfen der Theorie des komparativen Kostenvorteils eine zu starke Vereinfachung vor. So werde angenommen, dass in jedem Markt ein vollkommener Wettbewerb vorliege (in Wahrheit sorgen Protektionismus und Monopole dafür, dass es nicht so ist), dass Vollbeschäftigung herrsche und dass entlassene Arbeiter problemlos in andere Stellen wechseln könnten und dort genauso produktiv seien. Ein anderes Gegenargument lautet, dass Volkswirtschaften ihre wirtschaftliche Vielfalt verlören, wenn sie sich gemäß der Theorie der komparativen Kostenvorteile auf bestimmte Branchen spezialisierten. Dadurch seien sie extrem verletzbar, wenn sich die Bedingungen ändern – wenn etwa die Verbraucher das Interesse an ihren Produkten verlieren. In Äthiopien, wo 60 Prozent des Exports mit Kaffee bestritten werden, würden eine Änderung der Auslandsnachfrage oder eine schlechte Ernte die wirtschaftliche Lage des Landes deutlich schwächen.

Dennoch argumentieren die meisten Ökonomen, dass der komparative Kostenvorteil immer noch zu den wichtigsten und grundlegendsten Konzepten der Ökonomie gehöre. Er bilde die Grundlage für den Welthandel und die Globalisierung und beweise, dass Nationen besser gedeihen, wenn sie sich nach außen öffnen, anstatt sich abzukapseln.

> **❞ Das Konzept des komparativen Kostenvorteils. Dass es logisch richtig ist, muss mit einem Mathematiker nicht diskutiert werden, und dass es nicht trivial ist, bezeugen Tausende bedeutender und kluger Menschen, die die Theorie nicht verstanden haben oder auch nicht glaubten, nachdem sie ihnen erklärt wurde. ❝**
> Paul Samuelson, US-Ökonom, in seiner Antwort auf den Mathematiker Stanislaw Ulam

Worum es geht
Spezialisierung + Freihandel = Gewinner auf beiden Seiten

08 Kapitalismus

Für Francis Fukuyama bedeutet das Ereignis das „Ende der Geschichte". Für Millionen Menschen in Osteuropa und vielen anderen Ländern läutete es ein Zeitalter ein, in dem sie mehr Freiheit und Wohlstand denn je genossen. Für David Hasselhoff war es die Gelegenheit, eine kurze Musikkarriere durch ein Konzert zu krönen. Der Fall der Berliner Mauer hatte für die Menschen viele unterschiedliche Bedeutungen.

Am Wichtigsten ist aber, was der Mauerfall über Aufbau und Funktionsweise von Volkswirtschaften aussagte. Für die meisten Beobachter bewies der Zusammenbruch der Sowjetunion unwiderlegbar, dass die Marktwirtschaft die beste Methode sei, ein Land zu organisieren, Wohlstand zu schaffen und seine Bürger zufrieden zu machen. Es war der Sieg des Kapitalismus.

Der Kapitalismus hat vielleicht mehr Kritik als jedes andere Wirtschaftsmodell auf sich gezogen. Tatsächlich benutzten die Sozialisten und Marxisten den Begriff „Kapitalismus" im 19. Jahrhundert ursprünglich in einem abwertenden Sinn, um die von ihnen verabscheuten Aspekte des modernen Wirtschaftslebens zu kritisieren: Ausbeutung, Ungleichheit und Unterdrückung, um nur einige zu nennen. Der Kapitalismus wurde zunächst auch von der Kirche argwöhnisch beäugt, denn sie sah die religiöse Lehre durch den Vorrang von Geld und Profit bedroht. Länger konnte sich die Kritik behaupten, dass der Kapitalismus tendenziell Ungleichheit schaffe, Arbeitslosigkeit und Instabilität fördere und das Auf und Ab von Konjunkturzyklen begünstige. Ein weiterer Kritikpunkt ist die fehlende Berücksichtigung der Umweltauswirkungen der Wirtschaft (▶ Kapitel 46).

Ein Mischsystem Im Kapitalismus befinden sich das Kapital (Unternehmen, Fabriken und Gebäude, die für die Herstellung von Gütern und Dienstleistungen benötigt werden) nicht in den Händen des Staates, sondern sie gehören privaten Unternehmern. Diese können sich durch die Ausgabe von Aktien oder Anleihen Geld von der Öffentlichkeit beschaffen und sie dadurch an ihren Unternehmen beteiligen.

Zeitleiste

ca. 1000	ca. 1500
Der Feudalismus entsteht	Der Merkantilismus setzt sich durch

Diese Beteiligung kann auf direktem Weg oder auf indirektem Weg über Pensionsfonds erfolgen. Fast jeder Bürger einer großen Volkswirtschaft ist über seinen Pensionsfonds unwissentlich an großen Unternehmen beteiligt. Theoretisch hat also jeder ein Interesse daran, dass die Wirtschaft floriert.

Die meisten Wirtschaftslehrbücher machen sich nicht die Mühe, den Kapitalismus zu definieren. Das ist vielleicht verständlich. Anders als ein unverfälschtes, eher eindimensionales Wirtschaftssystem wie der Kommunismus verkörpert der Kapitalismus eine komplexe Mischform, die viele Facetten in sich vereint und viele Merkmale anderer Systeme übernommen hat. Deshalb ist es so schwierig, eine genaue Definition festzulegen. Nicht nur das – da der Kapitalismus das Wirtschaftssystem der meisten Länder der Welt ist, scheint der Versuch einer Definition ohnehin überflüssig.

Da letztlich Menschen und nicht Staaten den Gang der Wirtschaft beeinflussen, manifestiert sich der Kapitalismus in der Regel in Form der freien Marktwirtschaft. Aber eine kapitalistische Volkswirtschaft kann auch in anderen Gestalten auftreten.

Monopole und andere Probleme

Die Kritiker des Kapitalismus haben davor gewarnt, dass er Monopole (ein Unternehmen kontrolliert die ganze Branche), Oligopole (eine Gruppe von Unternehmen betreibt gemeinsam ein Monopol) und Oligarchien (eine kleine einflussreiche Gruppe bestimmt über die Volkswirtschaft) begünstige. Diese Entwicklungen stehen in Widerspruch zu einer Wirtschaft, in der ein perfekter Wettbewerb herrscht, die Käufer jederzeit unter verschiedenen Produkten auswählen können und die Unternehmen miteinander um ihre Gunst konkurrieren müssen.

Monopole stellen eines der großen Hindernisse für eine vollkommen gesunde Wirtschaft dar. Staaten verbringen viel Zeit damit zu verhindern, dass sich Unternehmen zu Kartellen zusammenschließen oder durch ihre schiere Größe ganze Branchen dominieren. Das Problem besteht darin, dass Monopole ihren Kunden die Bedingungen einseitig diktieren. Sie haben dann keinen Anreiz mehr, schwierige Entscheidungen zu treffen, etwa um Kosten zu senken und die Effizienz zu steigern. Dies wiederum steht in Widerspruch zum Gesetz der schöpferischen Zerstörung (▶ Kapitel 36).

In der Praxis sollte man die heutigen kapitalistischen Volkswirtschaften – die USA, Großbritannien und anderer europäische Länder sowie viele Entwicklungsländer – als Mischformen bezeichnen, weil sie die freie Marktwirtschaft mit staatli-

ca. **1800**
Die Industrielle Revolution läutet das Zeitalter des Kapitalismus ein

1989
Fall der Berliner Mauer, der zur Ausbreitung des Kapitalismus in der ehemaligen kommunistischen Welt führt

chen Lenkungseingriffen kombinieren. Den Idealtypus einer freien Volkswirtschaft – die so genannte „Laisser-faire"-Wirtschaft, abgeleitet aus dem französischen Begriff „tun lassen, was sie wollen" – hat es in der Realität nie gegeben. Tatsächlich sind die meisten führenden Nationen heute sogar etwas weniger marktwirtschaftlich geprägt als noch vor wenigen Jahrhunderten, wie die Entwicklung des Konzepts verdeutlicht.

Die Entwicklung des Kapitalismus In seiner Frühform entwickelte sich der Kapitalismus als *Feudalsystem* im mittelalterlichen Europa: die Bauern arbeiteten für den Landadel, dem die Gewinne daraus zustanden. Darauf folgte Ende des 16. Jahrhunderts der *Merkantilismus*, in groben Zügen ein Vorläufer des Kapitalismus. Seine Entstehung ging darauf zurück, dass die Nationen zunehmend Handel betrieben und die Europäer lukrative Ressourcen in Nord- und Südamerika entdeckten. Die Betreiber der Handelsrouten brachten es zu außerordentlichem Reichtum. Erstmals in der Geschichte begannen gewöhnliche Menschen, aus eigener Kraft Geld zu verdienen, ohne auf das Wohlwollen eines reichen Monarchen oder Aristokraten angewiesen zu sein.

> **Dem Kapitalismus wohnt die Sünde der ungleichen Verteilung der materiellen Segnungen inne, dem Sozialismus die Tugend der gleichmäßigen Verteilung des Elends.**
> Winston Churchill

Dies war ein wichtiger Schritt in der Wirtschaftsgeschichte. Obwohl sich Adam Smith an vielen Details des Merkantilismus störte, zählte sein Motor – die Vorteilhaftigkeit des Handels für alle Beteiligten – zu den zentralen Voraussetzungen des Kapitalismus, die er in *Der Wohlstand der Nationen* beschrieb. Damals räumte der Staat den Handeltreibenden viel mehr Freiräume als heute ein: Sie durften Monopole betreiben und wurden durch staatlich auferlegte Importzölle geschützt. Aber die rechtlichen Strukturen, die sich im Lauf von 200 Jahren entwickelten, etwa das Privateigentum oder Aktiengesellschaften, und die Konzepte des Profits und Wettbewerbs waren die Grundlagen des modernen Kapitalismus.

Im 19. Jahrhundert wurden die Handeltreibenden in ihrer Rolle als Wohlstandsmotoren durch Industrielle und Fabrikbesitzer ersetzt. Für viele war dies das goldene Zeitalter des freien Marktes. In den USA und Großbritannien unterlagen die Märkte und der Handel weniger Einschränkungen und weniger staatlichen Eingriffen, als es heute der Fall ist. Aber die Tendenz einiger Branchen zur Monopolbildung und das wirtschaftliche und soziale Trauma der Großen Depression in den 1930er-Jahren – gefolgt vom Zweiten Weltkrieg – veranlasste die Regierungen, ihre Wirtschaft stärker zu lenken. Sie verstaatlichten bestimmte Sektoren und legten das Fundament für einen Wohlfahrtsstaat. Unmittelbar vor dem Wall-Street-Crash im Jahr 1929 beliefen sich die Staatsausgaben der USA auf weniger als ein Zehntel der

Wirtschaftsleistung des Landes. 40 Jahre später betrug der staatliche Anteil etwa ein Drittel. Heute sind es etwa 36 Prozent mit rasch steigender Tendenz. Um diesen sprunghaften Anstieg zu verstehen, brauchen Sie nur das nächste Kapitel über den Keynesianismus zu lesen. Die Geschichte des Kapitalismus im vergangenen Jahrhundert drehte sich im Wesentlichen um die Frage, in welchem Ausmaß sich Staaten durch Geld und Einflussnahme in die Wirtschaft einmischen sollten.

Kapitalismus und Demokratie Das kapitalistische System hat wichtige Auswirkungen auf die Politik und die Freiheit. Der Kapitalismus ist im Grunde demokratisch. Er verankert die individuellen demokratischen Rechte und das Stimmrecht des Einzelnen auf eine Art und Weise in der Gesellschaft, wie es andere autoritäre Systeme nicht können. Dazu lässt er die unsichtbare Hand gewähren. Diese ermutigt Unternehmer zu harter Arbeit und zum Fortkommen, sie stellt das Eigeninteresse der Einzelnen über die Meinung des Staates, was für die Bürger

> **Die Geschichte deutet darauf hin, dass der Kapitalismus eine notwendige Voraussetzung für politische Freiheit ist.**
> Milton Friedman

am besten sein könnte, und sie räumt den Aktionären die Kontrolle über die Unternehmen ein. Es ist kein Zufall, dass nicht-kapitalistische Gesellschaften fast ausschließlich Diktaturen waren, die nicht gewählt wurden. Was allerdings das moderne China angeht, sagen viele voraus, dass die Übernahme der Werte der freien Marktwirtschaft im Land letztlich zu mehr Demokratie führen werde.

So wie sich demokratische Gesellschaften ständig im Spannungsfeld zwischen staatlicher Einmischung und den Rechten des Einzelnen befinden, tobt auch eine wichtige Debatte darüber, in welchem Ausmaß der Kapitalismus einige Bürger ungerecht behandelt und es gleichzeitig anderen erlaubt, unverhältnismäßig reich zu werden. Aber kaum ein Ökonom wird der Behauptung widersprechen, dass Volkswirtschaften in kapitalistischen Systemen reicher und widerstandsfähiger werden, sich schneller entwickeln, mehr neue Technologien hervorbringen und im Allgemeinen weniger politische Unruhen erleben, als es in alternativen Systemen der Fall ist. Als die Berliner Mauer fiel und die Sowjetunion zusammenbrach, wurde allen klar, dass der Kapitalismus die westlichen Volkswirtschaften in eine weit stabilere Lage versetzt hatte als die früheren kommunistischen Länder. Ein Ökonom nach dem anderen zog deshalb die Schlussfolgerung, dass der Kapitalismus trotz seiner vielen Mängel immer noch das beste bisher bekannte System sei, um eine moderne, florierende Wirtschaft zu betreiben.

Worum es geht
Das am wenigsten schädliche Wirtschaftssystem

09 Keynesianismus

Im Zentrum der Ökonomie steht der Gedanke, dass die Fiskalpolitik – also die Steuer- und Ausgabenpolitik des Staates – zur Steuerung der Wirtschaft eingesetzt werden sollte. Diese Theorie geht auf einen der größten Denker des 20. Jahrhunderts zurück, den britischen Ökonomen John Maynard Keynes. Seine Ideen gestalteten die moderne Weltwirtschaft entscheidend mit und werden noch heute weithin respektiert und befolgt.

Das Hauptwerk von Keynes, *Allgemeine Theorie der Beschäftigung, des Zinses und des Geldes,* aus dem Jahr 1936 stellte eine direkte Reaktion auf die Große Depression dar. Er hielt es für die bisher vernachlässigte Pflicht von Staaten, die Wirtschaft in schlechten Zeiten zu stützen. Damit befand er sich in Widerspruch zum Franzosen Jean-Baptiste Say (1767—1832), demzufolge sich aus gesamtwirtschaftlicher Sicht „das Angebot seine eigene Nachfrage schafft". Er meinte also, allein die Herstellung von Waren löse auch die nötige Nachfrage aus.

Schnellstart für die Wirtschaft Bis zur Großen Depression war man davon ausgegangen, dass sich das Wirtschaftssystem größtenteils selbst reguliere. Die unsichtbare Hand (▶ Kapitel 1) sorge automatisch für das optimale Maß an Beschäftigung und Wirtschaftsleistung. Keynes widersprach dem vehement. In einem Abschwung, so argumentierte er, könne der Nachfragerückgang einen deutlichen Einbruch verursachen, was die Rezession weiter verstärke und die Arbeitslosigkeit in die Höhe treibe. Es sei Aufgabe des Staates, die Konjunktur wieder anzukurbeln, indem er Geld aufnahm und ausgab. Der Staat solle Beschäftigte einstellen und öffentliche Infrastrukturprojekte – etwa den Bau von Straßen und Eisenbahnen, Krankenhäusern und Schulen – finanzieren. Zinssenkungen könnten zwar dazu beitragen, die Wirtschaft zu fördern (▶ Kapitel 18), aber sie seien nur ein Teil der Antwort.

Zeitleiste

1929	1933	1936
Der Crash an der Wall Street schickt die Aktien auf Talfahrt und löst die Große Depression aus	Franklin D. Roosevelt kündigt den New Deal an, ein staatliches Investitionsprogramm zur Beendigung der Depression	Keynes argumentiert in *Allgemeine Theorie der Beschäftigung, des Zinses und des Geldes,* dass sich Staaten in Zeiten der Rezession stärker verschulden sollten

John Maynard Keynes 1883—1946

John Maynard Keynes gehörte zu den wenigen Ökonomen, die auch Gelegenheit hatten, ihre Theorien umzusetzen. Er wurde von seinen Freunden Maynard genannt und genoss allgemeine Anerkennung als Intellektueller. Er schloss sich der Bloomsbury Group an, zu der auch Virginia Woolf und E. M. Forster gehörten. Im Ersten Weltkrieg war er als Berater für den Finanzminister tätig, machte sich aber erst nach dem Krieg wirklich einen Namen. Er warnte frühzeitig davor, dass die harten Bedingungen des Versailler Vertrags zu einer Hyperinflation in Deutschland und möglicherweise zu einem weiteren Krieg führen könne. Die Geschichte sollte ihm Recht geben.

Keynes verdiente ein Vermögen am Aktienmarkt, verlor jedoch einen Großteil davon wieder im großen Crash von 1929. Mit Währungsspekulationen erzielte er gemischte Erfolge.

Vor seinem Tod unmittelbar nach dem Zweiten Weltkrieg verhandelte Keynes über ein wichtiges Darlehen der Vereinigten Staaten. Er war an der Planung des Internationalen Währungsfonds und der Weltbank beteiligt, zwei wichtigen internationalen Wirtschaftsinstitutionen, die die Weltwirtschaft in den folgenden Jahrzehnten prägen sollten.

Nach Keynes Auffassung kämen die Zusatzausgaben des Staates in der Wirtschaft auch an. So schaffe der Bau einer Autobahn Arbeitsplätze in Bauunternehmen, deren Beschäftigte ihren Lohn für Lebensmittel, Waren und Dienstleistungen ausgeben, wodurch die Wirtschaft insgesamt gestützt werde. Eine Schlüsselrolle in Keynes' Lehre spielte die Multiplikatortheorie.

Nehmen wir an, die Vereinigten Staaten bestellen bei der Werft Northrop Grumman einen Flugzeugträger im Wert von zehn Milliarden Dollar. Man könnte meinen, dass sich die Auswirkungen dieses Auftrags darin erschöpften, zehn Milliarden Dollar in die Wirtschaft zu pumpen. Aber nach der Multiplikatortheorie ist der tatsächliche Effekt viel größer. Northrop Grumman stellt nämlich mehr Mitarbeiter ein, um den Großauftrag bewältigen zu können, und erzielt höhere Gewinne. Die Werftarbeiter wiederum geben mehr Geld für Konsumgüter aus. Je nach „Konsumneigung" des durchschnittlichen Verbrauchers könnten diese Effekte die gesamte Wirtschaftsleistung um weit mehr als nur den ursprünglich vom Staat aufgewendeten Betrag steigern.

1970er-Jahre	**2008**
Der Keynesianismus kommt aus der Mode, während die westlichen Nationen mit der Inflationsbekämpfung beschäftigt sind	Keynes' Ideen kehren zurück: Weltweit verschulden sich die Staaten und geben Geld aus, um die Rezession zu bekämpfen

Würde die Erhöhung der Ausgaben um zehn Milliarden Dollar zu einem Anstieg der Wirtschaftsleistung in den USA um fünf Milliarden führen, dann wäre der Multiplikator 0,5, und bei einem Anstieg um fünf Milliarden betrüge er 1,5.

Die sechs Hauptaussagen   Der frühere Präsidentenberater Alan Blinder nennt sechs Hauptaussagen, die den Keynesianismus ausmachen:

1. Die Wirtschaftsleistung eines Landes wird nach Überzeugung der Keynesianer von staatlichen und privaten Entscheidungen beeinflusst und entwickelt sich manchmal unvorhersehbar.

2. Entscheidend ist die kurzfristige Sicht – manchmal sogar mehr als die langfristige. Ein kurzfristiger Anstieg der Arbeitslosenzahlen kann langfristig weit größeren Schaden anrichten, da er möglicherweise eine dauerhafte Konjunkturdelle hinterlässt. Wie Keynes berühmter Ausspruch lautet: „Langfristig sind wir alle tot."

3. Die Preise und vor allem die Löhne reagieren nur langsam auf Veränderungen von Angebot und Nachfrage. Dies wiederum bedeutet, dass die Arbeitslosigkeit häufig höher oder niedriger ist, als es der aktuellen wirtschaftlichen Stärke entspricht.

4. Die Arbeitslosigkeit ist häufig auf einem zu hohen Stand und zu starken Schwankungen ausgesetzt. Gleichzeitig sind Rezessionen und Depressionen wirtschaftliche Störungen und nicht – wie es die Theorie der unsichtbaren Hand glauben machen will – effiziente Antworten des Marktes auf unattraktive Gelegenheiten.

5. Die natürlichen Konjunkturzyklen der Wirtschaft sind ein Problem, das die Staaten nach Möglichkeit durch aktives Handeln stabilisieren sollten.

6. Den Keynesianern ist die Bekämpfung der Arbeitslosigkeit im Allgemeinen wichtiger als die Bekämpfung der Inflation.

> **❯ Im Grunde sind wir heute alle Keynesianer. Ein Großteil der Hypothesen der modernen Makroökonomen leitet sich direkt aus der *Allgemeinen Theorie der Beschäftigung, des Zinses und des Geldes* ab. Die von Keynes errichteten Eckpfeiler halten bis zum heutigen Tag sehr gut stand. ❰**
>
> Paul Krugman, US-Ökonom

Eine kontroverse Theorie   Der Keynesianismus ist immer sehr umstritten gewesen. Viele Kritiker fragen, warum Staaten eigentlich am besten wissen sollten, wie eine Wirtschaft zu lenken sei. Viele bezweifeln auch, ob Schwankungen wirklich so gefährlich sind. Trotzdem schien Keynes viele Antworten auf die Große Depression der 1930er-Jahre zu bieten. Der New Deal unter Franklin D. Roosevelt als Reaktion auf die Krise gilt als klassisches Beispiel dafür, wie eine Regierung die Konjunktur ankurbelt, indem sie mitten in einer Rezession Zusatzausgaben in Milliardenhöhe aufbringt. Noch heute wird darüber gestritten, ob die Depression tatsächlich durch diese Politik oder doch durch den Zweiten Weltkrieg beendet wurde. Insgesamt setzte sich aber die Botschaft durch, dass Staatsausgaben ihren Zweck erfüllten.

Im Sog der *Allgemeinen Theorie der Beschäftigung, des Zinses und des Geldes* erhöhten Staaten weltweit ihr Ausgabenniveau dramatisch. Teilweise hatten sie dafür soziale Beweggründe – sie wollten einen Wohlfahrtstaat aufbauen, der die Folgen der hohen Arbeitslosigkeit abfederte – und teilweise folgten sie damit den keynesianischen Ökonomen, die eine Kontrolle wesentlicher Teile der Wirtschaft durch den Staat befürworteten.

Die Theorie schien sich bemerkenswert lange Zeit zu bestätigen. Inflation und Arbeitslosigkeit blieben relativ niedrig und die wirtschaftliche Expansion erwies sich als anhaltend stark. In den 1970er-Jahren geriet die Keynes'sche Politik jedoch unter Beschuss, hauptsächlich durch die Monetaristen (▶ Kapitel 10). Zu deren Hauptargumenten zählte es, dass ein Staat seine Wirtschaft nicht einfach durch regelmäßiges Drehen an der Schraube der Fiskal- und Geldpolitik „feinsteuern" könne. Auf diese Weise ließen sich die Beschäftigtenzahlen nicht auf einem hohen Niveau halten. Es vergeht einfach zu viel Zeit zwischen dem Zeitpunkt, an dem man die Notwendigkeit einer solchen Politik (beispielsweise Steuersenkungen) erkennt, und dem Zeitpunkt, an dem sie dann tatsächlich Wirkung zeigt. Da hilft auch der Einwurf der Politiker nichts, dass es eine gewisse Zeit in Anspruch nehme, um Gesetze zu entwerfen und zu verabschieden, und noch mehr Zeit, bis sich die Steuersenkungen in der Wirtschaft bemerkbar machen. Wenn die Steuersenkungen endlich Wirkung zeigen, hat sich das Problem, das sie eigentlich lösen sollten, vielleicht schon wieder verschlimmert – oder auch aufgelöst.

Bezeichnenderweise erlebte Keynes im Sog der Finanzkrise 2008 ein großes Comeback. Als deutlich wurde, dass Zinssenkungen allein nicht ausreichen würden, um die Volkswirtschaften der USA, Großbritanniens und anderer Länder vor einer Rezession zu bewahren, riefen die Ökonomen nach dem Staat. Dieser sollte sich verschulden, um die Steuern zu senken und die Ausgaben zu erhöhen. Genau das taten viele Länder. Ihre Maßnahmen stellten nach übereinstimmender Lesart einen deutlichen Bruch mit der Politik der vorangegangenen zweieinhalb Jahrzehnte dar. Gegen jede Wahrscheinlichkeit war Keynes zurückgekehrt.

Worum es geht
Staaten müssen Geld ausgeben, um tiefe Rezessionen zu verhindern

10 Monetarismus

John Maynard Keynes gegen Milton Friedman – der ultimative Kampf der Wirtschaftstheorien. Nicht nur waren die beiden äußerst intelligente und scharfsinnige Debattierer, und nicht nur hätte ihre Herkunft kaum unterschiedlicher sein können – der eine Engländer mit bester Eton-Ausbildung, der andere in Brooklyn geborener Sohn ungarischer jüdischer Einwanderer. Die beiden Männer standen auch für grundlegend widersprüchliche Lehren. Sie verkörpern den ideologischen Kampf, der in den vergangenen 50 Jahren die Ökonomie bestimmte.

Während Keynes der Arbeitslosigkeit mehr Aufmerksamkeit als der Inflation schenkte und darauf hinwies, dass die Wirtschaft durch eine gewisse staatliche Einflussnahme gefördert werden könne, argumentierte Friedman in die andere Richtung: Man solle die Menschen sich selbst überlassen und die Rolle des Staates darauf beschränken, die in der Wirtschaft umlaufende Geldmenge zu überwachen und zu kontrollieren. In seinem bahnbrechenden Buch *A Monetary History of the United States* entwickelte er gemeinsam mit Anna Schwartz die theoretischen Grundlagen des Monetarismus.

Inflationsbekämpfung hat Vorrang „Die Inflation ist immer und überall ein monetäres Phänomen", meinte Friedman. Wenn die Staaten zusätzliches Geld in das System pumpten (wie es die Keynesianer befürworteten), trieben sie die Inflation in die Höhe und setzten die Wirtschaft großen Gefahren aus. Übertrage man aber den Zentralbanken die Aufgabe der Preiskontrolle, so Friedman, dann regelten sich die meisten anderen Aspekte der Wirtschaft – Arbeitslosigkeit, Wachstum, Produktivität – mehr oder weniger selbst.

Während Keynes behauptet hatte, dass man Arbeiter nur unter größten Schwierigkeiten überzeugen könne, niedrigere Löhne zu akzeptieren, zäumte die klassische monetaristische Theorie das Pferd andersherum auf: Niedrigere Einkommen für Arbeiter und niedrigere Preise für Unternehmen seien in Zeiten steigender Inflation akzeptabel. Die Wachstumsrate einer Wirtschaft, so argumentierte Friedman, lasse

Zeitleiste

1912
Milton Friedman wird geboren

1971
Milton Friedman und Anna Schwartz veröffentlichen *A Monetary History of the United States*

Milton Friedman 1912—2006

Milton Friedman gehörte zu den einflussreichsten Denkern der modernen Ökonomie. Er wuchs in einer armen Familie ungarischer jüdischer Einwanderer in Brooklyn, New York, auf und erwies sich als sehr guter Schüler. Nach seinem Abschluss an der Rutgers University setzte er sein Studium an der Chicago University fort, die sich unter seinem Einfluss zu einem weltweit führenden akademischen Wirtschaftsforum entwickelte. Im Zweiten Weltkrieg arbeitete er für die US-Regierung und sprach sich bei einer Gelegenheit auch einmal für eine staatliche Ausgabenpolitik Keynes'scher Prägung aus. In den 1960er-Jahren wurde seine monetaristische Theorie berühmt, und 1976 erhielt er den Nobelpreis für Wirtschaft.

sich durch die Steuerung der Geldmenge, die die Zentralbanken druckten, beeinflussen. Warf man die Notenpresse an, gaben die Menschen mehr Geld aus und umgekehrt. Damit war Friedman weit entfernt von der keynesianischen Theorie, die der Geldpolitik keine große Bedeutung beimaß. Außerdem vollzog er damit eine Abkehr von einer wichtigen politischen Doktrin: Während Keynes eine Steuerung der Wirtschaft über die Fiskalpolitik verlangte, forderte Friedman unabhängige Zentralbanken, die die Wirtschaft über die Zinssätze kontrollieren sollten (wenn auch unter Festschreibung einiger Eckpunkte).

Friedman meinte, dass die Zentralbanken in einem Abschwung eine Deflation verhindern sollten, indem sie mehr Geld in das System pumpten. Folglich sei es ein Fehler gewesen, dass die US-Notenbank vor der Großen Depression einen zu strikten Kurs gegenüber den amerikanischen Banken gefahren habe. Zu viele Institute seien in Konkurs gegangen, was den Abschwung weiter verschärft habe. Tatsächlich machte er die Notenbank dafür verantwortlich, dass sich eine Krise, die auf eine normale Rezession hätte beschränkt werden können, zu einer so katastrophalen Depression auswuchs.

Die Zeit war reif Zunächst kümmerte sich das Establishment wenig um Friedmans Argumente, die zusammen mit einer ganzen Palette radikaler Vorschläge für eine freie Marktwirtschaft präsentiert wurden. Dazu gehörten die Umstellung von einer Berufs- auf eine Freiwilligenarmee, die Freigabe der Wechselkurse, die Ausgabe von Bildungsgutscheinen, die Privatisierung der Sozialversicherung und die Einführung einer negativen Einkommensteuer. Immerhin schien sich ja der Keyne-

1980er-Jahre
Friedmans Ideen werden von den Regierungen Thatchers und Reagans auf beiden Seiten des Atlantiks übernommen

2006
Friedman stirbt

sianismus in den 1960er-Jahren bei stetigem Wachstum, niedriger Inflation und moderater Arbeitslosigkeit zu bewähren. Was bezweckte dieser junge Ökonom, der behauptete, diese Politik könne möglicherweise die Inflation und Arbeitslosigkeit in die Höhe treiben – etwas, das nach der Philipskurve eigentlich ausgeschlossen war (▶ Kapitel 22)?

> **❞ Friedmans Rahmenkonzept des Monetarismus war so einflussreich, dass es zumindest in groben Umrissen fast deckungsgleich mit der modernen Theorie der Geldpolitik ist. ❝**
>
> Ben Bernanke

Dann kamen die Ölkrise und die wirtschaftlichen Turbulenzen der 1970er-Jahre. Die westliche Welt erlebte eine Stagnation mit schrumpfendem Wirtschaftswachstum, steigender Inflation und hoher Arbeitslosigkeit. Die Keynes'sche Wirtschaftslehre schien darauf keine Antwort zu haben und ebnete so Friedmans Theorien den Weg. Friedman hatte vorhergesagt, dass ein solches Ergebnis möglich war, und er hatte auch eine Lösung parat: Die Inflation und nicht die Arbeitslosigkeit musste bekämpft werden.

Auf beiden Seiten des Atlantiks übernahmen die Politiker diese Doktrin allmählich. In den 1980er-Jahren führte der damalige Notenbankchef Paul Volcker die USA durch eine schmerzhafte und traumatische Rezession, um die Preise wieder unter Kontrolle zu bekommen. In Großbritannien erwärmte sich die neue Premierministerin Margret Thatchers für die Botschaft des Monetarismus. In Deutschland begann auch die Bundesbank genauer hinzusehen, mit welcher Geschwindigkeit neues Geld gedruckt wurde.

Kritik am Monetarismus Ob Friedman nun recht hatte oder nicht, es erwies sich als schwierig, eine geeignete Kenngröße für das Geldwachstum – die in der Wirtschaft im Umlauf befindliche Geldmenge – zu finden und seine Doktrin in die Praxis umzusetzen. Die Inflation mag zwar ein monetäres Phänomen sein, aber dennoch verändert sich die umlaufende Geldmenge auch aus Gründen, die nichts mit der Inflation zu tun haben. Wenn beispielsweise in der Londoner City oder an der Wall Street wieder ein neues Finanzinstrument entwickelt wird, kann allein das schon die Geldmenge im System nach oben treiben. Meistens kann aber erst im Nachhinein beurteilt werden, welcher Faktor den Ausschlag gab, und dann haben die Zentralbanken ihre Zinsentscheidungen bereits getroffen. In der Praxis gaben deshalb die Notenbanken ihre Versuche, die umlaufende Geldmenge zu kontrollieren, auf. Eine Ausnahme ist die Europäische Zentralbank, die sowohl ein Ziel für die Geldmenge als auch ein Ziel für die Inflation festgeschrieben hat.

Volckers Nachfolger als Chef der US-Notenbank, Alan Greenspan, war zwar ein überzeugter Anhänger der freien Marktwirtschaft mit großem Respekt für den Monetarismus. Dennoch hatte auch für ihn die Geldmengenstatistik so geringe Bedeutung, dass die US-Notenbank vor einigen Jahren aufhörte, überhaupt noch Zahlen über das Geldwachstum zu veröffentlichen.

Monetarismus gegenüber Keynesianismus – das Ergebnis

Der Ausgang der Kontroverse zwischen den Theorien Friedmans und Keynes' ist, wie so häufig beim Kampf von Riesen, unentschieden. Die modernen Zentralbanken neigen dazu, sich bei ihrer Politik auf monetäre und eher herkömmliche Indikatoren zu konzentrieren. Zwar schwächte sich das Gewicht der Geldpolitik Ende der 1990er- und Anfang der 2000er-Jahre ab, doch in jüngster Zeit gewinnt sie wieder an Bedeutung. Zurückzuführen ist dies auf die Ansicht von Ökonomen, der Einbruch beim Geldwachstum erkläre die Rezession, die auf die Kreditkrise von 2008 folgte.

Andererseits gibt es auch einen wachsenden Konsens darüber, dass die von Friedman vorgeschlagenen Maßnahmen, die bei Thatcher und Reagan in den 1980er-Jahren auf Zustimmung stießen – Liberalisierung der Finanzmärkte, Bekämpfung von Inflation und Geldmengenwachstum, mehr Freiräume für Unternehmen bei der Kreditaufnahme und weniger arbeitsrechtliche Beschränkungen –, teilweise für die Schuldenanhäufung verantwortlich waren, die schließlich die Finanzkrise auslöste. Der Wirtschaftskommentator Martin Wolff meinte kurz vor Eintritt Großbritanniens und der USA in die Rezession: „Genau wie die keynesianischen Gedanken in den 1950er-, 1960er- und 1970er-Jahren einer Belastungsprobe ausgesetzt wurden, könnte es auch Milton Friedmans Ideen in den 1980er-, 1990er- und 2000er-Jahren ergehen. Wenn man zu sehr glaubt, versagen alle Götter."

Die beiden Männer trafen sich nie persönlich. Sie hatten nur einmal in den 1930er-Jahren Kontakt, als Friedman einen Artikel für die von Keynes herausgegebene Zeitschrift *Economic Journal* einreichte. Der Artikel enthielt einen recht scharfen Angriff auf einen Kollegen von Keynes in Cambridge, den Wirtschaftsprofessor A. C. Pigou. Keynes legte den Artikel Pigou vor, der mit der darin geäußerten Kritik nicht einverstanden war. Er teilte Friedman deshalb mit, dass er ihn nicht veröffentlichen werde. „Das war einer von nur zwei Briefen, die ich jemals von Keynes erhielt", erinnerte sich Friedman später. „Auch der zweite Brief enthielt eine Ablehnung!"

Das Wachstum der Geldmenge kontrollieren

11 Kommunismus

Vor einigen Jahren rief die British Broadcasting Corporation ihre Zuhörer zu einer Abstimmung über ihren Lieblingsphilosophen auf. Von Anfang an waren klare Favoriten im Rennen, etwa Plato, Sokrates, Aristoteles, Hume und Nietzsche. Bei der Auszählung der Stimmen zeigte sich jedoch, dass es einen klaren Gewinner für den Titel des Lieblingsphilosophen der Briten gab: Karl Marx.

Nicht lange danach – Ende 2008 – berichtete ein deutscher Buchhändler, dass die Verkaufszahlen des Hauptwerks von Marx, *Das Kapital*, anstiegen wie schon lange nicht mehr.

Wie kann sich ein radikaler deutscher Emigrant, dessen Ideen und Vorhersagen sich immer wieder als falsch erwiesen und mit dem Fall der Berliner Mauer endgültig zu Grabe getragen schienen, solcher Beliebtheit erfreuen? Warum erhält sein Werk ausgerechnet in einem Land, das nicht nur den Sozialismus ablehnte, sondern auch eines der am stärksten marktwirtschaftlich geprägten Länder der Welt wurde, so viel Anerkennung?

Die berühmte Theorie   Marx' zentraler Aussage zufolge befanden sich die Gesellschaften in einem Prozess, in dem sie sich von schwach ausgebildeten und tendenziell ungerechten Wirtschaftssystemen hin zu einem endgültigen Idealzustand entwickelten. Nachdem die Gesellschaftsordnung des Feudalismus vom Merkantilismus abgelöst wurde und daraus schließlich das moderne kapitalistische System hervorging, würde schließlich von ganz allein ein gerechteres, utopisches System entstehen. Dieses System, so Marx, sei der Kommunismus.

In einer kommunistischen Gesellschaft sollten das Eigentum und die Produktionsmittel (Fabriken, Werkzeuge, Rohstoffe usw.) nicht Einzelnen oder Unternehmen, sondern der Allgemeinheit gehören. Zunächst sollte der Staat sämtliche Unternehmen und Institutionen in sein Eigentum übernehmen, kontrollieren und betreiben und dabei gewährleisten, dass die Arbeiter nicht unterdrückt würden. Im Lauf

Zeitleiste

1848	1867	1883
Marx und Engels veröffentlichen das *Kommunistische Manifest*	Der erste Band von *Das Kapital* wird veröffentlicht	Marx stirbt in London

Karl Marx 1818—1883

Marx stammte aus einer jüdisch-protestantischen Mittelstandsfamilie und verbrachte den größten Teil seines Lebens an der Universität oder mit dem Schreiben seiner Bücher. Nach der Universität in Bonn und dann Berlin, wo er Recht, Geschichte und Philosophie lehrte und eine Dissertation über den griechischen Philosophen Epikur veröffentlichte, fühlte er sich zur politischen Theorie hingezogen. Er wurde 1842 Herausgeber einer Zeitung mit revolutionären Tendenzen und bekam wiederholt die staatliche Zensur zu spüren. Nach Einstellen der Zeitung zog er nach Paris, wo er den Industriellen Friedrich Engels kennen lernte, mit dem er 1848 das *Kommunistische Manifest* schrieb. Marx wurde in Frankreich und dann in Belgien des Landes verwiesen und lebte bis zu seinem Tod in London. Er stützte sich im Wesentlichen auf die Großzügigkeit seiner Freunde, insbesondere Engels. Bei seinem Tod im Jahr 1883 waren der zweite und dritte Band seines Hauptwerks *Das Kapital* noch nicht veröffentlicht. Sie wurden später von Engels auf der Grundlage von Notizen verfasst. Marx ist auf dem Highgate Cemetary in London begraben.

der Zeit mache sich der Staat dann überflüssig und verschwinde. Dies, so Marx, sei die letzte Phase der menschlichen Gesellschaft, in der sich die seit Jahrtausenden bestehenden Klassenschranken endlich auflösten.

Klassenkampf Schon vor der Veröffentlichung des *Kommunistischen Manifests* 1848 durch Marx und Engels waren verschiedenen Formen des Kommunismus vorgeschlagen worden. So legte der englische Schriftsteller und Politiker Thomas Morus im Jahr 1516 in seinem Buch *Utopia* den Entwurf einer Gesellschaft vor, die auf dem öffentlichen Eigentum beruhte. Anfang des 19. Jahrhunderts gab es bereits verschiedene kommunistische Gemeinschaften in Europa und den Vereinigten Staaten.

Marx' zentrale Aussage lautete jedoch, dass der Kommunismus in einem Siegeszug die Welt erobern werde, wenn die Arbeiter sich erst einmal gegen ihre Regierungen erhoben und sie stürzten, um eine gerechtere Gesellschaft zu gründen. Er hielt das vorhandene System des Kapitalismus für äußerst ungerecht, weil die Reichen, die über mehr Kapital (Besitz) verfügten, auf Kosten der Arbeiter immer reicher wurden. Er behauptete, dass die Geschichte der Menschheit auch eine Geschichte des Klassenkampfes sei. Der Konflikt zwischen der Aristokratie und der

1917
Die russische Revolution bringt Lenin an die Macht und führt zur Gründung der Sowjetunion

1949
Mao Tse-tung gründet mit der Volksrepublik China einen kommunistischen Staat

1991
Die Sowjetunion löst sich unter Michail Gorbatschow auf

> **Die Theorie des Kommunismus kann in einem Satz zusammengefasst werden: Alles Privateigentum abschaffen.**
>
> Karl Marx

aufstrebenden Bourgeoisie (der kapitalistischen Mittelklasse, bei der sich immer mehr Produktionsmittel konzentrierten) ebnete einem neuen Konflikt den Weg, nämlich dem Kampf zwischen der Bourgeoisie und dem Proletariat (den Arbeiterklassen).

Im Zentrum von Marx' Gedankenwelt stand die Theorie vom Wert der Arbeit. Sie wurde in *Das Kapital* (1867) beschrieben und besagt, dass ein Vermögenswert die Menge an Zeit wert ist, die jemand für seine Herstellung benötigt. Wenn das Nähen einer Jacke beispielsweise doppelt so lange wie das Nähen einer Hose dauert, sollte die Jacke auch doppelt so viel wert sein. Nach Marx' Ansicht behielten jedoch die Unternehmer unverhältnismäßig hohe Gewinne für sich selbst. Das war nur möglich, weil sie die Produktionsmittel besaßen und ihre Arbeiter ausbeuteten. Die Arbeitswerttheorie wird immer wieder angezweifelt. Aber das ändert nichts an den groben Zügen der marxistischen Aussage, dass eine große Kluft zwischen dem Wohlstand und den Möglichkeiten derjenigen liegt, die Land und Kapital besitzen, und jenen, die es nicht tun.

Wer das *Kommunistische Manifest* heute liest, könnte sich darüber wundern, dass die darin beschriebene Welt schon eineinhalb Jahrhunderte alt ist. Denn es wird das Bild einer sehr modernen Welt gezeichnet, die von Globalisierung, Stellenabbau und großen internationalen Konzernen geprägt wird. Marx entwarf das Szenario eines so erbitterten Wettbewerbs zwischen den Kapitalisten, dass schließlich die meisten entweder bankrott gehen oder von anderen übernommen würden. Schließlich würde eine kleine Gruppe von Monopolen praktisch das gesamte Produktionssystem kontrollieren, was ihnen wiederum fast unbegrenzte Macht zur Ausbeutung der Arbeiter verlieh. Marx sagte auch vorher, dass der Kapitalismus aufgrund seiner chaotischen Natur immer ausgeprägtere Konjunkturzyklen durchlaufe und es deshalb zu einer Reihe großer Depressionen und einer hohen Arbeitslosigkeit komme. Diese Entwicklung, gekoppelt mit der eintönigen Plackerei der Arbeit, treibe das Proletariat irgendwann zu einer Revolution.

Kommunismus in der modernen Welt Während eines bestimmten Zeitraums im 20. Jahrhundert wurde etwa die Hälfte der Weltbevölkerung von Staaten regiert, die Marx als ihr politisches Vorbild betrachteten. Am Ende des Jahrhunderts blieben davon nur einige wenige rein kommunistische Nationen unter diktatorischer Herrschaft zurück. Warum überdauerte die Theorie nicht?

Teilweise lag es daran, dass sich Marx über die Entwicklung des Kapitalismus täuschte. Der Kapitalismus wurde kein monopolistisches System – zumindest noch nicht. Das ist teilweise der staatlichen Regulierung und teilweise der Macht der unsichtbaren Hand (▶ Kapitel 1) zu verdanken. Die Welt wurde nicht von Arbeitslosen überrannt, und Konjunkturzyklen gab es zwar (▶ Kapitel 31), jedoch sind staatliche Kontrollen dafür genauso verantwortlich wie ungezügelte kapitalistische Kräfte.

Wenn überhaupt, dann führten nur wenige Länder nach sozialistischen Revolutionen einen Kommunismus ein, der Marx' Kriterien entsprach. Meist waren es unterentwickelte Agrarwirtschaften mit niedrigem Einkommen wie Russland und China.

Die marxistischen Experimente des 20. Jahrhunderts zeigten die Schwächen der Theorie auf. Vor allem anderen erwies sich die zentrale Steuerung der Wirtschaft als schwierig bis unmöglich. Als in den 1990er-Jahren der Eiserne Vorhang fiel und sich der Zustand der ehemaligen Sowjetstaaten offenbarte, wurde klar, dass diese trotz aller bombastischen Beschwörungen in den Jahren des Kalten Krieges erbärmlich unterentwickelt waren.

Während das Wechselspiel von Angebot und Nachfrage dynamische Volkswirtschaften entstehen ließ, die schnell zu Wohlstand gelangten, erstickten die starren zentral gesteuerten Systeme in der Sowjetunion und China die Innovationskraft. Ohne den Wettbewerb zwischen Unternehmen, den „Motor" der freien Märkte, kam die Wirtschaft nicht in Schwung. Ihr einziger Antrieb ging von den Bürokraten aus. Es gab nur einen Bereich, in dem die Sowjets wirklich Hervorragendes leisteten: in der militärischen Raumfahrt. Bezeichnenderweise war dies auch der einzige Bereich, in dem Wettbewerb herrschte – in diesem Fall mit den westlichen Ländern im Kalten Krieg.

Worum es geht
Eine egalitäre Gesellschaft unter staatlicher Kontrolle

12 Individualismus

Karl Marx verband mit dem „Kult des Individuums" noch einen höchst negativen Beiklang. Aber Ende des 20. Jahrhunderts hatte sich der Gedanke, dass die Entscheidungen Einzelner in der Wirtschaft überaus wichtig sind, auf breiter Linie durchgesetzt. Diese Philosophie legte die Saat für den Thatcherismus und Reaganismus, und sie stammte aus einem kleinen europäischen Land: Österreich.

Obwohl sich die Wirtschaftslehre damit beschäftigt, warum Menschen bestimmte Entscheidungen treffen, unterstellen die klassischen Ökonomen den Menschen der Einfachheit halber gerne ein einheitliches Handeln. Kommen beispielsweise neue Kartoffelchips in die Supermarktregale und behaupten sich dort gut, dann führt man das auf ihre Attraktivität für die Verbraucher zurück. Die österreichische Schule jedoch – die im späten 19. Jahrhundert entstand und im 20. Jahrhundert an Bedeutung gewann – konzentrierte sich auf die genauen Gründe jedes Einzelnen dafür, ein bestimmtes Produkt zu kaufen.

> **Es gibt keine Gesellschaft: Es gibt nur einzelne Männer und Frauen, und es gibt Familien.**
>
> Margaret Thatcher

Die Blickrichtung der gängigen Ökonomie war – und ist – die von oben nach unten: Die Wirtschaftsleistung einer ganzen Nation oder eines Teilbereichs eines Landes wird untersucht, indem Gesamtgrößen (resultierend aus der Addition verschiedener Teilgrößen) wie etwa das Bruttoinlandsprodukt und die Inflation betrachtet werden. Die österreichische Schule jedoch fordert, die Entscheidungsfindung des Einzelnen in den Vordergrund zu stellen. Schließlich können nur Individuen handeln. Länder, Unternehmen und Institutionen können nicht denken – sie stellen eine kollektive Einheit dar, die sich aus vielen verschiedenen Individuen zusammensetzt.

Wirtschaftliche Phänomene, etwa der Wohlstand eines Landes oder Ungleichheiten in der Verteilung, gehen auf die Entscheidungen Tausender von Individuen und

Zeitleiste

1871	1944
Carl Menger veröffentlicht *Principles of Economics*	Friedrich Hayek veröffentlicht ein bedeutendes Werk der österreichischen Schule, *Der Weg zur Knechtschaft*

weniger auf gemeinsame Maßnahmen der Politiker oder der Wirtschaftswelt zurück. Daraus folgt, dass beispielsweise die ungleiche Verteilung des Wohlstands möglicherweise nie beseitigt werden kann, weil sie gar kein Produkt der menschlichen Planung, sondern eine Manifestation des menschlichen Handelns ist.

Kunst oder Wissenschaft? Eine zentrale Rolle in der österreichischen Theorie des Vorrangs des Individuums spielt der Gedanke, die Ökonomie sei eher Kunst als Wissenschaft. Ein solcher Gedanke erscheint all jenen ungewohnt, die mit der orthodoxen Ökonomie und ihren Diagrammen und Gleichungen vertraut sind. Mit Hilfe von Wirtschaftsmodellen, so argumentieren diese, lasse sich eine prozentuale Wahrscheinlichkeit für fast alles ermitteln, angefangen von der Änderung der Zinssätze oder einer Rezession bis hin zu eindeutig außerhalb der Wirtschaft liegenden Themen wie etwa der Schwangerschaftsrate bei Teenagern oder sogar der Wahrscheinlichkeit eines Krieges.

Aber trotz des Vertrauens der Befürworter dieser Theorie in ihre Berechnungsmodelle erwiesen sich die wissenschaftlichen Prognosen zu häufig als falsch. Nicht umsonst warnt der britische Notenbankchef Mervyn King bei der Bekanntgabe seiner Prognosen, dass nur eines hundertprozentig sicher sei – seine Prognosen könnten sich als falsch erweisen. Es gibt einfach keine Möglichkeit, zuverlässig in die Zukunft zu schauen.

Der Vater der österreichischen Schule, Carl Menger, dessen *Principles of Economics* 1871 veröffentlicht wurden, betrachtete die Ökonomie zwar nachdrücklich immer noch als Sozialwissenschaft, die die menschlichen Handlungen in einen logischen Rahmen und ein Muster einordnen solle. Aber sein Hauptaugenmerk lag darauf, das chaotische Wesen der Ökonomie zu betonen. Deshalb vermeiden es die österreichischen Wirtschaftswissenschaftler so weit wie möglich, in ihren Studien Zahlen und Gleichungen zu verwenden. Dies führte allerdings dazu, dass viele Ihrer bei Fachzeitschriften eingereichten Artikel mit der Begründung abgelehnt wurden, sie enthielten zu wenige Fakten, Zahlen oder Gleichungen.

> **Eine Gesellschaft, die nicht anerkennt, dass jedes Individuum seinen eigenen Werten folgen kann, respektiert die Würde des Einzelnen nicht und kennt keine wirkliche Freiheit.**
> Friedrich Hayek, **österreichischer Ökonom**

1955
Das Institute of Economic Affairs, eine Ideenschmiede, die später großen Einfluss auf Margaret Thatcher ausübte, wird gegründet

1974
Friedrich Hayek erhält den Nobelpreis

Ein Marsmensch in der Grand Central Station

Versetzen Sie sich in die Lage eines Marsmenschen, den es auf die Erde, genauer gesagt die Grand Central Station in New York City, verschlagen hat. Jeden Morgen um acht Uhr beobachten Sie, wie große rechteckige Kästen auf Rädern einfahren und viele Menschen auf den Bahnsteig entlassen. Am Abend vollzieht sich dasselbe Schauspiel in umgekehrter Richtung. Wenn Sie dieses Verhalten jeden Tag beobachten, könnten Sie einige ziemlich zuverlässige wissenschaftliche Regeln über das menschliche Verhalten entwickeln. Sie könnten genau vorhersagen, was die Menschen jeden Tag tun, ohne je zu verstehen, welchen Zweck diese tägliche Massenwanderung hat. Sie hätten eine recht eingeschränkte Sicht der Menschen. Genau dies wirft die österreichische Schule der orthodoxen Ökonomie vor: Sie entwickle komplexe Modelle und berücksichtige dabei die Entscheidungsfindung des Individuums zu wenig. Die Gefahr bestehe darin, dass die Ökonomen ihren Modellen blind vertrauten und deshalb die eigentlichen Motive hinter den Entscheidungen der Menschen nicht mehr sähen.

Die Falle der Verallgemeinerung Wie Mengers Nachfolger, der österreichische Nobelpreisträger Friedrich Hayek, meinte, ist jeder Mensch anders. Auch wenn man die Menschen genau gleich behandle, reagieren sie darauf ganz unterschiedlich. Um ihre Gleichheit anzuerkennen, müsse man sie unterschiedlich behandeln, forderte er. „Gleichheit vor dem Gesetz und materielle Gleichheit sind daher nicht nur zwei verschiedene Dinge, sondern sie schließen einander aus."

Nehmen wir beispielsweise einen Ladeninhaber. Die orthodoxe Wirtschaftslehre unterstellt grundsätzlich, dass er im Lauf des Tages einen möglichst hohen Gewinn erzielen möchte – schließlich gehört dieses Element des Eigeninteresses zu den wichtigsten Regeln, die Adam Smith formulierte (▶ Kapitel 1). Ein österreichischer Ökonom würde jedoch darauf hinweisen, dass sein Umsatz ebenso gut davon abhängen könne, welche Öffnungszeiten er wählt und ob er missliebige Kunden einfach nicht bedient. Persönliche Faktoren wie diese bestimmen sein Verhalten und zusammengenommen das Verhalten der Ladeninhaber im ganzen Land.

Angebot und Nachfrage sind in den Augen eines österreichischen Ökonomen eine abstrahierte Beschreibung der Faktoren für steigende und sinkende Preise, aber nicht die Ursache selbst. Klassische Ökonomen halten dem entgegen, dass alle Sozialwissenschaften solche Abstraktionen und Verallgemeinerungen benötigen. Die größte Leistung der österreichischen Schule ist es jedoch, dass sie die Wissenschaft zwingt, die grundsätzliche Subjektivität der Werte, Pläne, Erwartungen und des Realitätsverständnisses der Menschen zu akzeptieren.

Ist der Individualismus doch gerechtfertigt?

Aber warum ist das so wichtig? Eine Gedankenschule, die vor Verallgemeinerungen über das menschliche Verhalten warnt, scheint weniger nützlich als die orthodoxe Ökonomie, die versucht, Ergebnisse vorherzusagen und Lösungen für Politiker zu entwickeln, indem sie gerade solche verallgemeinernde Annahmen trifft. Doch die Skepsis gegenüber der österreichischen Schule sollte sich als nicht gerechtfertigt erweisen, nicht zuletzt deshalb, weil Hayek und sein österreichischer Kollege Ludwig von Mises zu den ersten gehörten, die den Niedergang des Kommunismus vorhersagten. Sie hatten argumentiert, dass ein zentral gelenkter Staat scheitern müsse, weil die staatlichen Planer nie genug Informationen über die Beweggründe der Bürger für ihr individuelles Handeln hätten.

Für österreichische Ökonomen ist es von entscheidender Bedeutung, dass der Einzelne eine eigenständige Entscheidung treffen kann. Dieses Ideal des Laisser-faire führte letztlich zu einigen der größten Reformen in der Wirtschaft des 20. Jahrhunderts. Zumindest teilweise regten die Ideen der österreichischen Schule sowohl Ronald Reagan als auch Margret Thatcher zu ihren marktwirtschaftlichen Reformen an und beeinflussten ihre angebotsseitigen Reformen (➤ Kapitel 13). Sie erkannten, dass sie ihre Politik nicht an der Blickrichtung von oben nach unten, sondern an den Wünschen und Bedürfnissen des Individuums ausrichten mussten.

> **Hat man einmal erkannt, dass die Arbeitsteilung das Wesen der Gesellschaft ist, bleibt nichts von der Antithese zwischen Individuum und Gesellschaft. Der Widerspruch zwischen dem Prinzip des Individuums und dem Prinzip der Gesellschaft löst sich auf.**
> **Ludwig von Mises,**
> **österreichischer Ökonom**

Worum es geht
Das individuelle menschliche Handeln gibt den Ausschlag

13 Angebotsökonomik

Eine Staat erhöht die Steuern – und dann spült diese Maßnahme nicht mehr Geld in seine Kassen, sondern die Einnahmen sinken. Umgekehrt nimmt er nach einer Steuersenkung mehr ein. Dieses Szenario stellt die wirtschaftliche Logik auf den Kopf. Aber es ist keine schwarze Magie, sondern die Kernaussage der Angebotsökonomik.

Die Angebotsökonomik gehört zu den umstrittensten Wirtschaftstheorien. In der Debatte steht das Lager jener, die eine stärkere Rolle des Staates bei der Verteilung des Wohlstands fordern, dem Lager der Anhänger der individuellen Freiheit und des freien Marktes gegenüber.

> **Wenn Sie die Spitzensteuersätze der Spitzenverdiener senken, werden sie unter dem Strich mehr Geld an den Staat abführen.**
> Arthur Laffer

Die Theorie der Angebotsökonomik beschäftigt sich nicht nur mit Steuersätzen. Im weitesten Sinn bezieht sie sich auf die Reform der Angebotsseite der Wirtschaft. Damit sind all jene Institutionen und Unternehmen gemeint, die die von den Verbrauchern benötigten Waren herstellen. Für diese fordern die traditionellen Vertreter der Angebotsökonomik mehr Freiheit und Effizienz. Die Angebotsökonomen unterstützen die Privatisierung von Versorgungsanbietern wie Wasser- und Energieunternehmen, eine Kürzung der Subventionen für Krisensektoren wie Landwirtschaft und Bergbau sowie die Abschaffung von Monopolen, etwa im Telekommunikationsbereich. Tatsächlich gibt es wenige Ökonomen, die diese Ziele nicht unterschreiben würden.

Aber seit den 1980er-Jahren bezieht sich der Begriff der „Angebotsökonomik" eher auf Argumente für eine Senkung der Spitzensteuersätze. Diese wurden vor allem von dem amerikanischen Ökonomen Arthur Laffer Ende der 1970 Jahre vertreten. Je mehr Menschen Steuern zahlen müssten, so argumentierte er, desto stärker sei der Anreiz für sie, Steuern zu umgehen oder weniger hart zu arbeiten.

Zeitleiste

1940er-Jahre

In vielen Ländern der Welt kommt es zu beispiellosen Steuererhöhungen, um die Kriegsschulden zu begleichen und die Schaffung von Wohlfahrtssystemen zu finanzieren

1970er-Jahre

Arthur Laffer entwickelt die Laffer-Kurve

Die Laffer-Kurve
Nach Laffers Argumentation erzielte ein Staat logischerweise keine Einnahmen, wenn er keine Steuern erhob. Er konnte die Steuerschatulle aber auch dann nicht füllen, wenn er einen Steuersatz von 100 Prozent festlegte, weil dann niemand einen Anreiz zum Arbeiten hätte. Er zeichnete – auf der Rückseite einer Serviette, wenn man der Legende glauben will – eine glockenförmige Kurve. Darauf veranschaulichte er einen Punkt zwischen null und 100 Prozent, an dem ein Staat die maximalen potenziellen Einnahmen erhalte.

Pauschalsteuersätze
Als Inbegriff der Angebotsökonomie gilt der Pauschalsteuersatz, der einheitlich für alle Steuerzahler eines Landes gilt. Diesen Weg gingen vor allem einige ehemalige kommunistische Länder, darunter Lettland und Estland. Sie stellten fest, dass nach Einführung der Reform mehr Menschen ihre Steuern bezahlen. Ihre Steuereinnahmen stiegen – trotz einer Senkung der Durchschnittssteuersätze.

Sein Argument, dass ein Staat mit niedrigeren Steuersätzen tatsächlich höhere Einnahmen erzielen könne, stieß bei Ronald Reagan und Margret Thatcher auf Bewunderung.

Die Theorie konzentriert sich insbesondere auf den *Grenzsteuersatz*, den Steuersatz, den man auf zusätzliche Einkünfte entrichten muss. Viele der größten Volkswirtschaften, einschließlich der USA und Großbritanniens, hatten Grenzsteuersätze von etwa 70 Prozent. Da die Arbeiter nur 30 Prozent jedes zusätzlich verdienten Pfund Sterling oder Dollar in der Lohntüte behalten, verspüren sie kein gesteigertes Bedürfnis, Überstunden zu leisten.

Ein gutes Beispiel dafür ist das Versprechen des britischen Finanzministeriums, im Jahr 2008 erstmals seit den 1970er-Jahren den Spitzensteuersatz anzuheben. Für Einkommen über 150 000 Pfund sollte der Steuersatz von 40 Prozent auf 45 Prozent angehoben werden. Aber führende Steuerexperten berechneten, dass dies nicht zu Mehreinnahmen führen werde, weil die Menschen es vermeiden würden, länger zu arbeiten. Sie warnten sogar, eine solche Maßnahme könne ebenso gut die Steuereinnahmen mindern.

Anfang der 1980er-Jahre	Ende der 1980er-Jahre	1994	1995
Laffers Ideen stoßen bei Thatcher und Reagan auf Zustimmung	In Großbritannien, den USA und der ganzen westlichen Welt werden die Steuern gesenkt	Estland führt einen Pauschalsteuersatz ein	Lettland folgt dem Beispiel Estlands

Eindeutig negativ

Eine andere radikale Idee geht auf Milton Friedman zurück (▶ Kapitel 10). Er sprach sich für eine negative Einkommensteuer aus. Der Staat müsse ohnehin Geld an ärmere Familien in Form von Sozial- und Arbeitslosenleistungen verteilen. Gäbe es stattdessen eine negative Einkommensteuer, würden diejenigen, die eine bestimmte Einkommensschwelle überschreiten, Steuern entrichten, während die Einkommensschwachen eine negative Steuer – also eine Transferleistung – vom Staat erhalten. Damit würde die umständliche und teure Infrastruktur für die Verteilung der Sozial- und Arbeitslosenleistungen überflüssig.

Sind dagegen die Steuersätze niedrig, beziehen die Menschen daraus einen Anreiz mehr zu arbeiten, obwohl der staatliche Anteil an jedem zusätzlichen verdienten Dollar niedriger ist. Wie die Laffer-Kurve zeigt, muss der Staat ein Gleichgewicht zwischen den beiden Extremen finden. Damit wird letztlich auf wissenschaftliche Weise ausgedrückt, was bereits Jean-Baptiste Kolberg, der Finanzminister Ludwigs XIV., wusste. Er meinte, die Kunst der Steuererhebung bestehe darin, „die Gans zu rupfen, ohne dass sie schreit."

Wann ist es zu viel? Die Laffer-Kurve, wonach die Steuereinnahmen ab einer bestimmten Steuersatzhöhe sinken, wirft natürlich die große Frage auf, bei welcher Höhe dies der Fall ist. Bestimmt liegt dieser Satz nicht beim Grenzsteuersatz von 90 Prozent, der zuweilen in den 1960er-Jahren gezahlt wurde, und auch nicht bei einem Satz von 15 Prozent, der es dem Staat unmöglich machen würde, seine Wohlfahrtsleistungen und Sozialausgaben zu finanzieren.

Die Diskussion hält bis heute an. Viele linksgerichtete Ökonomen befürworten eine Obergrenze von über 50 Prozent, während die Vertreter des anderen Endes des politischen Spektrums einen Satz von unter 40 Prozent fordern.

Weltweit besteht ein Konsens, dass die Grenzsteuersätze niedriger sein sollten. Gab es 1980 noch 49 Länder mit einem Spitzensteuersatz von 60 Prozent oder darüber, waren es zur Jahrtausendwende nur noch drei – Belgien, Kamerun und die Demokratische Republik Kongo.

Die Probleme der Laffer-Kurve Es ist zwar schwierig, die elegante Logik der Laffer-Hypothese zu widerlegen. Dennoch blieb die Frage nach ihrer Praxistauglichkeit bisher unbeantwortet. Anfang der 1980er-Jahre verspottete George H. W. Bush die Steuersenkungen von Ronald Reagan als „Voodoo-Ökonomie". Der Harvard-Professor Jeffrey Frankel meint: „Die Theorie könnte zwar unter bestimmten Bedingungen funktionieren, aber nicht bei den US-Einkommensteuersätzen: Hier führt eine Steuersenkung zu Mindereinnahmen, genau wie es nach dem gesunden Menschenverstand zu erwarten ist."

Tatsächlich gibt es Hinweise darauf, dass die Steuersenkungen unter Reagan und später George W. Bush von 2001 bis 2003 zu niedrigeren Steuereinnahmen führten und das Haushaltsdefizit erhöhten. Mit anderen Worten: Sie waren nicht gegenfinanziert, sondern wurden durch Schulden aufgebracht, die später zurückgezahlt werden mussten. Die Vertreter der Angebotsökonomik sehen den Fehler der Regierung darin, dass sie nur bestimmte Steuern und nicht das gesamte Steuerniveau senkte.

Obwohl sich die Theorie bis heute großer Beliebtheit erfreut (vielleicht weil sie den Politikern bequeme Versprechungen erlaubt), wurde sie durch viele Studien überzeugend widerlegt. Nur in extremen Fällen, etwa bei sehr hohen Steuersätzen, führen Steuersenkungen zu Mehreinnahmen.

Dennoch besteht wenig Zweifel daran, dass zu hohe Steuern das Wirtschaftswachstum bremsen können. Durch den Hinweis auf dieses Argument bewirkten die Vertreter der Angebotsökonomik jedenfalls, dass das Thema Steuern in der ganzen Welt neu wahrgenommen wurde.

> **Je mehr Steuern der Staat erhebt, desto weniger Anreize haben die Menschen zu arbeiten. Welcher Bergmann oder Fließbandarbeiter freut sich über Überstunden, wenn er weiß, dass ihm das Finanzamt 60 Prozent oder mehr von seinem zusätzlichen Einkommen wieder abnimmt?**
>
> Ronald Reagan

Worum es geht
Höhere Steuern bremsen das Wachstum

14 Die Revolution des Marginalismus

Im Jahr 2007 machte David Beckham weltweit Schlagzeilen, als er für den Wechsel vom spanischen Klub Real Madrid zum amerikanischen Verein LA Galaxy einen Fünfjahresvertrag für angeblich 250 Millionen Dollar unterschrieb. Nicht der sportliche, sondern der finanzielle Aspekt dieses Geschäfts weckte das Interesse der Öffentlichkeit. Beckham mag ein guter Fußballer sein, und er ist sicherlich ein enorm wichtiger Werbeträger für den Verein und die amerikanische Liga, die sich im Wettbewerb mit anderen Sportarten wie Football und Basketball schwer tat. Aber im Ernst ... 250 Millionen Dollar für einen einzigen Mann?

Auch wenn es jedem Wirtschaftlichkeitsdenken widerspricht, scheint sich der gezahlte Preis gelohnt zu haben. Ohne Aussicht auf eine gute Rendite hätte LA Galaxy bestimmt nicht so viel Geld bezahlt. Indirekt ist es also die Öffentlichkeit, die Beckham und Fußballern wie seinesgleichen einen so hohen Wert beimisst. Sie sind bereit, für seine Merchandise-Artikel Geld zu bezahlen – vom Fußball-Trikot mit dem Schriftzug seines Namens bis hin zu der Bekleidung und den Rasierklingen, für die er wirbt.

Die Marge   Warum messen wir einzelnen Menschen einen so viel höheren Wert als anderen bei? Gute Sportler mögen zwar viel leisten, aber warum verdienen sie so viel mehr als andere, deren Arbeit viel wichtiger für das Allgemeinwohl ist – beispielsweise Lehrer oder Ärzte? Die Antwort liegt in der so genannten *Marge*.

Vor etwa dreihundert Jahren fiel Adam Smith in *Der Wohlstand der* Nationen ein nicht unähnliches Paradox auf. Wie konnte es sein, so fragte er, dass ein so großer Preisunterschied zwischen Diamanten und Wasser bestand? Diamanten haben anders als Wasser keine lebenswichtige Bedeutung, sondern sind lediglich – wenn

1700	1776
Die ersten Merkantilisten beginnen, die Bedeutung des Grenznutzens zu erkennen	Adam Smith stellt das Wasser-Diamanten-Paradoxon in *Der Wohlstand der Nationen* vor

auch zugegebenermaßen sehr schöner – kristalliner Kohlenstoff. Smith erklärte dies damit, dass die Herstellung eines Diamanten mehr Arbeit als die Bereitstellung von Wasser verursache, denn sie müssen geschürft, geschnitten und poliert werden. Außerdem seien Diamanten knapp, während Wasser für die meisten Menschen in der westlichen Welt reichlich vorhanden ist.

> **Wirtschaftliche Entscheidungen treffen wir irgendwo am Rand und nicht mit dem Blick auf das große Bild.**
> Eugen von Böhm-Bawerk, österreichischer Ökonom

So gibt es auch nur wenige Menschen, die wie David Beckham dribbeln und Freistöße in Tore verwandeln können. Also treibt hier die Knappheit den Preis in die Höhe. Aber das ist nur die eine Hälfte der Erklärung. Schließlich ist das Angebot an exzellenten Fechtern weltweit ebenso knapp, und dennoch ist es unwahrscheinlich, dass sie in ihren ganzen Berufsleben so viel verdienen wie Beckham in einer Woche.

Ende des 19. Jahrhunderts lösten die Ökonomen (darunter Carl Menger von der österreichischen Schule, (▶ Kapitel 12) das Paradox mit der Erklärung auf, dass der Wert eines Guts – ob David Beckham, ein Diamant oder ein Glas Wasser – subjektiv sei. Alles hänge davon ab, welchen Wert die Menschen dem Gut zu einem bestimmten Zeitpunkt beimessen. Diese Erkenntnis klingt simpel, erwies sich aber als revolutionär. Bislang war man von einem inhärenten Wert der Dinge ausgegangen. Aber nach der Revolution des Marginalismus wurde klar, dass Güter nur insoweit einen Wert haben, als die Menschen sie begehren.

Grenznutzen   Kehren wir zu unserem Glas Wasser zurück. Wer tagelang dürstend durch die Wüste geirrt ist, sieht darin ein Gut von unschätzbarem Wert und würde jeden Preis dafür bezahlen, selbst einen Diamanten. Aber je mehr Gläser Wasser vor dieser Person stünden, desto weniger wäre sie bereit zu zahlen. Man kann also den Wert von Wasser nicht allgemein festlegen, sondern muss das jeweilige Glas bewerten. Die Zufriedenheit, die ein zusätzliches Glas Wasser verschafft, wird von den Ökonomen als *Grenznutzen* eines jeden Glases bezeichnet. In unserem Beispiel würde der Grenznutzen abnehmen.

Es gibt zahlreiche Beispiele für Preise, die steigen oder fallen, weil der Grenznutzen der Ware steigt oder fällt. So kostete ein Barrel Öl zu Beginn des 21. Jahrhunderts nur etwa 20 Dollar. Wenige Jahre später schnellte der Preis auf über 100 Dollar hoch und erreichte sogar die Rekordhöhe von 140 Dollar. Die Menschen waren

1871	**1890**
Carl Menger trägt zur Entwicklung des Marginalismus bei	Alfred Marshall stellt in *Principles of Economics* die Grenznutzenlehre einem größeren Publikum vor

bereit, höhere Preise zu bezahlen, weil ihnen die Versorgungssicherheit zweifelhaft schien und gleichzeitig die Nachfrage der schnell wachsenden Volkswirtschaften deutlich anzog. Nur wenige Monate später, als die Weltwirtschaft in eine Rezession glitt, sank der Preis wieder auf unter 40 Dollar.

Die Grenznutzentheorie erlebte auch bei einem anderen großen Ökonomen, Alfred Marshall (1842—1924), eine Blüte. Nach seiner Auffassung trafen Verbraucher ihre Entscheidungen in Abhängigkeit vom Grenznutzen. Bislang habe man die Faktoren von Angebot und Nachfrage zu sehr in den Mittelpunkt gestellt, meinte er. Dieser einseitige Ansatz sei damit vergleichbar, ein Stück Papier (wobei das Papier mit dem Preis gleichzusetzen war) mit nur einer Klinge einer Schere zu schneiden. Man könne nicht davon ausgehen, dass sich der Preis für ein Gut wie etwa ein Glas Wasser allein nach den Kosten für die Förderung und Abfüllung richte. Vielmehr, so Marshall, fließen auch die Wünsche der Verbraucher ein. Sie kaufen nur dann ein Produkt, wenn sie es für attraktiv halten, wenn sie es sich leisten können und wenn es im Verhältnis zu anderen Gütern einen vernünftigen Preis hat. Jedes dieser Kriterien beeinflusst den Grenzpreis, ob für ein Glas Wasser oder einen weltberühmten Fußballstar.

All you can eat

Wir alle kennen das Angebot von Restaurants, sich für einen Pauschalpreis am Buffet zu bedienen. Der Preis – beispielsweise 10,99 Dollar – ist vorher festgelegt. Ökonomisch gesehen bleiben die Gesamtkosten unabhängig von der Menge der verspeisten Gerichte fest – nämlich 10,99 Dollar, und die Grenzkosten, also die Kosten für jede zusätzliche Portion, betragen Null, weil Sie nichts zusätzlich bezahlen müssen. Aber der tatsächliche Genuss und die Befriedigung (der „Nutzen", wie die Ökonomen es nennen) nehmen mit jeder Portion ab, während das Sätti-gungsgefühl steigt und uns vielleicht sogar schlecht wird.

Während also die Grenzkosten jeder zusätzlichen Portion bei Null liegen, ist der Grenznutzen zunächst sehr hoch und sinkt dann. Dieses Prinzip ist in der Ökonomie allgemein gültig. Der erste Konsum einer Ware bereitet uns in der Regel am meisten Vergnügen. Danach sinkt die Befriedigung – so wie sich ein Briefmarkensammler über den Kauf seiner Penny Black mehr als über den Kauf der zweiten, dritten oder vierten freut.

Nutzenmaximierendes Handeln Marshall beschäftigte sich hauptsächlich mit dem Grenznutzen des menschlichen Handelns. Menschen entscheiden sich nur dann für eine Tätigkeit – sei es die Herstellung von Glühbirnen oder das Pauken für eine Prüfung am nächsten Tag –, wenn sich dieser zusätzliche Aufwand lohnt. An einem bestimmten Zeitpunkt wäre es vernünftiger zu schlafen, statt bis in die Morgenstunden zu büffeln. Auch sind die Einnahmen aus der Herstellung einer weiteren Glühbirne irgendwann niedriger als die Herstellungskosten. Wir alle beziehen den Grenznutzen in unser Denken ein, denn dieses Verhalten hat sich in der Praxis bewährt. Deshalb entwickeln sich Volkswirtschaften in kleinen Schritten und nicht in großen Sprüngen weiter. Die Revolution des Marginalismus warf ein Schlaglicht auf die wahre Natur der wirtschaftlichen Evolution.

Während also die Menschen von Natur aus Marginalisten sind, verankerte erst Marshall das Konzept des Grenznutzens in der Ökonomie. Heute fließen derartige Gedanken weltweit in Geschäftspläne ein, und sie spielen eine zentrale Rolle im Handel.

Der Vergleich mit Beckham endet hier noch nicht. Zwei Jahre nach dem Wechsel des Fußballstars führte er Verhandlungen mit dem italienischen Klub AC Mailand, die erneut zeigten, welche Rolle der Grenznutzen beim menschlichen Handeln zukommt. Die Italiener hielten einen Pauschalpreis für ausreichend. Aber Tim Leiweke, Chef von LA Galaxy, stellte klar: „Mailand versteht nicht, dass hinter Beckham Fans stehen, die ihre Dauerkarten kündigen, und Sponsoren, die Schadenersatz fordern." Das ist ein klassisches Beispiel dafür, wie der Grenznutzen das Denken bestimmt.

Worum es geht
Rationale Menschen fragen nach dem Nutzenzuwachs

15 Geld

In der Ökonomie geht es nicht nur um Geld, aber Geld macht uns alle zu Ökonomen. Sobald Sie von jemandem einen Preis für etwas fordern, anstatt es umsonst oder gegen einen Gefallen anzubieten, legen Sie einen unsichtbaren Schalter um.

Der Verhaltensökonom Dan Ariely konnte das mit einem Experiment beweisen. Er bot Studenten einen Schokoriegel von Starbucks zum Preis von einem Cent an, worauf sie durchschnittlich vier Stück kauften. Dann setzte er den Preis auf Null. Nach der traditionellen Wirtschaftslehre müsste bei dem niedrigerem Preis die Nachfrage steigen (▶ Kapitel 2) – aber weit gefehlt! Als das Geld in der Gleichung keine Rolle mehr spielte, geschah etwas Merkwürdiges. Fast kein Student nahm mehr als einen Riegel.

Geld regiert die Welt   Geld gehört zu den Kernbestandteilen einer Wirtschaft. Ohne Geld wären wir zum Tauschhandel gezwungen: Wir würden Waren, Gegenleistungen oder Dienste als Zahlungsmittel einsetzen. So wie die Kommunikation viel leichter wird, wenn beide Gesprächsteilnehmer eine gemeinsame Sprache sprechen, anstatt sich auf Gesten zu verlassen, stellt auch Geld ein gemeinsames Tauschmedium dar. Ohne dieses Medium wäre jedes einzelne Geschäft immer wieder eine unendlich mühsame Angelegenheit.

In Ländern, in denen das Vertrauen in das Geld schwindet – vielleicht aufgrund einer Hyperinflation –, nehmen die Menschen oft Zuflucht zur Tauschwirtschaft. Als die Sowjetunion Ende der 1980er-Jahre zusammenbrach, wurden häufig Zigaretten als Währung verwendet. Aber Tauschwirtschaften sind sehr ineffizient: Stellen Sie sich vor, Sie müssen bei jedem Einkauf ein neues überzeugendes Angebot für eine Gegenleistung unterbreiten. Bestimmt würden Sie dann oft gleich ganz auf den Kauf verzichten, um sich die Mühe zu sparen.

> **Geld macht Krieg und Frieden.**
> Thomas Fuller

Zeitleiste

Um **10 000** v. Chr.	**3000** v. Chr.	**600** v. Chr.
Erste Nachweise für den Tauschhandel in Afrika	In Mesopotamien werden Schekel (Gewichtseinheiten) gehandelt	Erste Funde von Gold- und Silbermünzen in Lydien

Neben dieser Hauptfunktion als Tauschmittel hat das Geld noch zwei weitere Funktionen. Erstens ist Geld eine Rechnungseinheit, also ein Maßstab, der es ermöglicht, den Preis von Gütern festzulegen und ihren Wert zu beurteilen. Zweitens ist Geld ein Wertspeicher. Es verliert also seinen Wert im Lauf der Zeit nicht – wenngleich es strittig ist, ob die modernen Papierwährungen diese Funktion tatsächlich erfüllen. Wir alle wissen, wie Geld aussieht, ob es Dollarscheine, Pfundmünzen, Eurocent oder andere Währungen sind. Doch technisch kann jedes handelbare Gut wie Geld behandelt werden, ob Muscheln, Schmuck, Zigaretten und Drogen (wobei

> ### Liquidität
>
> Die *Liquidität* ist eine Kennzahl dafür, wie leicht sich ein Vermögenswert – etwa ein Haus, ein Goldbarren oder eine Packung Zigaretten – in Geld oder eine andere Währung tauschen lässt. So sind die Aktien der meisten großen Unternehmen sehr liquide – sie können leicht verkauft werden, weil es in der Regel viele Käufer gibt. Häuser sind illiquider, weil es Zeit erfordert, einen Immobilienverkauf durchzuführen. Bei einem Liquidationsverkauf versuchen Unternehmen, alle ihre Waren gegen Bares zu verkaufen.

die beiden letztgenannten besonders häufig in Gefängnissen als Geld dienen). Außerdem nimmt Geld heute mehr denn je die Form von Krediten, geliehenem Geld, zwischen Darlehensgebern und Darlehensnehmern an.

Arten von Geld Man kann zwei große Kategorien von Geld unterscheiden:

Warengeld: Dieses hat einen Wert an sich, auch wenn es eigentlich keine Geldart ist. Das deutlichste Beispiel ist vielleicht Gold, weil es zur Schmuckherstellung verwendet werden kann und auch ein wichtiges Industriemetall ist. Andere Beispiele sind Silber, Kupfer, Nahrungsmittel (wie Reis und Pfefferkörner), Alkohol, Zigaretten und Drogen.

Fiat-Geld. Dieses Geld hat keinen Wert an sich. Der lateinische Begriff bedeutet „es werde". Damit ist gemeint, dass Münzen und Banknoten von sehr geringem Eigenwert ein bestimmter verbindlicher Wert zugesprochen wird. Dieses System wird in den modernen Volkswirtschaften praktiziert. Die US-Notenbank gibt Dollarnoten und die Bank of England Scheine im Wert von fünf Pfund, zehn Pfund und zwanzig Pfund heraus. Ursprünglich war Papiergeld in Warengeld umtauschbar, so dass die Bürger technisch eine bestimmte Menge Gold für ihre Dollarnoten verlangen konnten. Aber am 15. August 1971 schaffte Präsident Nixon diese Konvertibilität ab und

Die Geschichte des Geldes

Tausende von Jahren betrieben menschliche Zivilisationen Tauschgeschäfte und gaben Muscheln und Edelsteine her, um dafür Nahrungsmittel und andere wichtige Güter zu bekommen. Der früheste Nachweis für Geld als Währung ist 5 000 Jahre alt: Im heutigen Irak wurden damals Schekel verwendet. Auch wenn dies die erste Form der Währung war, entsprach sie nicht dem Geld, wie wir es heute kennen. Es war vielmehr eine bestimmte gewogene Menge Gerste, die einer bestimmten Menge Gold oder Silber entsprach. Schließlich wurde der Schekel eine eigene Münzwährung. Analog dazu wird die britische Währung Pfund genannt, weil sie ursprünglich einem Pfund Silber entsprach.

Die alten Griechen und Römer verwendeten Gold- und Silbermünzen als Währung. Auf den lateinischen Denar ging dann auch die Einführung des Denar in anderen Ländern wie Jordanien und Algerien zurück. Von ihm stammt auch das „D", das bis zur Übernahme des Dezimalsystems 1971 als Abkürzung für den britischen Penny diente. Auch in das Spanische und Portugiesische ging der Begriff mit *Dinero* und *Dinheiro* ein.

Die ersten Banknoten wurden im siebten Jahrhundert in China ausgegeben. Danach dauerte es noch einmal tausend Jahre, bis das Papiergeld auch in Europa übernommen wurde, nämlich von der schwedischen Stockholms Banco im Jahr 1661.

der Dollar wurde eine reine Fiat-Währung. Fiat-Währungen setzen ein stabiles Vertrauen in das Rechtssystem eines Landes und die wirtschaftliche Glaubwürdigkeit seiner Regierung voraus.

> ❞ Sie glauben also, dass Geld die Wurzel allen Übels ist. Haben Sie sich schon einmal gefragt, was die Wurzel allen Geldes ist? ❞
>
> Ayn Rand

Die Messung der Geldmenge Die in einer Volkswirtschaft im Umlauf befindliche Geldmenge zählt zu den wichtigsten Gradmessern ihrer Gesundheit. Wenn die Menschen mehr Geld haben, fühlen sie sich wohlhabender und neigen dazu, mehr auszugeben. Wenn Unternehmen höhere Umsätze erzielen, bestellen sie mehr Rohstoffe und steigern die Produktion. Dies wiederum treibt die Aktienkurse und das Wirtschaftswachstum nach oben.

Die Zentralbanken messen die Geldmenge auf verschiedene Weise. Die bekannteste ist die so genannte M1 nach der Definition der US-Notenbank. Diese misst die Geldmenge, die außerhalb der Banken in Umlauf ist und auf Bankkonten liegt. Mit anderen Worten, an M1 wird ersichtlich, wie viel Bargeld die Menschen unmittelbar zur Verfügung haben. Es gibt noch weitere, umfassendere Kennzahlen für die Geldmenge. M2 bezieht auch weniger liquide (leicht zugängliche) Vermögenswerte wie Sparkonten, die nur mit Kündigungsfristen abgehoben werden können, ein. M3 berücksichtigt zusätzlich Finanzinstrumente, die viele als Geldersatz betrachten, wie etwa langfristige Spareinlagen und Geldmarktfonds. Aus irgendeinem Grund bezeichnet in Großbritannien die Bank of England die Geldmenge M3 als M4.

Zur Jahrtausendwende waren etwa 580 Milliarden US-Dollar im Umlauf, während weitere 599 Milliarden US-Dollar auf sofort zugänglichen Bankkonten lagen. Teilt man diese Geldmenge durch die Zahl der erwachsenen US-Bürger – 212 Millionen – besaß jeder Erwachsene etwa 2 736 Dollar. Das ist deutlich mehr, als die meisten Menschen in ihrer Brieftasche haben. Der Grund für den hohen Pro-Kopf-Anteil ist teilweise darin zu sehen, dass

> **Geld hat noch niemanden glücklich gemacht und wird es auch nicht. Je mehr ein Mensch hat, desto mehr will er. Geld füllt kein Vakuum, sondern schafft eines.**
> Benjamin Franklin

ein großer Teil des Geldes im Ausland gehalten wird, weil der Dollar in vielen Ländern außerhalb der USA als Währung verwendet wird. Teilweise liegt es auch daran, dass einige Menschen – etwa im kriminellen Milieu einschließlich des Schwarzmarktes – ihr Geld lieber in bar aufbewahren, anstatt es auf ein Bankkonto einzuzahlen.

Geld ist mehr als nur ein Zahlungsmittel. Es umfasst sogar mehr als die im Umlauf und auf den Bankkonten befindliche Geldmenge. Geld repräsentiert auch eine Einstellung. Die Geldscheine und die Messing- und Nickelmünzen in unseren Portemonnaies sind nur einen Bruchteil des Betrages wert, auf den sie lauten, und elektronische Überweisungen haben noch weniger inneren Wert. Deshalb muss das Geld durch Vertrauen geschützt werden – das Vertrauen in die Glaubwürdigkeit des Zahlenden und in den Staat, der dafür sorgen muss, dass das Geld auch in Zukunft etwas wert sein wird.

Worum es geht
Geld ist ein Zeichen des Vertrauens

16 Mikro und Makro

Die Ökonomie gliedert sich in zwei große Bereiche: Der eine Bereich untersucht im Einzelnen, wie und warum Menschen bestimmte Entscheidungen treffen. Der andere Bereich beschäftigt sich auf allgemeiner Ebene damit, wie Staaten das Wachstum steigern, die Inflation bekämpfen, ihre Finanzen verwalten und dafür sorgen, dass die Arbeitslosigkeit nicht zu hoch wird. Der Unterschied zwischen Mikroökonomie und Makroökonomie ist von zentraler Bedeutung für das Verständnis der Wirtschaftslehre.

Mikro oder Makro? – so lautet normalerweise die erste Frage, die sich Ökonomen beim Kennenlernen stellen, weil sich die Trennlinie zwischen den beiden Ansätzen durch die gesamten Wirtschaftswissenschaften zieht. Strenge Ökonomen sehen hier zwei vollständig separate Bereiche. Das kann sogar so weit führen, dass viele sich ihr ganzes Leben nur auf den einen Bereich konzentrieren, ohne je das Gefühl zu haben, etwas zu verpassen.

Was ist der Unterschied? Die Mikroökonomie wird vom griechischen Wort *mikros* für „klein" abgeleitet und ist die Lehre davon, wie Haushalte und Unternehmen Entscheidungen treffen und an den Märkten interagieren. So könnte sich ein Mikroökonom darauf konzentrieren, wie sich eine bestimmte Art der Landwirtschaft in den vergangenen Jahren entwickelt hat.

Der Begriff Makroökonomie leitet sich aus dem griechischen *makros* für „groß" ab und bezieht sich auf die Funktionsweise von Volkswirtschaften insgesamt. Ein Makroökonom interessiert sich etwa dafür, warum das Wachstum eines Landes hoch, aber die Inflation niedrig ist (wie es etwa in den USA über weite Strecken der 1990er-Jahre der Fall war), oder welche Ursachen für die zunehmende Ungleichheit verantwortlich sind (wie sie in den zurückliegenden Jahrzehnten in Großbritannien und den USA zu beobachten war).

Zeitleiste

1930

Die Große Depression führt zu einer Spaltung zwischen der Betrachtung des individuellen menschlichen Verhaltens und des Gesamtverhaltens

1933

Erste Verwendung des Begriffs Makroökonomie durch den norwegischen Ökonomen Ragnar Frisch

Ursache der Unterscheidung   Wie kam es zu dieser Zweiteilung? Interessanterweise wurde der Unterschied erst ab Mitte des 20. Jahrhunderts getroffen. Bis dahin war ein Ökonom einfach ein Ökonom. Wer sich auf das größere Bild konzentrierte, nannte sich Monetarist, und wer den kleineren Maßstab im Blick hatte, wurde Preistheoretiker genannt. In der Tat gehörten weit mehr Ökonomen zur zweiten Gruppe. Dann kam John Maynard Keynes, der die Wahrnehmung des Themas grundlegend veränderte (▶ Kapitel 9). Im Wesentlichen schuf er die Makroökonomie mit ihrem Schwerpunkt auf der Rolle des Staates auf nationaler Ebene (insofern, als öffentliche Mittel und die Zinspolitik zur Lenkung der Wirtschaft eingesetzt wurden) und auf internationaler Ebene (im Hinblick auf die Kontrolle des Handels mit anderen Nationen).

> **❜ Die Mikroökonomie fragt, wer das Geld besitzt und wie der Einzelne daran kommen kann. Die Makroökonomie fragt, welche staatliche Stelle das Gewehr besitzt und wie wir es in die Hand bekommen können. ❜**
> Gary North, **US-Journalist**

Die Mikroökonomie dagegen entwickelte sich zu einem riesigen eigenen Forschungsfeld. Sie konzentrierte sich insbesondere darauf, wie sich Angebot und Nachfrage unter unterschiedlichen Bedingungen beeinflussen (▶ Kapitel 2). Sie untersucht die Reaktion der Menschen auf Steuervorschriften und Gesetze ebenso wie auf Veränderungen der Preise oder neue Geschmacksrichtungen, trifft aber keine Schlussfolgerungen darüber, wie sich dies auf die Wirtschaft insgesamt auswirkt. Das ist Aufgabe des Makroökonomen. Beide Bereiche hängen natürlich miteinander zusammen. Getrennt werden sie jedoch dadurch, dass die Mikroökonomie einen isolierten Markt betrachtet, während die Makroökonomie alle Märkte gemeinsam im Blickfeld hat.

Dazu müssen Makroökonomen natürlich häufig sehr allgemeine Annahmen über das Verhalten einer Wirtschaft treffen. Eine solche Annahme ist die, dass eine Volkswirtschaft langfristig zu einem Gleichgewicht zwischen Angebot und Nachfrage tendiert – eine Annahme, die sehr kontrovers diskutiert wird.

Ein Unterschied in der Methode   Die seriöse Presse konzentriert sich in ihrer Berichterstattung über Wirtschaftsthemen normalerweise auf makroökonomische Themen. Meist geht es um die Änderung der Zinssätze oder Inflationsrate in einer Volkswirtschaft, die Gesamtleistung oder das Bruttoinlandsprodukt eines Landes, einen zu erwartenden Konjunkturauf- oder -abschwung oder die Kommentare

1950er-Jahre
Die Makroökonomie gewinnt durch Keynes an Popularität

1990er-Jahre
Die Mikroökonomie erlebt in einer Periode relativer makroökonomischer Ruhe eine Blütezeit

des Finanzministers zum jüngsten Haushalt. In der Regel sind solche Artikel über die makroökonomischen Aspekte der Wirtschaft möglich, weil sie aus der Vogelperspektive geschrieben werden.

Dagegen sind Berichte, in denen es um die Finanzen auf individueller Ebene geht, etwa über die Auswirkung von Steuern und anderen staatlichen Maßnahmen auf den Alltag der Menschen, stärker in der Mikroökonomie verwurzelt. Sie sehen die Dinge eher aus der Froschperspektive.

So wurde Gordon Brown zu Zeiten, als er noch britischer Finanzminister war, häufig für seinen Hang zum Mikromanagement der Wirtschaft kritisiert. Damit war gemeint, dass er große Veränderungen bei den Einkommensteuern und Zinssätzen vermied und stattdessen geringfügigere Maßnahmen wie Steuergutschriften vorzog. Diese richteten sich an ganz bestimmte Gruppen unter den Familien oder sollten Unternehmen zu Investitionen veranlassen.

Während es in der Makroökonomie relativ wenige unterschiedliche Disziplinen gibt, stehen den Mikroökonomen zahlreiche Betätigungsfelder offen. In der so genannten *Angewandten Ökonomie* findet man eine große Bandbreite von Spezialisten: Sie analysieren die Beschäftigungslage und Veränderungen am Arbeitsmarkt, sie untersuchen als Experten für Staatsfinanzen die Haushaltsbücher, sie spezialisieren sich auf die Unternehmensbesteuerung, sie konzentrieren sich auf den Agrarsektor und Zölle oder auch auf die Lohn- und Gehaltsentwicklung.

Die Mikroökonomie stützt sich weit mehr als die Makroökonomie auf statistische Methoden. Häufig werden komplexe Computermodelle entwickelt, um zu zeigen, wie Angebot und Nachfrage auf eine bestimmte Änderung reagieren. Mit solchen

---

Positive und normative Ökonomik

Die *positive Ökonomik* untersucht empirisch, was in der Welt geschieht. Sie fragt beispielsweise, warum manche Länder immer reicher oder bestimmte Familien immer ärmer werden und wie ihre zukünftige Entwicklung vermutlich aussehen wird. Sie fällt aber keine Werturteile darüber, ob das Auftreten bestimmter Phänomene wünschenswert ist, sondern betrachtet nur aus rein wissenschaftlicher Perspektive, warum sie auftreten.

Dagegen befasst sich die *normative Ökonomik* damit, was in der Wirtschaft verbessert werden könnte. Damit sind auch Werturteile über bestimmte Phänomene verbunden.

Nehmen Sie beispielsweise die folgende Aussage: „Weltweit leben eine Milliarde Menschen von weniger als einem Dollar täglich. Dieser Betrag liegt unter dem menschenwürdigen Minimum und sollte durch Entwicklungshilfe und staatliche Unterstützung – vor allem aus reichen Ländern – aufgestockt werden." Der erste Satz enthält eine Aussage der positiven Ökonomik, der zweite stellt eine normative Aussage dar.

Modellen untersuchen sie etwa, wie sich die Kosten für die Autohersteller verändern, wenn die Ölpreise (und damit die Energiekosten) plötzlich in die Höhe schnellen. Ein Makroökonom beschäftigt sich dagegen mit der Auswirkung, die der Ölpreisanstieg auf das gesamte Wachstum der Volkswirtschaft haben wird. Er analysiert, warum die Ölpreise überhaupt in die Höhe geschnellt sind und wie sie wieder unter Kontrolle gebracht werden können.

Obwohl die beiden Bereiche häufig getrennt behandelt werden, beruhen sie auf denselben Grundregeln: auf dem Wechselspiel von Angebot und Nachfrage, der Bedeutung von Preisen und ordnungsgemäß funktionierenden Märkten und der Frage, wie sich Menschen verhalten, wenn bestimmte Güter knapp sind oder ihnen Anreize für bestimmte Verhaltensweisen geboten werden.

Worum es geht
Mikroökonomie für Unternehmen, Makroökonomie für Länder

17 Bruttoinlands-produkt

Wenn es eine Kennzahl gibt, die in der Wirtschaftslehre wirklich eine Rolle spielt, dann ist es das Bruttoinlandsprodukt (BIP). Sie ist die umfangreichste volkswirtschaftliche Größe, die alle anderen in den Schatten stellt, von der Inflation über die Arbeitslosigkeit bis hin zu den Wechselkursen und Häuserpreisen.

Das BIP eines Landes misst das gesamte Einkommen (Brutto = Gesamt, Inland = in einer bestimmten Volkswirtschaft, Produkt = Wirtschaftsleistung oder Aktivität). Es ist die am weitesten anerkannte Kennzahl für die Wirtschaftskraft und Leistung eines Landes.

Die meisten Menschen wissen, dass sich China in den vergangenen Jahrzehnten in die Liga der wirtschaftlichen Großmächte katapultierte. Wie die BIP-Statistik (siehe gegenüberliegende Seite) zeigt, überholte das Land Frankreich, Großbritannien und Deutschland in den zurückliegenden Jahren sehr zügig. Behält es seine derzeitige Wachstumsrate bis 2010 bei, wird es Japan als zweitgrößte Wirtschaftsmacht der Welt ablösen. Allerdings beträgt auch dann seine Wirtschaftsleistung nur einen Bruchteil derjenigen der Vereinigten Staaten.

Was ist alles im BIP enthalten? Das Bruttoinlandsprodukt misst zwei Dinge: die Gesamteinnahmen eines Landes und seine Gesamtausgaben. In einer Wirtschaft stehen allen Einnahmen auch Ausgaben gegenüber. Wenn Sie eine Zeitung kaufen, wird der Kaufpreis – Ihre Ausgabe – sofort zu einer Einnahme beim Verkäufer. Im BIP sind sowohl Güter (wie Nahrungsmittel) als auch Dienstleistungen (etwa Frisörbesuche) erfasst. Dazu zählen auch „unsichtbare" Größen (wie Maklergebühren, die für die Vermittlung von Mietwohnungen oder Eigenheimen gezahlt werden).

Zeitleiste
1950er-Jahre
Beginn einer goldenen Nachkriegsperiode des Wirtschaftswachstums

Was gehört nicht zum BIP?

Der wichtigste nicht im BIP enthaltene Bereich ist die so genannte Schattenwirtschaft. Dazu gehört der Handel mit illegalen Gütern (etwa Drogen und Schwarzmarktwaren), der in den meisten reichen Ländern auf fast ein Zehntel der Wirtschaft geschätzt wird. Ebenfalls nicht im BIP enthalten sind die Bestandteile von Produkten sowie die Produkte selbst. Beispielsweise wird ein Fahrzeugmotor nicht getrennt vom fertig montierten Fahrzeug berücksichtigt. Dies ist nur der Fall, wenn der Motor tatsächlich einzeln verkauft wird.

BIP nach Ländern

(in Milliarden Dollar, 2008)	
• Vereinigte Staaten	14 334
• Japan	4 844
• China	4 222
• Deutschland	3 818
• Frankreich	2 987
• Vereinigtes Königreich	2 878
• Italien	2 399
• **Weltweit**	60 109
• **Europäische Union**	19 195

Quelle: Internationaler Währungsfonds

Wie werden im Inland tätige ausländische Unternehmen berücksichtigt?

Das BIP misst den Wert der gesamten innerhalb eines Landes produzierten Leistung, unabhängig davon, wer die betreffenden Unternehmen besitzt. Wenn also ein US-Unternehmen in Mexiko eine Fabrik betreibt, wird deren Leistung dem mexikanischen BIP zugeschlagen. Es gibt jedoch noch eine weitere Kennzahl, die die Wirtschaftsleistung der Bürger eines Landes misst, unabhängig davon, ob sie diese Leistung im Inland oder im Ausland erbringen: das Bruttonationaleinkommen (BNE). So enthält das BNE der USA auch die Einkommen, die US-Bürger im Inland und im Ausland beziehen, nicht aber die Einkommen, die ausländische Bürger und Unternehmen in den USA beziehen. In der Regel sind die Zahlen für das BIP und BNE sehr ähnlich.

Wie wird das BIP gemessen?

Normalerweise veröffentlichen die Staaten ihre BIP-Zahlen quartalsweise (also alle drei Monate). Die interessanteste Zahl ist dabei nicht der Gesamtbetrag, sondern die Veränderung. Hierbei ist es wichtig zu wissen, dass sich die BIP-Wachstumsraten in der Zeitung oder aus Politikermund auf das *reale* BIP-Wachstum beziehen – also die Teuerungsrate abgezogen wurde. Bleiben dagegen die Veränderungen der Marktpreise aufgrund der Inflation in der gemessenen Zahl enthalten, ergibt sich daraus das so genannte nominale BIP.

1972

Bhutan beginnt, einen Index für das „Bruttonationalglück" zu entwickeln

2007

Die längste, seit Jahrzehnten währende Phase des weltweiten Wirtschaftswachstums nähert sich dem Ende

Was gehört zum BIP? Das BIP setzt sich aus verschiedenen Segmenten zusammen, von denen jedes einen wichtigen Beitrag zum Wirtschaftswachstum eines Landes leistet. Die Ausgaben eines Landes lassen sich wie folgt beschreiben:

Konsum + Investitionen + Staatsausgaben + Nettoexporte

Im *Konsum* sind sämtliche Ausgaben der Haushalte für Waren und Dienstleistungen enthalten. In den reichen Ländern war dies in den zurückliegenden Jahrzehnten das mit Abstand größte Segment. Im Jahr 2005 stellte der Konsum 70 Prozent der gesamten Ausgaben in den USA und fast ebenso viel in Großbritannien dar.

Investitionen sind die Mittel, die relativ langfristig in Unternehmen angelegt werden, etwa für die Errichtung neuer Fabriken oder Gebäude. Darin sind auch die Mittel enthalten, die Familien für den Kauf von Neubauten ausgeben. Dieses Segment stellt 16,9 Prozent des US-BIP und 16,7 Prozent des britischen BIP dar.

Staatsausgaben sind die öffentlichen Ausgaben auf nationaler und lokaler Ebene für Waren und Dienstleistungen. In den USA belaufen sie sich auf 18,9 Prozent, in den meisten europäischen Ländern sind sie jedoch weit höher, da sie über ein staatlich finanziertes Gesundheitswesen verfügen. In Großbritannien betrug es in den 1990er- und 2000er-Jahren meist um die 40 Prozent. Aber hier wie in fast allen reichen Ländern stieg der Anteil aufgrund der Wirtschafts- und Finanzkrise im Jahr 2008 steil nach oben, da die Staaten die Rezession mit Keynes'schen Mitteln zu bekämpfen suchten (▶ Kapitel 9) und zusätzliches staatliches Geld in die Wirtschaft pumpten.

Wie Ihnen vielleicht aufgefallen ist, ergibt sich aus der Summe dieser einzelnen Bestandteile, dass die Amerikaner effektiv mehr als 100 Prozent ihres BIP ausgeben – genauer gesagt: 5,8 Prozent mehr. Wie ist das möglich? In den vergangenen Jahren glichen die USA ihr Defizit an im Inland hergestellten Waren durch Einfuhren aus dem Ausland aus. 2005 stellten Exporte 10,4 Prozent des BIP dar, während die Importe 16,2 Prozent ausmachten. Die Differenz – mit anderen Worten die *Nettoexporte* – entsprach dieser Lücke von 5,8 Prozent. Dieses so genannte Handelsdefizit führte zu Warnungen, die USA lebten über ihre Verhältnisse (▶ Kapitel 24).

Das BIP als Indikator der Wirtschaftsleistung In Anbetracht der Tatsache, dass das BIP die umfassendste Kennzahl für die Leistung einer Volkswirtschaft ist, besitzt sie eine ganz zentrale Bedeutung für die Wirtschaftslehre. Politiker werden häufig am BIP ihres Landes gemessen, und Ökonomen geben sich größte Mühe, zutreffende Prognosen seiner Entwicklung zu erstellen. In einem Konjunkturabschwung geht es normalerweise mit einem Anstieg der Arbeitslosigkeit und sinkenden Löhnen einher. Schrumpft das BIP in zwei aufeinander folgenden Quartalen, befindet sich die Wirtschaft technisch in einer Rezession. Obwohl diese Definition einer Rezession weithin akzeptiert ist, wird der Begriff in den USA erst dann offiziell verwendet, wenn das National Bureau of Economic Research grünes Licht gibt. Bei einer extrem ausgeprägten Rezession spricht man von einer Depression. Für diesen Begriff gibt es keine allgemeingültige Definition. Viele Ökonomen halten eine Depression für eingetreten, wenn eine Volkswirtschaft vom höchsten bis zum niedrigsten Punkt eines Zyklus um etwa 10 Prozent schrumpft. Einigkeit besteht jedoch darüber, dass die Wirtschaftsleistung in einer Depression mindestens ein Jahr lang schrumpft. In der Großen Depression Ende der 1930er-Jahre in Amerika schrumpfte das US-BIP um ein Drittel.

> **Man kann ohne Übertreibung sagen, dass langfristig wahrscheinlich nichts so wichtig für das wirtschaftliche Wohlergehen eines Landes ist wie das Wachstum der Produktivität.**
> **William J. Baumol, Sue Anne Blackman und Edward N. Wolff**

Dennoch hat diese vielseitige Kennzahl auch ihre Grenzen. Was geschieht beispielsweise, wenn ein Land plötzlich seine Tore für Scharen von Einwanderern öffnet oder seinen Bürgern längere Arbeitszeiten abverlangt? Dies könnte das BIP deutlich nach oben treiben, obwohl die Produktivität der einzelnen Beschäftigten nicht gestiegen ist. Für die Beurteilung der Gesundheit einer Wirtschaft schauen sich die Statistiker deshalb lieber die Produktivität an. Diese wird berechnet, indem das BIP durch die Anzahl der Stunden, die die Bürger eines Landes gearbeitet haben, geteilt wird. Teilt man das BIP durch die Zahl der Gesamtbevölkerung, ergibt sich das Pro-Kopf-BIP, das Ökonomen häufig als Indikator für den Lebensstandard eines Landes heranziehen.

Auch wenn das BIP im Allgemeinen als Kennzahl für das Wohlergehen eines Landes akzeptiert ist, sind sich die modernen Ökonomen der Grenzen dieser Betrachtungsweise bewusst. So berücksichtigt das BIP keine potenziellen Ungleichheiten zwischen den verschiedenen Schichten der Gesellschaft. Das BIP ist auch kein Maßstab für die Qualität der Umwelt oder Gesellschaft oder für das Glück des Einzelnen. Diese Indikatoren müssen an anderer Stelle gesucht werden (▶ Kapitel 49). Aber keine andere wirtschaftliche Kenngröße vermittelt einen schnelleren Überblick darüber, ob die Wirtschaft eines Landes floriert oder stagniert.

Worum es geht
Messlatte für die Wirtschaftsleistung eines Landes

18 Zentralbanken und Zinssätze

Die Aufgabe eines Zentralbankers, so sagte William McChesney Martin einmal, bestehe darin, „die Bowle wegzuräumen, wenn die Party richtig in Schwung kommt." Der legendäre frühere Chef der US-Notenbank meinte damit, die für die Geldpolitik – die Zinssätze – eines Landes zuständige Person müsse dafür sorgen, dass weder eine wirtschaftliche Überhitzung noch eine Depression eintrete.

Wenn die Wirtschaft floriert und Unternehmen Rekordgewinne erzielen, besteht die Gefahr, dass die Teuerungsrate aus dem Ruder läuft. Dann ist es die wenig beneidenswerte Aufgabe einer Zentralbank zu versuchen, die Party geordnet zu beenden, in der Regel durch eine Erhöhung der Zinssätze. Wenn alles nichts nützt und die Wirtschaft abflaut, muss die Zentralbank dafür sorgen, dass der Kater nicht allzu heftig ausfällt, indem sie die Zinssätze wieder senkt. Sollte das schon kompliziert klingen, dann berücksichtigen Sie noch, dass nicht einmal die Zentralbank genau weiß, wie schnell die Wirtschaft zu einem gegebenen Zeitpunkt wächst.

Wie Zentralbanken funktionieren Zum überwiegenden Teil sind die Daten, auf denen Zentralbanken ihre Entscheidungen begründen, schon bei ihrer Veröffentlichung per definitionem veraltet. Die Inflationsdaten, die weltweit immerhin noch am schnellsten erhoben werden, beziehen sich auf den vorangegangenen Monat. Noch grundsätzlicher ist das Problem, dass es einige Zeit dauert, bis sich bestimmte Veränderungen in den Wirtschaftsdaten niederschlagen (beispielsweise treiben höhere Öl- oder Metallpreise die Verbraucherpreise mit einer Verzögerung von Wochen oder sogar Monaten in die Höhe). Folglich müssen Zentralbanken die Wirtschaft antreiben, während sie den Blick in den Rückspiegel anstatt durch die Windschutzscheibe richten.

Zeitleiste

1668

In Schweden wird mit der Riksbank die erste Zentralbank der Welt gegründet

1694

Die Bank of England wird gegründet

Die großen Vier

- Die **US-Notenbank (Federal Reserve, kurz „Fed")** Ihr wichtigstes Entscheidungsgremium ist der Offenmarktausschuss. Unter dem aktuellen Vorsitz von Ben Bernanke legt dieses zwölfköpfige Gremium, dem Vertreter der regionalen Notenbanken und Bundesbeauftragte angehören, die Zinssätze der größten Volkswirtschaft der Welt fest. Bernankes Vorgänger Alan Greenspan genoss so große Hochachtung, dass er am Ende seiner fast 20 Jahre währenden Amtszeit das „Orakel" und „Maestro" genannt wurde.

- Die **Europäische Zentralbank** Über die Zinssätze in Europa entscheidet der aus 21 Mitgliedern bestehende Rat, wenngleich der Präsident der EZB (derzeit Jean-Claude Trichet) das letzte Wort hat.

- Die **Bank of Japan** Die japanische Zentralbank legt die Zinssätze in der zweitgrößten Volkswirtschaft der Welt fest. Auch wenn sie seit dem Zweiten Weltkrieg unabhängig ist, meinen einige Ökonomen, sie sei stärkerem politischem Druck als andere Zentralbanken ausgesetzt.

- Die **Bank of England** Sie ist die zweitälteste Zentralbank, wurde aber als eine der letzten vom Einfluss der Politik unabhängig, als Finanzminister Gordon Brown im Jahr 1997 beschloss, sie von der staatlichen Kontrolle abzukoppeln. Die Zinssätze werden vom geldpolitischen Ausschuss, dem neun Mitglieder angehören, festgelegt. Die Bank wird auch „Old Lady of Threadneedle Street" genannt, weil sie in der gleichnamigen Straße in der Londoner City beheimatet ist.

Fast jedes Land mit einer eigenen Währung und einer Regierung, die Steuern erheben darf, besitzt eine Zentralbank. In den USA ist es die so genannte Fed, in Großbritannien die Bank of England, die trotz ihres Namens die Zinssätze für das gesamte Königreich festlegt, in der Schweiz die hoch angesehene Schweizer Nationalbank und in Neuseeland die innovative Reserve Bank of New Zealand. Die Europäische Zentralbank legt die Zinssätze für alle Länder in der Europäischen Union, die den Euro eingeführt haben, fest.

Die meisten Zentralbanken sind von der Politik unabhängig, wenngleich ihre Chefs in der Regel von Politikern ernannt – oder zumindest auf Herz und Nieren geprüft – werden. Um diesen nicht gewählten Amtsträgern einen gewissen Rahmen vorzugeben, werden Eckpunkte abgesteckt. Diese können konkreter Natur sein, wie etwa in Großbritannien und im Euroraum, wo eine Teuerungsrate beim Verbrau-

1913
Woodrow Wilson gründet die US-Notenbank

1998
Die europäische Zentralbank wird gegründet, um die Einführung des Euro vorzubereiten

cherpreisindex von zwei Prozent angestrebt wird; oder sie werden vage formuliert, wie in den USA, wo die Notenbank den allgemeinen Auftrag der Förderung von Wachstum und Wohlstand erfüllen soll.

Wie Zinssätze die Wirtschaft prägen
Die Zielsetzungen der Notenbanken waren im Lauf der Zeit Änderungen unterworfen. Als beispielsweise in den 1980er-Jahren der Monetarismus in Mode war, versuchten einige Zentralbanken, das Wachstum der Geldmenge auf einem bestimmten Niveau zu halten. Heute achten die Zentralbanken stärker darauf, die Inflation zu kontrollieren. In jedem Fall sind die Zinssätze das wichtigste Werkzeug, das ihnen zur Verfügung steht, um die Konjunktur zu beeinflussen.

Niedrigere Zinssätze sind im Allgemeinen mit einem schnelleren Wirtschaftswachstum und einer potenziell höheren Inflation gleichzusetzen, weil sich das Sparen weniger lohnt. Stattdessen werden die Kreditaufnahme und der Konsum als attraktivere Optionen wahrgenommen. Bei höheren Zinssätzen ist es umgekehrt.

Im Allgemeinen legen die meisten Zentralbanken einen Leitzins fest, der wiederum für die Geschäftsbanken als Grundlage für ihre Zinssätze verwendet wird. In den USA ist dies die so genannte Fed Funds Rate und in Großbritannien die Bank Rate. Bei der Ermittlung des Leitzinses können die Entscheidungsträger an mehreren Hebeln ansetzen. Erstens kündigen sie die Veränderung des Zinssatzes an, woraufhin die Geschäftsbanken in der Regel ebenfalls ihre Zinssätze für Hypothekendarlehen, Kredite und Spareinlagen entsprechend anpassen. Zweitens verwenden sie Offenmarktgeschäfte. Dabei kaufen und verkaufen sie Staatsanleihen, um die Zinssätze an den Anleihenmärkten zu beeinflussen (▶ Kapitel 27). Drittens nutzen sie die Tatsache, dass alle Geschäftsbanken verpflichtet sind, einen Teil ihrer Eigenmittel als Reserven in den Kellern der Zentralbank zu hinterlegen. Die Zentralbanken können die Zinssätze ändern, die sie für diese Reserven zahlen, oder sie können von den Banken höhere oder niedrigere Reserven fordern. Dadurch beeinflussen sie indirekt das von den Banken ausgereichte Kreditvolumen, was sich wiederum auf die Zinssätze auswirkt.

Die meisten dieser Hebel sind für die Verbraucher unsichtbar. Entscheidend ist die sofortige Kettenreaktion, die sie auslösen, indem sie landesweit die Banken veranlassen, das Niveau der Kreditkosten zu ändern. Die Einzelheiten der Hebel spielen nur dann wirklich eine Rolle, wenn einer oder mehrere von ihnen nicht mehr funktionieren, was beispielsweise bei Störungen der Geldmärkte eintreten kann (▶ Kapitel 33).

Auch wenn die Banken nur jeden Monat oder alle paar Monate eine Zinsentscheidung treffen, beschäftigen sie Hunderte von Mitarbeitern. Diese beobachten die tatsächlichen Kreditkosten am Markt, um sicherzustellen, dass die Medizin, die sie verschreiben, auch etwas nützt. Seit Ausbruch der Finanzkrise im Jahr 2008 mussten die Zentralbanken weltweit neue Methoden erfinden, um zusätzliches Geld in die Wirtschaft zu pumpen. Die Inflation ist nicht die einzige Größe, die durch die Zinssätze beeinflusst wird. Höhere Zinssätze stärken häufig die Währung eines Landes, da ihr Kauf für ausländische Anleger attraktiv ist. Nachteilig ist dagegen, dass eine stärkere Landeswährung die Exporte verteuert.

> **ℐ Im Zentralbankwesen wie in der Diplomatie zählen Stil, konservative Kleidung und ein souveräner Umgang mit den Reichen sehr viel, Ergebnisse dagegen weit weniger. ℐ**
> John Kenneth Galbraith

Unterstützung des Finanzsystems Die Zentralbanken haben nicht nur die Aufgabe, die Zinssätze zu steuern, sondern sie sollen auf einer allgemeinen Ebene die Gesundheit des Finanzsystems einer Volkswirtschaft fördern. Deshalb spielen sie in Krisenzeiten auch die Rolle der Kreditgeber der letzten Instanz. Wenn an der Wall Street in New York und in der Londoner City alles gut läuft, mag das eher selten erforderlich sein, weil sich die Banken untereinander in der Regel preiswerter und einfacher Geld leihen können. Es gibt aber durchaus Zeiten, in denen die Nothilfen der Zentralbank ein wichtiger Rettungsanker sind.

Zu den Auswirkungen der Finanzkrise 2008 gehörte es, dass die Zentralbanken gezwungen waren, ihre Rolle als Kreditgeber der letzten Instanz auszubauen, um in Not geratene Banken zu retten. So brach die US-Notenbank mit einer jahrzehntelangen Konvention und begann, direkte Kredite an Hedgefonds zu vergeben, weil außer dem Staat fast niemand mehr in der Lage war, über die üblichen Kanäle Geld zu beschaffen. Sie begannen außerdem, Vermögenswerte aufzukaufen und zusätzliches Geld in die Wirtschaft zu pumpen. Für dieses Vorgehen bürgerte sich der Begriff der quantitativen Lockerung der Geldpolitik ein (▶ Kapitel 20).

Aber wie immer in der Ökonomie gilt auch hier, dass es nichts umsonst gibt – weder für Verbraucher noch für Banken. Die Ausweitung der Geldmenge erfolgte auf Kosten einer strengeren Regulierung in der Zukunft. Zwar werden die Zinssätze ein wichtiges Instrument der Zentralbanken bleiben, doch gleichzeitig wächst auch deren Macht, das Finanzsystem zu überwachen und zu steuern.

Worum es geht
Zentralbanken schützen Volkswirtschaften vor dem Auf und Ab der Konjunkturzyklen

19 Inflation

Für die einen hat die Inflation eine reinigende Wirkung, für die anderen ist sie Teufelszeug. Der ehemalige US-Präsident Ronald Reagan beschrieb sie als „gewalttätig wie ein Straßenräuber, furchteinflößend wie ein Bandit und tödlich wie ein Killer." Karl Otto Pöhl, ehemaliger Präsident der Deutschen Bundesbank, sagte: „Inflation ist wie Zahncreme – einmal aus der Tube, bekommt man sie kaum wieder hinein."

Meistens entspricht die Inflation, also die Teuerungsrate, keiner der obigen Beschreibungen. Es gehört mittlerweile zu den wichtigsten Aufgaben, wenn nicht zu *der* wichtigsten Aufgabe der Zentralbanken und Regierungen, für einen langsamen und vorhersehbaren Anstieg der Preise zu sorgen. Aber leider hat die Inflation die unangenehme Eigenschaft, manchmal außer Kontrolle zu geraten.

Inflationsniveau Die Inflation wird in der Regel auf Jahresbasis ausgedrückt. So bedeutet eine Inflationsrate von drei Prozent, dass die Preise in einer Volkswirtschaft insgesamt um drei Prozent höher als noch vor zwölf Monaten sind.

Die Teuerungsrate gehört zu den aussagekräftigsten Wirtschaftsdaten und zeigt neben anderen Indikatoren, ob eine Volkswirtschaft gesund ist, sich gerade überhitzt oder stark schrumpft. Eine zu hohe Inflationsrate birgt die Gefahr, dass die Volkswirtschaft in eine Inflationsspirale gerät – die Preise also exponentiell steigen – oder sogar in eine Hyperinflation eintritt. Der Unterschied zwischen den beiden Inflationsarten hängt vom Ausmaß des Preisanstiegs ab. Als in Deutschland in den 1920er-Jahren und in Simbabwe im ersten Jahrzehnt des neuen Jahrtausends eine Hyperinflation wütete, stiegen die Preise in nur einem Monat um mindestens 50 Prozent oder noch mehr. Auf dem Höhepunkt der Hyperinflation in der Weimarer Republik 1923 mussten einmal Banknoten im Wert von 100 Billionen Mark gedruckt werden.

Zeitleiste

1873–1896

Auf den Bürgerkrieg in den Vereinigten Staaten folgt die „Große Deflation"

1920er-Jahre

Deutschland leidet nach dem Ersten Weltkrieg unter einer Hyperinflation

Verschiedene Messgrößen der Inflation

VPI: Der Verbraucherpreisindex ist in den Industrieländern, darunter in den Vereinigten Staaten und in Europa, die häufigste Messgröße der Inflation. Er wird von Statistikern ermittelt, die Monat für Monat landesweit die Geschäfte und Unternehmen besuchen und überprüfen, wie schnell der Preis eines imaginären Korbs von Waren und Dienstleistungen gestiegen ist.

EHI: Der Einzelhandelspreisindex wird in Großbritannien ermittelt, um die Lebenshaltungskosten umfassender zu messen. Er enthält auch Hypothekentilgungen und Zinszahlungen, die mit dem Besitz von Immobilien zusammenhängen.

BIP-Deflator: Diese Messgröße der Preisentwicklung ist die umfassendste. Sie stellt einen Preisindex für alle Waren in einer Volkswirtschaft dar. Der BIP-Deflator wird jedoch weit seltener als der VPI und EHI ermittelt.

PPI: Der Produzentenpreisindex misst sowohl die Preisveränderungen für die Rohstoffe, die die Produzenten bezahlen müssen, und für die Preise, die sie dann von den Einzelhändlern für ihre Fertigerzeugnisse verlangen. Der PPI ist ein nützliches Signal, das die Richtung der Inflation anzeigen kann.

Andere Indizes: Es gibt weitere, noch spezifischere Indizes, etwa Häuserpreisindizes und Rohstoffindizes.

Aber auch dann, wenn die Inflation nicht so hoch ist, kann sie sehr großen Schaden anrichten – vor allem wenn sie, wie es in den USA und in Großbritannien in den 1970er-Jahren der Fall war, mit einem schwachen Wirtschaftswachstum oder einer Rezession einhergeht. Das Ergebnis ist die so genannte Stagflation: ein stagnierendes Wachstum bei hoher Inflation. In den USA und Großbritannien trieb die Stagflation jahrelang die Arbeitslosenquote und die Zahl der Insolvenzen in die Höhe. Kurz gesagt: Die Inflation kann einst stolze und gesunde Volkswirtschaften vollkommen ruinieren.

Ursache und Wirkung   Die Inflation sagt etwas über die gesellschaftlichen und wirtschaftlichen Bedingungen eines Landes aus. Durch den Vergleich des Tempos des Anstiegs der Lebenshaltungskosten und der Haushaltseinkommen kann man berechnen, wie stark sich der Lebensstandard einer Gesellschaft verbessert. Steigen die Preise schneller als die Löhne, sinkt der Lebensstandard, denn die Menschen

1930	**1970**er-Jahre	**2008**
Die Vereinigten Staaten und ein Großteil der Welt geraten in der Großen Depression in eine Deflation	Die Ölkrise treibt die Teuerungsrate in den USA und Großbritannien auf über 20 Prozent	In Simbabwe wird aufgrund der Hyperinflation im April eine Banknote mit dem Wert von 100 Milliarden Simbabwe-Dollar ausgegeben

können sich nun weniger Waren leisten. Steigen dagegen die Löhne schneller als die Inflation, haben die Menschen nach dem wöchentlichen Großeinkauf mehr Geld im Portemonnaie übrig: Ihr Lebensstandard verbessert sich.

Wächst nun eine Volkswirtschaft schnell, erhalten die Mitarbeiter großzügige Lohnerhöhungen, so dass sie mehr Geld für Waren und Dienstleistungen ausgeben. Die Preise steigen dann aufgrund der stärkeren Nachfrage, ob nach Häusern oder Haarschnitten. Schwächt sich dagegen die Wirtschaftstätigkeit ab, sinken auch die Nachfrage und die Preise wieder. Zumindest schwächt sich aber das Tempo ihres Anstiegs ab.

> **Die Inflation ist eine Form der Besteuerung, für die es kein Gesetz braucht.**
>
> Milton Friedman

Der Preis für Waren hängt nicht nur von der Nachfrage ab, sondern auch von der Geldmenge, die den Menschen zur Verfügung steht. Weitet sich die Geldmenge aus (weil mehr Geld gedruckt wird oder die Banken mehr Kredite ausreichen), ist mehr Geld für dieselbe Menge an Waren vorhanden. Dies wird die Preise in die Höhe treiben. Die Debatte darüber, wie genau dieser Prozess beeinflusst werden kann, gehörte zu den wichtigen intellektuellen Auseinandersetzungen des zwanzigsten Jahrhunderts zwischen Monetaristen und Keynesianern (▶ Kapitel 9 und 10).

Endlos währende Inflation? Häufig hört man die Frage, ob die Preise denn wirklich immer steigen müssen. Warum können sie nicht einfach unverändert bleiben? Tatsächlich können die Preise einfrieren, und es hat auch Phasen in der Geschichte gegeben, in denen das der Fall war. Theoretisch ist die Inflation für das Funktionieren einer Volkswirtschaft nicht notwendig. Dennoch neigten die Politiker vor allem im vergangenen Jahrhundert dazu, eine leichte Inflation in ihren Volkswirtschaften zu fördern. Dafür gibt es verschiedene Gründe.

Der erste und wichtigste Grund ist der, dass die Inflation die Menschen dazu bewegt, ihr Geld eher auszugeben als es zu sparen, weil die Teuerung den Wert ihres Geldes bedroht. Bis zu einem gewissen Grad ist die Schubkraft dieser Motivation in einer modernen kapitalistischen Volkswirtschaft unerlässlich, weil sie die Unternehmen langfristig ermutigt, in neue Technologien zu investieren. Aber die Inflation entwertet auch die Schulden. Deshalb haben verschuldete Staaten in der Vergangenheit leider zu häufig einen starken Anstieg der Inflation zugelassen, um die Geldmenge, mit der sie in der Kreide standen, zu reduzieren.

Analog dazu entwickelt sich die Inflation in der Regel im Gleichklang mit den Zinssätzen (▶ Kapitel 18), und die Menschen sind eher an einen positiven als einen negativen Zinssatz gewöhnt. Es hat in der Geschichte der Banken nur wenige Fälle gegeben, in denen Kunden Geld fürs Sparen berechnet und Geld für die Kreditaufnahme gezahlt wurde (wie es bei einem negativen Zinssatz der Fall wäre). Es waren Krisenzeiten, in denen es entscheidend darauf ankam, die Menschen zum Geldausgeben anzuspornen und vom Sparen abzuhalten.

Schließlich sind die Menschen grundsätzlich an steigende Löhne gewöhnt. Dies entspricht der menschlichen Natur – die Menschen möchten ihre Situation verbessern und können sich nur schwer mit einem stagnierenden Lohn abfinden. Dies gilt auch dann, wenn die Preise in den Geschäften mehr oder weniger unverändert bleiben.

> Das erste Allheilmittel für eine schlecht geführte Nation ist die Geldentwertung. Das zweite ist Krieg. Beide bringen kurzzeitig Wohlstand und dauerhaft den Ruin. Aber zu beiden nehmen politische und ökonomische Opportunisten Zuflucht.
>
> Ernest Hemingway

Inflationsspirale Die Preise steigen manchmal exponentiell in einer so genannten Inflationsspirale an. Je höher die Teuerungsrate ist, desto mehr Unzufriedenheit verursacht sie unter den Arbeitnehmern, weil sie ihren Lebensstandard bedroht sehen. Sie verlangen höhere Löhne, und im Erfolgsfall geben sie die Lohnerhöhung wieder aus, was wiederum zu Preiserhöhungen führt. Damit steigt die Inflation noch weiter, und die Mitarbeiter fordern erneut Lohnerhöhungen.

Das Grundproblem einer exzessiven Inflation – oder auch einer Deflation (▶ Kapitel 20) – besteht darin, dass sie eine Volkswirtschaft auf gefährliche Weise destabilisieren kann. Wenn sich Unternehmen und Verbraucher unsicher sind, wie schnell die Preise steigen oder fallen werden, schieben sie Investitionen auf und sparen nicht. Das normale Leben kommt allmählich zum Stillstand. Deshalb haben Regierungen und Zentralbanken ein Interesse daran, dass die Preise in vorsehbarem Tempo steigen. Gelingt ihnen das nicht, stehen sie vor einer äußerst unangenehmen Erfahrung, wie Ronald Reagan richtig beobachtete.

Worum es geht
Die Preise müssen langsam steigen

20 Schulden und Deflation

Anders als heute wurde die Deflation, bei der die Preise von Jahr zu Jahr eher zurückgehen als steigen, früher nicht immer als Bedrohung betrachtet. Mehrere Jahrhunderte lang, bis zum Anfang des 20. Jahrhunderts, erlebten dynamische Volkswirtschaften häufig längere Deflationsperioden. Milton Friedman plädierte sogar dafür, dass Regierungen theoretisch versuchen sollten, eine moderate Deflation aufrechtzuerhalten.

Wenn die Preise in den Geschäften leicht sinken, ist jeder Euro oder Dollar in Ihrem Portemonnaie mehr wert. Selbst wenn Ihr Einkommen nicht steigt, erhöht sich doch die Kaufkraft Ihres Geldes. Sie müssen sich daher keine Sorgen darüber machen, dass Ihr Barvermögen in einigen Jahren möglicherweise wertlos ist, wie es in Ländern mit hoher Inflationsrate vorkommen kann.

Definitionen

Unter **Deflation** versteht man den Rückgang des Preisniveaus für Waren und Dienstleistungen, meist im Jahresvergleich.
Disinflation ist eine Zeitperiode mit abnehmender, aber positiver Inflationsrate.

Deflation und Depression   Die „gutartige" Deflation wurde im 20. Jahrhundert durch sehr schmerzhafte Phasen des Preisverfalls abgelöst. Am stärksten machte sich dieses Phänomen während der Weltwirtschaftskrise der 1930er-Jahre bemerkbar. Dieser Krise ging ein starker Anstieg der Aktienkurse in den 1920er-Jahren voraus, wobei ein Großteil der Wertpapiere nicht mit Ersparnissen, sondern mit Darlehen finanziert worden war. Als die Anleger 1929 erkannten, dass die spektakulären Gewinne (der Dow Jones Industrial Average hatte sich im Lauf der vorherigen sechs Jahre verfünffacht) nicht auf Tatsachen, sondern auf Hoffnungen und Spekulationen beruhten, brach die Börse zusammen.

Zeitleiste

19. Jahrhundert
Die Industrielle Revolution bringt eine anhaltende Deflationsphase mit sich

1930
Die USA erleben während der Weltwirtschaftskrise eine Schulden-Deflationsspirale

Es folgte die bisher schwärzeste Wirtschaftsperiode in den USA und vielen anderen Ländern der Welt: Banken kollabierten unter der Last ihrer Schulden, die Immobilienpreise brachen ein, unzählige Unternehmen gingen in Konkurs und Millionen Menschen verloren ihren Arbeitsplatz. Eine der Hauptursachen für diese Krise war die Deflation.

Als die Menschen erkannten, dass das Preisniveau durch die ungebremste Gier, die die Wirtschaft in den Goldenen Zwanziger Jahren geprägt hatte, künstlich aufgebläht worden war, setzten die Preise zum Sinkflug an. Aktienkurse und Immobilienpreise gingen zurück, doch die Höhe der Schulden, die die Menschen für den Kauf der Häuser aufgenommen hatten, blieb gleich. Sanken die Preise um zehn Prozent im Jahr, erhöhten sich die Kosten einer Verbindlichkeit von 100 US-Dollar im Hinblick auf die effektive Kaufkraft dieses Betrags auf 110 US-Dollar. Von den Haushalten, die nicht unmittelbar dem Börsenkrach zum Opfer fielen, brachen Millionen unter der Deflation zusammen, da sich der Betrag ihrer Schulden willkürlich erhöhte.

Gefährliche Spirale Die Deflation betrifft nicht nur Menschen mit Schulden, sondern die gesamte Wirtschaft. Wenn die Preise sinken, zögern viele Menschen ihre Käufe hinaus, weil sie damit rechnen, dass die Waren in einigen Monaten noch billiger sein werden. Diese Kaufzurückhaltung lässt die Preise noch weiter zurückgehen. Außerdem sehen sich Unternehmen plötzlich mit einer effektiven Steigerung der Lohn- und Gehaltskosten konfrontiert, da Lohnkosten von bisher 1000 US-Dollar jetzt effektiv mit 1100 US-Dollar zu Buche schlagen, das Arbeitsentgelt jedoch in der Regel in rechtsverbindlichen Verträgen fixiert ist. Für den Arbeitgeber ist das eine Katastrophe: Er verkauft seine Waren und Dienstleistungen für niedrigere Preise, hat jedoch dieselben Lohnkosten zu tragen. Man könnte nun annehmen, dass das zumindest für Arbeitnehmer vorteilhaft ist. In der Praxis müssen Unternehmen jedoch Mitarbeiter entlassen, um sich über Wasser zu halten. Banken ergeht es ähnlich: Sie erhalten von einigen Kreditnehmern zwar relativ betrachtet höhere Hypothekenzahlungen – verglichen mit anderen Preisen im Wirtschaftssystem, die sinken –, doch dafür werden andere Schuldner ihre Verbindlichkeiten überhaupt nicht begleichen können.

Viele dieser Symptome ähneln denen, die in einer Phase der hohen Inflation zu beobachten sind. Sowohl die Deflation als auch die Inflation gehen mit unkontrollierbaren realen Preissteigerungen bei bestimmten Gütern und Dienstleistungen einher. Allerdings verteuert die Inflation die Waren in den Geschäften, während die Deflation die Kosten von Fremdkapital und anderen Verpflichtungen erhöht.

Das größte Risiko im Zusammenhang mit der Deflation besteht darin, dass sich die Talfahrt der Preise noch beschleunigt, wenn Unternehmen nach ersten Preissenkungen neue Verluste machen und ihre Preise daraufhin noch weiter reduzieren. Es ist für eine Volkswirtschaft wahrscheinlich schwieriger, der Deflationsspirale zu entkommen, als der Inflationsspirale zu entrinnen. Das liegt weitgehend daran, dass moderne Volkswirtschaften mittlerweile effektivere Mechanismen zur Handhabung der Inflation entwickelt haben (➤ Kapitel 18).

> **❯ Ich möchte den wichtigen Folgesatz der Schulden-Deflationstheorie hervorheben, dass Weltwirtschaftskrisen durch Deflation und Stabilisierung behoben und verhindert werden können. ❮**
>
> **Irving Fisher, US-Ökonom**

Diagnose und Lösungen

Wirtschaftlich lässt sich die Deflation damit erklären, dass entweder die Geldmenge im System sinkt oder das Angebot an Waren und Dienstleistungen zunimmt. Während bei einer Inflation also zu viel Geld für zu wenige Waren in Umlauf ist, ist bei der Deflation genau das Gegenteil der Fall. Während der Weltwirtschaftskrise und den Deflationsphasen in Japan in den 1990er- und 2000er-Jahren war die abnehmende Geldmenge die Ursache (verbunden mit der Schuldenblase: Viele Menschen sparten mehr und gaben weniger aus, nachdem sie jahrelang über ihre Verhältnisse gelebt hatten). Die „gutartige" Deflation des 19. Jahrhunderts war dagegen eher auf das erhöhte Warenangebot infolge der gestiegenen Produktivität zurückzuführen.

Das Hauptinstrument der Zentralbanken zur Steuerung der Inflation ist gemeinhin der Leitzins. Dieser kann jedoch nicht unter Null gesenkt werden. Wenn die Preise weiter fallen, bleibt den Banken daher meist wenig anderes übrig, als zu unkonventionelleren Maßnahmen zu greifen. Wie Ben Bernanke, damals Gouverneur der Federal Reserve Bank, erklärte, läuft das meist darauf hinaus, dass die Druckerpresse angeworfen wird. Im Gegensatz zu den Inflationsphasen, in denen die Notenbanken versuchen, die Geldmenge konstant zu halten, pumpen sie nun frisches Geld in das System. Diese Geldspritze können die Zentralbanken auf verschiedene Weise verabreichen. Sie können selbst Aktien oder Unternehmensanleihen kaufen oder den Geschäftsbanken zusätzliche Barmittel zur Verfügung stellen. Alle diese geldpolitischen Maßnahmen werden als *quantitative Lockerung (quantitative easing)* bezeichnet.

Deflation und das verlorene Jahrzehnt

Auch wenn die Weltwirtschaftskrise der 1930er-Jahre als schlimmste Deflationsspirale unserer modernen Zeit gilt – in den USA stieg die Arbeitslosenquote auf ein Viertel der arbeitsfähigen Bevölkerung, während das BIP um ein Drittel schrumpfte – war dieses Phänomen mehrfach auch in jüngerer Vergangenheit zu beobachten. Am stärksten machte es sich in Japan in den 1990er-Jahren bemerkbar. Damals brachen die Preise ein, und die japanische Notenbank war gezwungen, den Leitzins auf Null zu senken. Diese Spirale trug zum so genannten „verlorenen Jahrzehnt" des anämischen Wachstums und der sinkenden Preise bei, aus der das Land keinen Ausweg fand.

Diese Strategie wendeten sowohl die Japaner zur Jahrtausendwende als auch die Federal Reserve Bank und die Bank of England nach Beginn der Finanzkrise im Jahr 2008 an, als sie versuchten, die durch die hohe Verschuldung verschärfte Finanzkrise zu bekämpfen. Ob diese Bemühungen Erfolg haben werden, bleibt abzuwarten.

Worum es geht
Sinkende Preise können einer Wirtschaft schweren Schaden zufügen

21 Steuern

„Nichts in dieser Welt ist sicher außer dem Tod und den Steuern", sagte Benjamin Franklin 1789. Er wird wohl nicht der Erste gewesen sein, der sich über Steuerzahlungen beklagte. Seit es Regierungen gibt, ersinnen sie raffinierte Wege, um an Geld zu kommen. Wie wir aus der Bibel wissen, begaben sich Josef und Maria nach Bethlehem, um sich dort in die Steuerlisten einzutragen. Im Jahr 1086 ließ Wilhelm der Eroberer das Domesday Book, das Reichsgrundbuch für England, hauptsächlich deshalb anfertigen, weil er wissen wollte, von wem er Steuern einfordern könnte. Und schon im Jahre 10 n. Chr. mussten die Chinesen Einkommenssteuer zahlen.

Auch heute sind die Steuern einer der größten Streitpunkte in der Politik. Der ehemalige US-Präsident George H. W. Bush ist vielen Menschen mit seinem Wahlversprechen von 1988 in Erinnerung geblieben: „Glauben Sie meinen Worten: Keine neuen Steuern." Leider entwickelten sich die staatlichen Finanzen nicht zu seinem Vorteil, was auch für den Wählerzuspruch vier Jahre und diverse Steuererhöhungen später gilt.

> **Am schwierigsten zu verstehen in der Welt ist die Einkommenssteuer.**
> Albert Einstein

Seit Anbeginn der Geschichte nehmen Menschen es übel, wenn ihnen ihr schwer verdientes Geld wieder abgenommen wird, oft aus gutem Grund. Früher waren die Steuereintreiber weitaus brutaler als heute. Bauern und Arbeiter mussten befürchten, dass sie ihre Ehefrau oder Tochter als Sklavin verkaufen mussten, wenn sie ihre Steuern nicht zahlen konnten. Beschwerden der Bürger darüber, dass sie Steuern berappen sollten, ohne Einfluss auf die Politik nehmen zu können (zum Beispiel über ein Wahlrecht), führten 1215 zur Unterzeichnung der Magna Charta, später zur Französischen Revolution und natürlich zur Boston Tea Party und dem Ausbruch des Amerikanischen Unabhängigkeitskriegs.

Zeitleiste

3000 v. Chr.
Erste Zeugnisse einer Besteuerung im alten Ägypten

1789
Beginn der Französischen Revolution, teilweise aus Widerstand gegen hohe Steuersätze

In all diesen Fällen waren die damals erhobenen Steuern allerdings geradezu unbedeutend verglichen mit den Abgaben, mit denen die Bürger der meisten Länder heute konfrontiert sind. Oft betrugen sie nicht mehr als zehn Prozent und wurden nur gelegentlich zur Finanzierung von Kriegen erhoben, die nicht jedes Jahr stattfanden. Heute werden einem durchschnittlichen Arbeitnehmer selbst in der Schweiz, die keine Kriege führt, rund 30 Prozent seines Gehalts an Steuern abgezogen.

Die Kunst der Besteuerung

Was hat sich verändert? Hier ist vor allem auf das Aufkommen des Wohlfahrtsstaates und der Sozialversicherungssysteme in der zweiten Hälfte des 20. Jahrhunderts zu verweisen. Immer mehr Staaten rund um den Globus verpflichteten sich plötzlich, für die Krankenversorgung und Ausbildung ihrer Bürger aufzukommen, Arbeitslose und ältere Menschen zu unterstützen und für die öffentliche Sicherheit zu sorgen. Daher brauchten sie wesentlich mehr Geld als früher und mussten sich diese Mittel zusätzlich beschaffen. Die Antwort lautete: Steuern.

Dabei geht es bei weitem nicht nur um die *Einkommenssteuer* (bei der ein bestimmter Betrag vom Gehalt eines Bürgers abgezogen wird). Regierungen können heute aus einer breiten Palette an Steuerarten auswählen, darunter zum Beispiel die *Umsatzsteuer* (auch Mehrwertsteuer, auf Lieferungen und Leistungen eines Unternehmers), die *Verbrauchssteuer* auf Waren wie Mineralöl, die *Abgeltungssteuer* (auf Kapitalerträge wie Zinsen oder Kursgewinne), die *Gewerbesteuer* (auf den Gewerbeertrag eines Unternehmens), die *Erbschaftssteuer* (auf den Nachlass eines Verstorbenen), die *Grund- und Grunderwerbssteuer* (auf Immobiliengeschäfte), *Einfuhr- und Ausfuhrabgaben* (auch Zölle genannt), *Umweltabgaben* (auf Emissionen) oder die *Vermögenssteuer* (auf das Vermögen einer Person).

In den meisten Ländern können sowohl der Bund als auch die Kommunen Steuern erheben. Die Kommunen stützen sich in der Regel mehr auf die Grundsteuer, der Bund auf die Einkommenssteuer.

Seit Mitte des 20. Jahrhunderts haben Steuersysteme die doppelte Aufgabe, zum einen Einrichtungen zum Schutz der Bürger zu finanzieren (Militär, Polizei und Rettungsdienste, Gerichte und Politiker), zum anderen das Vermögen umzuverteilen, und zwar von jenen, die es sich leisten können, an Bedürftige. Typischerweise steigt mit dem zunehmenden Wohlstand eines Landes die Höhe der Besteuerung.

1798

William Pitt der Jüngere führt die Einkommenssteuer in Großbritannien ein

1980er-Jahre

Margaret Thatcher und Ronald Reagan nehmen in Großbritannien und den USA umfangreiche Steuersenkungen vor

Die Steuermaxime von Adam Smith In seinem Buch *Der Wohlstand der Nationen* stellte Adam Smith vier Grundsätze der Besteuerung auf:

1. *Die Besteuerung soll sich nach dem Einkommen der Menschen richten.* Das heißt, dass Menschen mit höherem Einkommen mehr Steuern zahlen sollten. Die meisten Länder wenden ein System der progressiven Besteuerung an, gemäß dem besser verdienende Steuerzahler einen höheren Prozentsatz ihres Einkommens an Steuern zahlen als Bürger mit geringerem Einkommen. Darüber hinaus gibt es proportionale Steuern (einschließlich Einheitssteuern, bei denen alle denselben Steuersatz zahlen) und regressive Steuern (hier zahlen reiche Bürger einen niedrigeren Anteil ihres Einkommens oder ihres Vermögens). In den progressiven Einkommenssteuersystemen von heute wird meist ein Steuerfreibetrag gewährt. Anschließend ist bis zu einer gewissen Einkommenshöhe ein bestimmter Steuersatz zu zahlen, bis zum nächsthöheren Eckwert ein höherer Steuersatz usw.
2. *Steuern müssen klar bestimmt sein und dürfen nicht willkürlich sein. Zeitpunkt und Art der Zahlungen müssen allen klar sein.*
3. *Die Steuern sollen zu dem Zeitpunkt erhoben werden, der für den Bürger am bequemsten ist.* Steuern auf Mieteinnahmen sollten zum Beispiel erhoben werden, wenn die Miete fällig ist.
4. *Die Kosten der Steuererhebung sollen möglichst gering sein, sowohl für die Bürger als auch für den Staat.* Das heißt, dass die Steuer sich möglichst nicht hemmend auf die Entscheidungen auswirken soll, die Bürger in ihrem täglichen Leben treffen. Beispielsweise kann man Menschen leicht davon abhalten, mehr Arbeitsstunden zu leisten, indem man den Grenzsteuersatz anhebt (d.h. den Steuersatz, den ein Bürger zahlen muss, wenn er eine Stunde mehr arbeitet als bisher).

Die Ricardianische Äquivalenz

Das Konzept der Ricardianischen Äquivalenz (benannt nach dem Ökonom David Ricardo, der als erster auf den komparativen Kostenvorteil hinwies; (▶ Kapitel 7) empfiehlt, Steuersenkungen nicht mit Krediten zu finanzieren.

Steuersenkungen werden oft als geeignetes Instrument zur Förderung der Wirtschaft betrachtet: Die Leute haben mehr Geld im Portemonnaie, das sie nun der Theorie nach unters Volk bringen sollten. Wenn Steuersenkungen jedoch durch staatliche Kreditaufnahme finanziert werden, haben sie nach Ansicht einiger Volkswirtschaftler nur geringe Wirkung, weil sie nur vorübergehend sind und in der Zukunft durch höhere Steuern oder geringere Staatsausgaben zurückgezahlt werden müssen. Auch wenn das Konzept der Ricardianischen Äqivalenz von nicht gegenfinanzierten Steuersenkungen abrät, hat es Politiker nur selten davon abgehalten, diese trotzdem vorzunehmen.

Über diesen Punkt wird lebhaft debattiert. Einige vertreten die Ansicht, dass das Steuersystem auch als Instrument dafür genutzt werden sollte, die Bürger zu „gutem" Verhalten anzuregen und von nachteiligen Verhaltensweisen abzuhalten. Beispielsweise erheben viele Staaten aus Gründen der öffentlichen Gesundheit hohe Steuern auf Tabak und Alkohol.

> **Die Kunst der Besteuerung liegt darin, die Gans so zu rupfen, dass man bei möglichst wenig Geschrei möglichst viele Federn bekommt.**
> Jean-Baptiste Colbert, französischer Finanzminister (1665–1683)

Die Grenzen der Besteuerung Je höher die Steuern, desto größer ist die Motivation, Steuerzahlungen zu umgehen. Diese Erfahrung mussten viele Regierungen in den 1970er- und 1980er-Jahren machen. Einige Arbeitnehmer waren mit Grenzsteuersätzen von 70 Prozent oder gar mehr konfrontiert. Der Grenzsteuersatz ist der Satz, der auf jeden zusätzlich verdienten Dollar oder Euro berappt werden muss. Um dieser Steuer zu entgehen, vermieden die Arbeitnehmer Überstunden, ließen den zusätzlichen Verdienst in die Altersvorsorge einfließen oder verbrachten das Geld in Steueroasen im Ausland. In einer Zeit, in der Geld per Mausklick in alle Teile der Welt überwiesen werden kann, lässt sich Letzteres kaum verhindern. Es bleibt den meisten Staaten daher kaum etwas anderes übrig, als ihre Steuersysteme möglichst wettbewerbsfähig zu gestalten.

Dennoch sind im Lauf der Jahre immer neue Steuern hinzugekommen, so dass das Steuersystem von Jahr zu Jahr komplexer und undurchdringlicher wird. Als William Pitt der Jüngere 1798 die Einkommenssteuer in Großbritannien einführte, betonte er bezeichnenderweise, dass es sich um eine vorübergehende Maßnahme handelte, mit der der Krieg gegen Napoleon bezahlt werden sollte. Vielleicht hat er das damals sogar noch ernst gemeint!

Worum es geht
Unausweichlich wie der Tod

22 Arbeitslosigkeit

In der Wirtschaft geht es letztlich immer um Arbeitslosigkeit. Wieviel Aufmerksamkeit Experten und Politiker auch dem Bruttoinlandsprodukt, der Inflation, den Leitzinsen oder dem Wohlstand widmen – die einfache Frage, ob Menschen Arbeit haben, bleibt doch von zentraler Bedeutung. Die Vollbeschäftigung ist rund um den Globus eines der vorrangigen Wahlversprechen von politischen Parteien. Inwieweit sie dieses Versprechen erfüllen, variiert jedoch stark.

Das entschlossene Vorgehen von Regierungen gegen die Arbeitslosigkeit ist nachvollziehbar. Schließlich kann der Verlust des Arbeitsplatzes ein traumatisches Erlebnis sein. Gleichzeitig verleiht jedoch gerade die Fähigkeit von Unternehmen, Mitarbeiter nach Bedarf einzustellen und zu entlassen, einer Volkswirtschaft große Dynamik. Wenn die Geschäfte eines Immobilienmaklers in einer Immobilienkrise spürbar zurückgehen, kann er im Streben nach Einsparungen seine Marketing- oder Bürokosten senken. Das ist jedoch nichts, verglichen mit den Kostensenkungen, die er mit der Entlassung von Mitarbeitern erzielen kann. Das Zusammenspiel dieser beiden Kräfte – des Bestrebens der Regierung, möglichst viele Menschen in Lohn und Brot zu bringen, und der Notwendigkeit auf Firmenseite, liquide zu bleiben – prägt nicht nur den Arbeitsmarkt, sondern das Schicksal der allgemeinen Wirtschaft.

Die Geschichte zweier Arbeitsmärkte   Vergleichen wir einmal die Erfahrungen in Europa und den USA. In den meisten Ländern Europas sieht das Arbeitsrecht Einschränkungen für die Kündigung von Mitarbeitern und Mindestlöhne vor. Der US-Ökonom Thomas Sowell führt in seinem Buch *Basic Economics* jedoch dazu aus: „Maßnahmen zur Sicherung von Arbeitsplätzen schützen zwar die Arbeitsplätze vorhandener Mitarbeiter, mindern jedoch die Flexibilität und Effizienz der Wirtschaft als Ganzes. So wird die Schaffung neuer Arbeitsplätze für andere Menschen behindert."

Aus diesem Grund entstehen Arbeitsplätze in Europa für gewöhnlich viel langsamer als in den Vereinigten Staaten, wo der Arbeitsmarkt wesentlich flexibler ist.

Zeitleiste

1933

Die Arbeitslosenquote steigt in den USA während der Weltwirtschaftskrise auf 25 Prozent

Arbeitslosigkeit zahlt sich aus

Allzu oft ermuntern Regierungen ihre Bürger, arbeitslos zu bleiben, indem sie die Arbeitslosenversicherung attraktiver gestalten, als sie sein sollte.

Eine Studie des Harvard-Ökonomen Martin Feldstein zeigt, dass es sich für einige Menschen tatsächlich rechnet, keiner Arbeit nachzugehen. Stellen wir uns jemanden vor, der für einen Stundenlohn von 10 US-Dollar arbeiten oder Arbeitslosengeld von 8 US-Dollar pro Stunde beziehen kann. Auf das Arbeitslosengeld zahlt er Steuern von 18 Prozent und erhält netto folglich 6,56 US-Dollar. Wenn diese Person arbeiten würde, müsste sie 18 Prozent Einkommenssteuer und 7,5 Prozent Sozialversicherungsbeiträge zahlen – sie bekäme also ein Nettogehalt von 7,45 US-Dollar. Wenn wir das mit dem Arbeitslosengeld vergleichen, kann man durchaus zu dem Schluss kommen, dass ein freier Tag die 89 Cent pro Stunde, die der Job mehr einbringt, durchaus wert ist. Regierungen versuchen daher ständig, ein Gleichgewicht herzustellen zwischen dem Anreiz, eine Beschäftigung aufzunehmen, und der Entschädigung für den Verlust des Arbeitsplatzes.

Definition von Arbeitslosigkeit

Im weitesten Sinne bedeutet Arbeitslosigkeit einfach, dass jemand keine Arbeit hat. Diese Definition ist für Ökonomen jedoch nicht ausreichend. Es besteht ein großer Unterschied zwischen einer Bürokraft, die bei einem Stellenwechsel vorübergehend keine Arbeit hat („friktionelle Arbeitslosigkeit" oder „Sucharbeitslosigkeit") und einem Industriemechaniker, dessen Fähigkeiten nicht mehr gefragt sind, weil in seiner Branche die Produktion fast vollständig ins Ausland verlagert wurde. Erstere wird bald wieder in Lohn und Brot stehen und zur Wirtschaftsleistung des privaten Sektors beitragen. Letzterer muss vielleicht umgeschult werden, was oft auf Kosten des Staates über einen längeren Zeitraum geschieht.

Um zwischen den verschiedenen Situationen unterscheiden zu können, haben Ökonomen mehrere Kategorien von Arbeitslosigkeit festgelegt. Gemäß der Definition der Internationalen Arbeitsorganisation (ILO) ist jemand arbeitslos, wenn er ohne Arbeit und aktiv auf Arbeitssuche ist. Dieser Definition entsprachen im Jahr 2008 in den USA 6,5 Prozent der Erwerbstätigen, in Großbritannien 5,6 Prozent und in der Europäischen Union 7 Prozent. Dann gibt es die Kategorie der Langzeit-

Im Zuge der Ölkrise nimmt die Arbeitslosigkeit stark zu

Die Konservative Partei gewinnt die Wahlen in Großbritannien mit dem Slogan „Labour isn't working"

Arbeitslosenquoten

(Prozentualer Anteil an gesamter Erwerbsbevölkerung) Ende 2008

Frankreich	7,9
Vereinigte Staaten	7,6
Deutschland	7,2
Großbritannien	6,9
Japan	3,9

*Quelle: Office for National Statistics (Britisches Amt
für Statistik)*

arbeitslosen, die in Deutschland rund ein Drittel aller Arbeitslosen ausmachen. Darüber hinaus unterscheiden Ökonomen Arbeitslose auch dem Alter nach, wofür es gute Gründe gibt. Studien haben gezeigt, dass bei Menschen, die bereits als Teenager oder mit Anfang 20 längere Zeit arbeitslos sind, die Wahrscheinlichkeit wesentlich größer ist, dass sie in die Langzeitarbeitslosigkeit oder dauerhafte Arbeitslosigkeit rutschen.

Arbeitslosigkeit messen Es gibt zwei Verfahren zur Messung der Arbeitslosigkeit. Die traditionelle Methode besteht darin, die Zahl der Personen zu ermitteln, die Arbeitslosenunterstützung beantragen. Hier tut sich allerdings das Problem auf, dass nicht jeder Arbeitsuchende diese Hilfe in Anspruch nimmt. Gründe hierfür sind Scham, Bequemlichkeit und manchmal auch die Vermutung, nicht anspruchsberechtigt zu sein. Der modernere und wohl umfassendere Weg zur Bestimmung der Arbeitslosenquote ist die Analyse eines repräsentativen Anteils der Bevölkerung – in Großbritannien handelt es sich um 60 000 Personen mit den verschiedensten Hintergründen – im Hinblick auf ihre aktuelle Erwerbssituation.

In der Regel sinken und steigen die Arbeitslosenzahlen je nach wirtschaftlicher Gesamtlage. In den USA kletterte die Arbeitslosenquote während der Weltwirtschaftskrise der 1930er-Jahre auf 25 Prozent. Allerdings sinkt sie nie auf Null. Trotz des festen Vorsatzes der Regierungen, die Arbeitslosigkeit abzubauen, ist die Quote nur selten unter vier Prozent der Erwerbsbevölkerung gesunken, auch bei bester Konjunkturlage.

Vollbeschäftigung ist praktisch unmöglich. Das liegt zum Teil daran, dass Menschen Zeit für die Auswahl des richtigen Arbeitsplatzes brauchen, auch wenn freie Stellen zur Verfügung stehen. Ein anderer Grund besteht darin, dass einigen Arbeitskräften in einer von Entwicklungen und technischen Fortschritten geprägten Volkswirtschaft unweigerlich die nötigen Fähigkeiten für die Verrichtung bestimmter Tätigkeiten fehlen. Oftmals wird die Arbeitslosigkeit auch dadurch in die Höhe getrieben, dass Unternehmen aufgrund gesetzlicher Mindestlöhne oder der Verhandlungsmacht der Gewerkschaften höhere Löhne und Gehälter zahlen müssen, als sie sich leisten können. Zudem kann die Bereitstellung von Arbeitslosenunterstützung einige Menschen ermuntern, auf eine Erwerbstätigkeit zu verzichten. Daher besteht in allen Ländern eine so genannte „natürliche Arbeitslosenquote", die ganz einfach der langfristigen durchschnittlichen Arbeitslosenquote entspricht.

A. W. Phillips, einer der bekanntesten Volkswirtschaftler Großbritanniens, stellte einen verblüffenden Bezug zwischen Arbeitslosigkeit und Inflation fest. Wenn die Arbeitslosigkeit unter ein bestimmtes Niveau sinkt, treibt das die Löhne und damit die Inflation in die Höhe, weil Unternehmen tiefer in die Tasche greifen müssen, um neue Mitarbeiter anzulocken. Das Gegenteil trifft auf eine hohe Arbeitslosenquote zu, bei der die Inflationsrate meist zurückgeht. Fachsprachlich ausgedrückt besteht eine negative Korrelation zwischen Inflation und Arbeitslosigkeit.

> **Die wichtigste makroökonomische Beziehung wird wahrscheinlich durch die Phillips-Kurve dargestellt.**
> **George Akerlof, Ökonom und Nobelpreisträger**

Die Theorie von Phillips führte zur Entwicklung eines der dauerhaftesten Modelle der Wirtschaftswelt, der Phillips-Kurve, die diese Korrelation graphisch darstellt. Wenn man die Arbeitslosenquote beispielsweise bei vier Prozent halten will, muss man sich mit einer Inflationsrate von sechs Prozent abfinden; so geht es aus der Kurve hervor. Will man die Inflationsrate auf zwei Prozent beschränken, muss man eine Arbeitslosenquote von sieben Prozent hinnehmen.

Gemeinsam mit Edmund Phelps entwickelte der bekannte Ökonom Milton Friedman diese Idee weiter und stellte die Theorie der Non-Accelerating-Inflation Rate of Unemployment („NAIRU", inflationsstabile Arbeitslosenquote) auf. Diese Theorie besagt Folgendes: Auch wenn politische Entscheidungsträger sich an die Phillips-Kurve halten können, um die Arbeitslosigkeit kurzfristig zu senken, wird die Arbeitslosigkeit schließlich doch wieder auf ihre natürliche Quote ansteigen (in der Zwischenzeit werden Bemühungen, die Wirtschaft mit Zinssenkungen anzukurbeln, die Inflation zusätzlich in die Höhe treiben, aber das ist eine andere Geschichte).

Politiker versprechen den Bürgern dennoch unverdrossen mehr Arbeitsplätze und eine höhere Beschäftigungsquote, als realistisch ist. Es ist daher Sache der Ökonomen, ihnen zu entgegnen, dass Vollbeschäftigung praktisch unmöglich ist.

Worum es geht:
Vollbeschäftigung ist unmöglich

23 Währungen und Wechselkurse

Vor einigen Jahren erstellten Experten der US-Notenbank in Washington DC ein Modell zur Vorhersage von zukünftigen Trends bei den wichtigsten Währungen der Welt. Sie konnten auf mehr Informationen über Devisenmärkte zugreifen als Wirtschaftswissenschaftler in jedem anderen Land und waren vom Erfolg ihres Vorhabens überzeugt. Monatelang arbeiten sie an dem Projekt, bis endlich der Moment gekommen war, die Maschine einzuschalten ...

Wenige Tage später war klar, dass das Experiment auf ganzer Linie gescheitert war. Wie der damalige Notenbankchef Alan Greenspan erklärte, „lag die Rendite dieser Investition von Zeit, Mühe und Personal bei Null". Dieses Ergebnis vermag vielleicht wenig zu überraschen. Jedes Jahr versuchen Menschen, Währungsentwicklungen vorauszuahnen, und investieren dabei Billionen von Dollar an den Devisenmärkten – und das, obwohl diese Märkte durch besondere Volatilität und Unberechenbarkeit gekennzeichnet sind.

Wir alle werden in gewisser Weise zu Währungsspekulanten, wenn wir ins Ausland reisen. Sobald wir US-Dollar oder Pfund in Peso oder Euro umtauschen, investieren wir in eine fremde Währung, deren Wert bis zu unserer Heimreise steigen oder fallen kann.

Währungsmärkte   Auf den Währungsmärkten, auch Devisenmärkte genannt, kaufen und verkaufen Anleger Währungen. Diese Märkte zählen zu den ältesten Finanzeinrichtungen der Welt und reichen bis in die vorrömische Zeit zurück. Devisenmärkte gibt es, seit es Geld und den internationalen Handel gibt. Die alten Römer würden jedoch staunen, wie groß, ausgeklügelt und international unsere Märkte heute sind.

Zeitleiste

1944	1966
Bretton-Woods-Vertrag	Auflösung des Bretton-Woods-Systems beginnt

Der Euro und Währungsunionen

Die berühmteste Währungsunion, bei der sich mehrere Länder eine Währung teilen, ist der Euro – die 15 Mitglieder umfassende Währungsunion in Europa (Stand 2008). Der Euro wurde 2002 vollständig eingeführt und ersetzte die nationalen Währungen der einzelnen Mitgliedstaaten. Ihm ging der europäische Wechselkursmechanismus voraus, der eine stabilitätsorientierte Wirtschaftspolitik der zukünftigen Mitglieder sicherstellte.

Frühere Versuche mit anderen Währungssystemen waren gescheitert, da die nationalen Regierungen ihre Unabhängigkeit in der Wirtschaftspolitik nicht aufgeben wollten. Die Väter des Euro lösten dieses Problem, indem sie die Europäische Zentralbank gründeten, die Leitzinsen für den gesamten Euroraum festlegt, und indem sie Grenzen vereinbarten, innerhalb derer Staaten Kredite aufnehmen und investieren können.

In jüngerer Vergangenheit gab es Gespräche zwischen Ländern in der Golfregion beziehungsweise in Lateinamerika über eine mögliche Währungsunion.

Jahr für Jahr kaufen und verkaufen Anleger Währungen im Wert von Billionen von US-Dollar (oder Euro oder Pfund). Manchmal handelt es sich bei diesen Anlegern um Unternehmen, die sich dagegen absichern wollen, dass ein steigender US-Dollar ihre Importe aus den USA verteuert und dadurch ihren Gewinn schmälert. Sie versuchen also, sich mit Kurssicherungsgeschäften gegen Währungsrisiken abzusichern. Manchmal sind die Anleger Staaten, die in Devisenmärkte eingreifen, um ihre eigene Währung zu stützen. Gelegentlich sind es Investoren und Hedgefonds-Manager, die davon ausgehen, dass eine Währung abstürzen wird. Und manchmal sind es Touristen wie Sie und ich.

Auf und ab Es gibt viele Gründe dafür, warum eine Währung steigt oder fällt. Zwei Faktoren haben jedoch besonders großen Einfluss. So hängt die Entwicklung einer Währung in starkem Maße davon ab, wie die wirtschaftliche Solidität des betreffenden Staates (oder der Körperschaft, die die Währung ausgibt) wahrgenommen wird.

1979	2002	2005
Einführung des europäischen Wechselkursmechanismus	Einführung des Euro	China lockert die Währungsbindung

Zweitens jagen Währungsinvestoren meist der Währung mit der höchsten Rendite nach. Herrschen in einem Land hohe Zinssätze vor, werfen die Staatsanleihen und anderen Papiere dieses Landes eine höhere Rendite ab als in Ländern mit niedrigen Zinsen. Investoren aus allen Teilen der Welt kaufen die entsprechenden Papiere, und infolge der hohen Nachfrage nach den Wertpapieren dieses Staates erhöht sich der Wert seiner Währung. Dagegen sinkt die Währung, wenn Zinssätze niedrig sind und Anleger aus ihren auf diese Währung lautenden Investments aussteigen.

Flexibel oder gebunden? Seit den 1970er-Jahren hat fast jedes Land der westlichen Welt eine Währung mit flexiblen Wechselkursen. Das heißt, dass der Wert dieser Währung gegenüber anderen Währungen von den Märkten bestimmt wird und entsprechend schwankt. Es gibt jedoch einige bedeutende Ausnahmen, da verschiedene Länder ihre Währungen an eine oder mehrere andere Währungen binden. Das bekannteste Beispiel hierfür liefert China, wo der Staat den Wert des Renmimbi gegenüber dem US-Dollar sorgfältig reguliert, indem er nach Bedarf auf US-Dollar lautende Anlagen kauft.

> **Der Dollar ist vielleicht unsere Währung, aber definitiv Ihr Problem.**
>
> John Connally, Finanzminister unter Nixon, vor Vertretern europäischer Notenbanken

Andere Nationen greifen auf gleiche Weise ein, wenn sie der Ansicht sind, dass ihre Währung über- oder unterbewertet ist. Japan und der Euroraum haben seit der Jahrtausendwende entsprechende Maßnahmen ergriffen. Es gibt zahlreiche Belege dafür, dass instabile Schwellenländer sehr von einer solchen Währungsbindung profitieren. Sie erhöht die Stabilität, lockt Anleger an und fördert die Handelsbeziehungen.

Frei schwankende Wechselkurse sind erst seit relativ kurzer Zeit weltweit die Regel. In weiten Teilen des 19. und 20. Jahrhunderts herrschte ein System fester Wechselkurse vor. Zur Zeit des Goldstandards hing der Wert einer Währung unmittelbar mit der Goldmenge in den Tresoren der Staaten zusammen. Dahinter steckte die Idee, dass Gold als universelle Währung angesehen werden kann, die rund um den Globus den gleichen Wert hat.

Dieses System erleichterte den internationalen Handel, da Unternehmen sich keine Gedanken darüber machen mussten, wie das Auf und Ab der Währung auf den Exportmärkten ihren Gewinn beeinflussen würde. Allerdings tat sich das Problem auf, dass nicht genug Gold gefördert werden konnte, um mit dem zunehmenden Handels- und Investitionsvolumen Schritt zu halten. So entwickelte sich der Goldstandard schließlich zum bedeutenden Hemmnis für schnell wachsende Volkswirtschaften und wurde von vielen Staaten zur Zeit der Weltwirtschaftskrise der 1930er-Jahre aufgegeben.

Bretton Woods   Nach dem Zweiten Weltkrieg trafen mehrere Ökonomen und Politiker im eleganten Mount Washington Hotel in Bretton Woods im US-Bundesstaat New Hampshire zusammen, um ein neues System für die Regelung internationaler Wechselkurse zu entwerfen. Sie entwickelten ein System der festen Wechselkurse, wobei der US-Dollar als Leitwährung festgelegt wurde. Zu jener Zeit waren die USA ohne Zweifel die wirtschaftliche Supermacht der Welt, und der goldhinterlegte US-Dollar war stabil. Alle Länder sicherten zu, ihre Währungen an den US-Dollar zu *binden* und somit sicherzustellen, dass ein festes Wechselverhältnis aufrechterhalten würde.

Eine solche Währungsbindung ist jedoch mit einem Problem behaftet: Die beteiligten Nationen geben in gewissem Maße ihre Fähigkeit auf, ihre Wirtschaft zu steuern. Wenn ein Mitgliedstaat einer Währungsunion seinen Leitzins anhebt, müssen die anderen Länder nachziehen. Andernfalls besteht die Gefahr, dass eine bedeutende Inflationsspirale in Gang gesetzt wird. Der Zusammenbruch des Bretton-Woods-Systems begann 1966. Wie wir noch sehen werden, war es jedoch nicht das letzte bedeutende Währungssystem.

Währungsspekulationen   Einige Fachleute vertreten die Ansicht, dass Systeme fester Wechselkurse den wahren Wert einer Währung verschleiern können. Tatsächlich kennen wir aus den letzten Jahren zahlreiche Beispiele dafür, dass Spekulanten Angriffe auf die Währung eines Landes verübten und diese Währung in der Überzeugung abstießen, dass die Bindung nicht zu halten wäre. Das geschah in mehreren asiatischen Ländern während der Finanzkrise der späten 1990er-Jahre und insbesondere im Zusammenhang mit dem Pfund Sterling. Am „Schwarzen Mittwoch" im September 1992 sah sich Großbritannien gezwungen, seine kurze Mitgliedschaft im europäischen Wechselkursmechanismus zu beenden. Angeführt von Hedgefonds-Milliardär George Soros hatten Spekulanten die Währung attackiert. Obwohl die britische Notenbank die Leitzinsen auf zweistelliges Niveau anhob, konnte sie nicht verhindern, dass die Anleger scharenweise aus dem Pfund ausstiegen. Schließlich gab das Finanzministerium auf und ließ die Abwertung des Pfunds gegenüber anderen Währungen zu. Der „Schwarze Mittwoch" war ein traumatischer Tag für die britische Wirtschaft. Hier zeigt sich deutlich, dass sich die Wahrnehmung der Wirtschaftspolitik eines Landes unmittelbar im Wert der Währung widerspiegelt.

Worum es geht
Barometer für das Ansehen eines Landes

24 Zahlungsbilanzen

Bis vor kurzem wurden wenige Wirtschaftsnachrichten so sehnlich erwartet wie die Zahlungsbilanzstatistik. Die Einzelheiten der finanziellen und wirtschaftlichen Beziehungen eines Landes mit dem Rest der Welt zählten neben dem Bruttoinlandsprodukt zu den wichtigsten Grundlagen für die Einschätzung der Gesundheit und Stabilität eines Landes. Auch wenn wir heute nicht mehr ganz so versessen auf Zahlungsbilanzstatistiken sind wie früher, geben diese Statistiken doch umfassend Auskunft über die internationalen Wirtschaftsbeziehungen eines Landes.

Da die Zahlungsbilanz den gesamten Handel eines Landes widerspiegelt, darunter Vermögensübertragungen aus anderen Nationen oder Vermögensübertragungen an Familien und Geschäftspartner im Ausland, kann ihre Bedeutung kaum überschätzt werden. Zahlungsbilanzen geben Aufschluss darüber, ob ein Land über einen längeren Zeitraum Kredite aufnimmt und sich dabei vielleicht übernimmt – was auf zukünftige Probleme schließen lassen könnte – oder ob es zum Beispiel auf Kreditbasis Waren ins Ausland liefert. Letztendlich lässt sich an der Zahlungsbilanz ablesen, ob ein Staat einer rosigen Zukunft entgegengeht oder möglicherweise den Internationalen Währungsfonds um Hilfe bitten muss, um liquide zu bleiben.

Leistungsbilanz und Kapitalbilanz Die Zahlungsbilanz besteht aus zwei wesentlichen Posten, der Leistungsbilanz und der Kapitalbilanz.
- *Leistungsbilanz.* Die Leistungsbilanz erfasst den Waren- und Dienstleistungsverkehr zwischen einer Volkswirtschaft und dem Ausland. Dieser Verkehr wird oft als sichtbarer Handel (Güter) und unsichtbarer Handel (Dienstleistungen wie Rechtsberatung, Werbung, Architekturleistungen etc.) bezeichnet. Wenn ein Land wesentlich mehr Waren und Dienstleistungen einführt als ausführt, weist es ein großes Leistungsbilanzdefizit auf. Das ist in den USA und Großbritannien seit den 1980er-Jahren nahezu jedes Jahr der Fall, weil beide Länder beständig mehr Güter und Dienstleistungen importieren, als sie in den Rest der Welt exportieren. Die großen Exportnationen wie Deutschland, Japan und neuerdings auch China

Zeitleiste

1901–1932	1944
Der Goldstandard wird noch angewendet	Abschluss des Bretton-Woods-Vertrags über feste Wechselkurse

erwirtschaften dagegen in der Regel einen großen Leistungsbilanzüberschuss. China hat sich in den letzten Jahren den Ruf des weltweiten Produktionszentrums erworben, weil es ungeheure Warenmengen in alle Teile der Welt ausliefert. Ebenfalls in der Leistungsbilanz enthalten sind einseitige Geldüberweisungen ins Ausland, zum Beispiel Entwicklungshilfe und Schenkungen, sowie Bargeld, das ausländische Arbeiter an ihre Familien im Ausland schicken.

- *Kapitalbilanz* Wenn ein Land in seiner Leistungsbilanz ein Defizit ausweist, muss es dieses Defizit an anderer Stelle ausgleichen (daher das Wort Zahlungsbilanz). Wenn Japan Autos im Wert von einer Million US-Dollar in die USA verkauft, muss es diesen Dollarbetrag entweder in amerikanische Anlagen investieren oder auf ein Bankkonto in den USA einzahlen. China erwirtschaftete beispielsweise in den 1990er-Jahren und 2000er-Jahren einen beträchtlichen Leistungsbilanzüberschuss mit den USA und anderen westlichen Ländern und nutzte dieses Geld, um US-Investments im Wert von Billionen von Dollar zu erwerben – von Staatsanleihen bis zu Aktien von Großunternehmen.

> ### Eine andere Art von Defizit
>
> Zahlungsbilanzen zeichnen die wirtschaftlichen und finanziellen Transaktionen zwischen einer Volkswirtschaft und dem Ausland über einen bestimmten Zeitraum auf, meist über ein Quartal oder ein Jahr. Sie umfassen sowohl den öffentlichen als auch den privaten Sektor und dürfen nicht mit der Haushaltsbilanz verwechselt werden, die über die Ausgaben und Schuldenaufnahme eines Staates Aufschluss gibt.

Harmlose Defizite Ein Leistungsbilanzdefizit, das meist mit einem Handelsdefizit einhergeht, zeigt an, dass eine Nation sich bei anderen Ländern Geld leiht, um sich zu finanzieren. Die Konsumlust des Landes ist größer als seine Fähigkeit, Güter zur Befriedigung der verschiedenen Bedarfe zu produzieren. Das mag besorgniserregend erscheinen, kann jedoch harmlos sein – zumindest in kleinem Rahmen. Ein gewisses Leistungsbilanzdefizit kann ein völlig gesundes Phänomen sein.

In den 1980er-Jahren und dann wieder Anfang der 2000er-Jahre sorgte das Leistungsbilanzdefizit der USA für Schlagzeilen. Dieses Defizit erreichte das Rekordniveau von sechs Prozent des Bruttoinlandsprodukts und belief sich auf mehr als 750 Milliarden US-Dollar. Das Leistungsbilanzdefizit von Großbritannien lag bei einem ähnlichen Prozentsatz.

1970er-Jahre	1998	2008
Richard Nixon gibt das Bretton-Woods-System auf	Russland steckt in der Zahlungsbilanzkrise und stellt den Schuldendienst ein	Island, die Ukraine und Lettland müssen neben anderen Ländern Hilfe beim Internationalen Währungsfond beantragen

Einige Experten wiesen damals darauf hin, dass beide Nationen in eine ausgewachsene Zahlungsbilanzkrise abrutschen könnten. Das geschieht, wenn ein Teil der Zahlungsbilanz – meist die Leistungsbilanz – vom anderen Teil nicht finanziert werden kann. Der Fall ist schon häufig eingetreten, zum Beispiel während der Finanzkrise in Asien Ende der 1990er-Jahre und zur gleichen Zeit in Russland. Diese Länder wiesen beträchtliche Leistungsbilanzdefizite auf. Als Investoren rund um den Erdball erkannten, dass die Staaten auf eine Krise zusteuerten, ließen sie ihre Finger von allen Anlagen, die auf Rubel, Baht usw. lauteten. Folglich konnte die Kapitalbilanz das Leistungsbilanzdefizit nicht mehr ausgleichen, was unweigerlich in eine gravierende Wirtschaftskrise mündete.

Die meisten Defizite können jedoch über viele Jahre bestehen, ohne dass dies mit größeren Gefahren verbunden wäre. Wenn in einem Land ein großes Leistungsbilanzdefizit zu beobachten ist, führt dies in der Regel nicht zu einem Wirtschaftsabschwung, sondern zu einer Abwertung seiner Währung gegenüber anderen Währungen. Wenn der Wechselkurs sinkt, werden die Exporte dieser Nation preiswerter und für Ausländer somit attraktiver. Das wiederum fördert den Umsatz des Landes im Ausland, was wiederum das Leistungsbilanzdefizit abschwächt. In einem internationalen System freier Wechselkurse sind Leistungsbilanzdefizite daher unvermeidbar, korrigieren sich jedoch in der Regel selbst.

Bilanzausgleich

Weist ein Land ein Leistungsbilanzdefizit aus, muss es dieses Defizit durch einen entsprechenden Überschuss in seiner Kapitalbilanz ausgleichen. Die Kapitalbilanz erfasst die Direktinvestitionen eines Landes und die Erträge aus diesen Investitionen. Briten und britische Unternehmen erzielen meist große Erträge aus ihren Investitionen im Ausland, womit das umfangreiche Leistungsbilanzdefizit des Landes etwas ausgeglichen werden kann.

Eine Nation kann es sich nur dann leisten, mehr Güter zu importieren als zu exportieren, wenn andere Länder bereit sind, Anlagen in der Währung des Landes zu kaufen, seien es US-Dollar, Pfund oder Peso.

Defizite im Auge behalten Aber diese Korrektur findet nicht immer statt. Wie wir in vorherigen Kapiteln bereits erwähnt haben, gab es zu verschiedenen Zeiten der Geschichte Systeme mit festen Wechselkursen. Das bekannteste System dieser Art war der Goldstandard im 19. und frühen 20. Jahrhundert, gefolgt vom Bretton-Woods-System von 1945 bis in die 1970er-Jahre. In diesen Perioden mussten Länder mit großem Leistungsdefizit ihre Wirtschaft bremsen, um die Bilanz wieder auszugleichen. Politiker und Ökonomen prüften die Zahlungsbilanzstatistik, um festzustellen, ob sie Gutes oder Schlechtes für die Wirtschaft verhieß.

Auch wenn die Welt nicht zu einem System der festen Wechselkurse zurückkehren wird, sollten wir doch aufmerksam verfolgen, ob Länder in ihrer Leistungsbilanz ein Defizit oder einen Überschuss ausweisen und uns die Struktur ihrer Zahlungsbilanzen ansehen. Die entsprechende Statistik sagt viel über den zukünftigen Wohlstand einer Nation aus.

> **Unser Land benimmt sich wie eine ungeheuer reiche Familie, die eine riesige Farm besitzt. Um vier Prozent mehr zu verbrauchen als wir produzieren, verkaufen wir jeden Tag Teile der Farm und erhöhen gleichzeitig die Hypothek auf unserem Restbesitz.**
> **Warren Buffett**

Worum es geht
Hauptbuch der internationalen Wirtschaftsbeziehungen eines Landes

25 Vertrauen und Gesetz

Wie schwer ist ein Kilogramm? Diese Frage mag seltsam klingen, denn die meisten von uns wissen, wie es sich anfühlt, ein Gewicht von einem Kilogramm hochzuheben. Es gibt jedoch auf der ganzen Welt nur einen Gegenstand, der genau ein Kilogramm wiegt, und das ist der Internationale Kilogramm-Prototyp. Das 1889 hergestellte Urkilogramm, ein kleiner Zylinder aus Platin und Iridium, wird in einem Tresor in der Nähe von Paris aufbewahrt und ist der weltweit einzige Referenzwert für die Maßeinheit Kilogramm.

Der Metallklumpen wird schwer bewacht. Zu groß ist die Sorge, dass die Wirtschaft rund um den Globus zum Erliegen käme, wenn das Urkilogramm beschädigt würde oder abhanden käme. Ein Unternehmen, das in fernen Ländern eine Tonne Stahl kauft, könnte nicht mehr sicher sein, dass es die korrekte Menge erhält und nicht durch Anwendung einer falsch geeichten Waage übers Ohr gehauen wird.

Normen festlegen   Die Wirtschaft kann ohne offizielle Normen und Standards, die in nationalen und internationalen Gesetzen festgelegt werden, nicht optimal funktionieren. Selbst die glühendsten Verfechter der freien Marktwirtschaft, die sich für die Privatisierung aller Unternehmen, ob Zentralbanken oder Energieversorger, aussprechen, erkennen an, dass der Staat Eigentumsrechte und andere Rechte durchsetzen muss. Ohne diese Gesetze könnte der freie Markt nicht funktionieren und wir wären mit anarchischen Zuständen konfrontiert. Auf diese Gefahr wies Adam Smith, einer der Begründer der klassischen Volkswirtschaftslehre, schon im 18. Jahrhundert hin.

Wir brauchen den Staat, um Verträge zwischen natürlichen Personen und Unternehmen durchzusetzen und um Richtlinien festzulegen, die von den Bürgern einzuhalten sind. Menschen müssen sich darauf verlassen können, dass ihr Eigentum

Zeitleiste

529 n. Chr.
Der byzantinische Kaiser Justinian legt in seinem Gesetzeswerk *Corpus Juris Civilis* das Fundament des modernen Zivilrechts

1100–1200
Im England des Mittelalters entsteht das System des Common Law

nicht willkürlich beschlagnahmt wird und dass Betrug und Diebstahl nicht ungeahndet bleiben.

Kapitalismus braucht Vertrauen. Wenn eine Bank um einen Kredit gebeten wird, beruht ihre Entscheidung über die Kreditvergabe zum Teil auch auf dem Vertrauen in die Zahlungsfähigkeit des Antragstellers. Gleichermaßen kann eine Nation viele Schulden machen, wenn internationale Anleger davon überzeugt sind, dass das Land seinen Zahlungsverpflichtungen in der Zukunft nachkommen wird.

Die Parteien eines Rechtsgeschäfts müssen sich nicht nur gegenseitig vertrauen, sondern sie müssen sich auch auf den rechtlichen Rahmen dieser Transaktion verlassen können. Die oberste Aufgabe eines Staates liegt also nicht darin, Fürsorgeleistungen bereitzustellen, Leitzinsen festzulegen oder Vermögen umzuverteilen. Seine oberste Aufgabe ist es, ein stabiles und gerechtes System von Eigentumsrechten und anderen Rechten zu schaffen, über das Gesetzesbrecher zur Rechenschaft gezogen werden.

Dass Großbritannien in den Jahren der Industriellen Revolution derart aufblühte, ist zum Großteil auf seine Rechtsordnung zurückzuführen, die als äußerst verlässlich galt. Damit hob sich Großbritannien stark von vielen anderen europäischen Ländern ab, in denen Eigentumsrechte durch Kriege und Auseinandersetzungen oft in Frage gestellt wurden. Das ging soweit, dass Grundbesitzer sich nie sicher sein konnten, ob sie wirklich alleiniger Eigentümer ihrer Grundstücke waren. Ebenso wenig konnten sie sich darauf verlassen, dass der Staat ihnen helfen würde, wenn ihnen ein Unrecht geschah.

Geistige Eigentumsrechte

Geistige Eigentumsrechte Nicht nur die Rechte an greifbarem, sichtbarem Eigentum müssen geschützt werden. Auch das Eigentum an unsichtbaren Dingen wie Ideen und künstlerischem Schaffen braucht Schutz. Ein Erfinder wird kaum motiviert sein, Innovationen hervorzubringen, wenn er weiß, dass ihm seine Erfindung und damit auch der Lohn für seine Mühe genommen werden, sobald er sie bekannt macht.

Volkswirtschaften können nur funktionieren, wenn Staaten für ein stabiles System von Patenten und anderen Rechten des geistigen Eigentums sorgen. So schützt das Urheberrecht beispielsweise Schriftsteller für einen bestimmten Zeitraum vor dem unzulässigen Gebrauch ihrer Werke.

1700–1800

Das Handelsrecht findet Eingang in nationale Rechtssysteme

1992

Mit der Gründung der Europäischen Union durch den Vertrag von Maastricht entsteht eine neue Rechtsebene in Europa

Eigentumsrechte im Armenviertel

Sind die Armen wirklich so arm, wie wir denken? Der peruanische Ökonom Hernando de Soto argumentiert, dass viele der ärmsten Familien der Welt nur deshalb so arm seien, weil sie keine gesicherten Rechte an ihrem Besitz hätten. Eine Familie lebt vielleicht schon seit vielen Jahren in einer einfachen Behausung in einer Favela bei Rio de Janeiro. Da sich bei den Armen jedoch nur informelle Eigentumsrechte entwickelt haben, sind sie oft entweder örtlichen Kriminellen ausgeliefert (die ihre Behausung vielleicht stehlen oder zerstören) oder dem Staat (der die Favela-Bewohner vielleicht vertreibt).

De Soto schlägt als Lösung vor, für klare Eigentumsverhältnisse zu sorgen und diesen Menschen gesetzliche Rechte an ihrer Habe einzuräumen. So werden sie nicht nur angeregt, ihren Besitz zu pflegen, sondern können auch Kredite aufnehmen und ihr Heim als Sicherheit anbieten. De Soto weist darauf hin, dass der Gesamtwert der Wohnstätten armer Menschen in den Entwicklungsländern beim 90fachen der Entwicklungshilfe liegt, die diesen Ländern in den letzten 30 Jahren insgesamt zugeflossen ist.

Geistige Eigentumsrechte sind in den letzten Jahren aufgrund der wachsenden Bedeutung von Schwellenländern wie China und Indien verstärkt in den Fokus geraten. In diesen Ländern hat es sich als schwierig erwiesen, Gesetze zum geistigen Eigentum und einheitliche Normen durchzusetzen. Beispielsweise haben Unternehmen auf der Grundlage der Forschungs- und Entwicklungsarbeit westlicher Pharmakonzerne ohne entsprechende Lizenzen billige Nachahmer-Medikamente hergestellt. Auch wenn die Verbraucher solche Produkte zunächst oft begrüßen, werden anschließend regelmäßig Bedenken darüber laut, ob man den in diesen Ländern hergestellten Waren trauen kann. Bei einigen gefälschten Medikamenten hat sich tatsächlich herausgestellt, dass sie wirkungslos oder sogar schädlich waren.

Downloads Die Debatte um geistige Eigentumsrechte hat in den letzten Jahren einen neuen Höhepunkt erreicht, da moderne Technologien die rasche Verbreitung von Ideen ermöglichen. Aktuelle Hits oder Kinofilme lassen sich im Handumdrehen als MP3 aus dem Internet herunterladen. Die Musiker oder Filmindustrie gehen leer aus, während wir uns kostenlos unterhalten lassen. Wenn wir uns bewusst machen, dass auf der Welt nichts umsonst ist – wer zahlt dann die Zeche für dieses Vergnügen?

Die Antwort lautet: wir alle, wenn auch indirekt. Wenn Künstler weniger verdienen, sind sie auch weniger motiviert, weitere Werke zu produzieren. Folglich interessieren sich weniger Menschen für diese Branchen, und schließlich lässt die Qualität des Musik- und Filmangebots nach. Die Anhänger konventioneller Wirtschaftstheorien vertreten die Ansicht, dass der Staat diese Art der Piraterie so weit wie möglich unterbinden muss. Andere halten dagegen, dass viele Künstler ausreichend hohe Gagen erhalten, um kleinere Einbußen verkraften zu können.

Die Tragödie des Allgemeinguts

Schwache oder unzureichende Eigentumsrechte können einer Volkswirtschaft schweren Schaden zufügen. Wenn Menschen über gesicherte Eigentumsrechte verfügen, können sie in dieses Eigentum investieren und dabei auf eine Wertsteigerung hoffen. Ein Wohnungseigentümer wird eher Zeit und Geld in Renovierungsarbeiten stecken als ein Mieter. Das alternative Szenario ist die „Tragödie des Allgemeinguts": Hier wird eine Ressource übernutzt, weil sie frei verfügbar ist und niemandem wirklich gehört (▶ Kapitel 1).

Als westliche Ökonomen die Sowjetunion zur Zeit des Kommunismus besuchten, stellten sie fest, dass die Bauern ihr fruchtbares Land trotz großer Nahrungsmittelkrisen brachliegen und die Ernte auf den Feldern oder in den Scheunen verderben ließen. Unter dem kommunistischen System gehörte den Bauern die Ernte nicht, so dass sie kaum Anreize hatten, ihre Felder zu beackern und mehr Nahrungsmittel zu produzieren. Dass weite Teile Nordafrikas aus Wüsten bestehen, liegt nicht nur am Klima oder den Bodenverhältnissen. Mit harter Arbeit und Investitionen könnten diese Gebiete in Grünland umgewandelt werden. Doch sie werden von Nomaden und ihren Herden genutzt, die nach einer Weile weiterziehen und daher kein Interesse haben, das Land zu pflegen. Das hat oft Überweidung zur Folge.

Staaten müssen also nicht nur dafür sorgen, dass ihre Gesetze und Verträge eingehalten werden. Sie müssen auch die richtigen Gesetze erlassen und Voraussetzungen dafür schaffen, dass die Bürger zu einer blühenden Wirtschaft beitragen. Gleichzeitig muss der Staat gewährleisten, dass einige unveräußerliche Normen – Gewichtsmaße, Längenmaße und andere Maße – bewahrt werden.

Worum es geht

Das unersetzliche Fundament einer Gesellschaft

26 Energie und Erdöl

Alle Arten von Rohstoffen sind für die Weltwirtschaft wichtig. Ohne Stahl oder Beton könnte die Bauindustrie nicht arbeiten, und unsere Stromnetze sind auf Kupferdraht angewiesen. Kein Rohstoff hatte im letzten Jahrhundert jedoch eine solche Bedeutung – und hat uns gelegentlich derartige Probleme beschert – wie das Erdöl.

In den letzten fünfzig Jahren sind die Ölpreise drei Mal dramatisch in die Höhe geschnellt und haben die Lebenshaltungskosten in der entwickelten Welt stark verteuert. Die ersten beiden Preiserhöhungen hatten weitgehend politische Ursachen, während die dritte hauptsächlich auf wirtschaftliche Gründe zurückzuführen war. Jedes Mal veranlasste der Preisschock Politiker jedoch dazu, die komplexe Beziehung zwischen den Menschen und ihren Energiequellen zu hinterfragen.

Diese Beziehung ist nicht neu. Schon in der Vorgeschichte haben Menschen natürliche Ressourcen genutzt, um ihre Existenz zu sichern – dazu verbrannten sie zuerst Holz und Torf. Im Zeitalter der Industriellen Revolution wurde Kohle verbrannt, um Dampf zu erzeugen. Im 20. Jahrhundert entwickelten sich andere fossile Brennstoffe wie Erdöl und Erdgas zur Hauptenergiequelle (wir sprechen von fossilen Brennstoffen, weil sie aus den fossilierten Überresten toter Pflanzen und Tiere in der Erdkruste entstanden sind). Die Nutzung von Produkten auf Erdölbasis ist in der modernen Gesellschaft so selbstverständlich geworden, dass man leicht vergisst, dass ohne sie Autos nicht fahren, Flugzeuge nicht fliegen und die große Mehrzahl der Kraftwerke nicht arbeiten könnten. Erdöl kommt jedoch nicht nur in der Energieerzeugung zum Einsatz: 16 Prozent des verwerteten Öls wird zu Kunststoff, Pharmazeutika, Lösungsmitteln, Düngemitteln und Pestiziden verarbeitet.

Die OPEC und die ersten beiden Ölkrisen

Auch wenn entwickelte Länder wie die USA, Großbritannien und Norwegen über umfangreiche Erdölreserven verfügen, befindet sich der weitaus größere Teil der weltweiten Ölvorkommen im Nahen Osten und anderen politisch instabilen Regionen. An erster Stelle ist hier Saudi-Arabien zu nennen, das ein Fünftel der bekannten Erdölreserven der Welt be-

Automobile werden immer stärker privat genutzt, wodurch die Nachfrage nach Erdöl dramatisch steigt

Kein gewöhnlicher Rohstoff

Ebenso wie Getreide, Gold oder andere Rohstoffe ist Erdöl (und Erdgas, das mit dem Öl eng verwandt ist und sich ähnlich verhält) ein Anlageobjekt, das an Terminbörsen gehandelt werden kann (▶ Kapitel 30). Sein Preis sinkt oder steigt im Einklang mit Angebot und Nachfrage. Energierohstoffe weisen jedoch zwei Besonderheiten auf.

Erstens ist Energie für das Funktionieren eines Staates derart wichtig, dass Politiker die Energiesicherheit als Aspekt der nationalen Sicherheit betrachten. Und wenn Politiker sich einmischen, gelten die gängigen Annahmen hinsichtlich Angebot, Nachfrage und Preis nicht mehr.

Zweitens spiegeln Energiepreise erst seit wenigen Jahren nach und nach die Langzeitkosten wider, die der Gesellschaft durch die mit der Energieversorgung verbundenen Umweltverschmutzung entstehen. Die Verbrennung fossiler Energieträger setzt Gase frei, die die meisten Wissenschaftler unmittelbar mit der Erderwärmung in Verbindung bringen. Diese indirekten Folgen einer Tätigkeit, die Unbeteiligten einen hohen Schaden zufügen können, ohne dass der Verursacher dafür aufzukommen hat, werden von Ökonomen als „externe Effekte" oder „Externalitäten" bezeichnet (▶ Kapitel 45).

sitzt. In den 1970er-Jahren schlossen sich mehrere Förderländer in Reaktion auf verschiedene politische Probleme im Nahen Osten zur Organisation Erdöl exportierender Länder (OPEC) zusammen. Diese Organisation hat die Form eines Kartells, bei dem eine Gruppe von Käufern zusammenarbeitet, um den Preis zu steuern. Zwischen 1973 und 1975 drosselten sie die Erdölförderung erheblich, das Öl wurde knapp und der Erdölpreis verdoppelte sich.

Infolge dieser Entwicklung erreichte die Inflation in den USA zweistellige Zahlen und das Wirtschaftswachstum brach ein. Ebenso wie mehrere andere westliche Länder erlebten die Vereinigten Staaten eine Stagflation (▶ Kapitel 19). Von 1973 bis 1975 stieg die Arbeitslosigkeit in den USA von 4,9 Prozent auf 8,5 Prozent.

Das Gleiche passierte Anfang der 1980er-Jahre erneut, allerdings mit noch gravierenderen Konsequenzen. Diesmal versuchte Paul Volcker, damaliger Chef der US-Notenbank, der Inflationssteigerung mit einer Anhebung der Leitzinsen entgegenzuwirken, was die Arbeitslosenquote auf über zehn Prozent trieb. Die Krise konnte nach politischen Verhandlungen mit Saudi-Arabien schließlich beigelegt

1973–1975
Die erste Ölkrise

Anfang der 1980er-Jahre
Die zweite Ölkrise

2007–2008
Der Ölpreis erreicht Rekordniveau, fällt jedoch stark mit Beginn der weltweiten Wirtschaftskrise

werden, während die OPEC zur selben Zeit von der wirtschaftlichen Realität eingeholt wurde: Der rückläufige Ölabsatz hatte Umsatzeinbußen zur Folge, und die Mitglieder des Kartells förderten mehr Erdöl, als ihre Förderquote zuließ, um ihre Einnahmen zu steigern.

Eine dritte Ölkrise?

Zwischen 2000 und 2008 stieg der Ölpreis sieben Mal. In realen Zahlen (das heißt inflationsbereinigt) überschritt der Preis sogar den Rekordwert aus den 1970er-Jahren. Während die vorherigen Ölkrisen jedoch politische Gründe hatten und auf Maßnahmen der OPEC beruhten, hing diese Krise eher mit Spekulationsgeschäften zusammen.

> ❯ **Wir haben ein ernstes Problem: Amerika ist abhängig von Öl, das oftmals aus instabilen Teilen der Welt importiert wird.** ❮
>
> **US-Präsident** George Bush

In der Annahme, dass der Ölpreis weiter steigen würde, kauften Anleger wie zum Beispiel Hedgefonds-Manager Millionen Barrel Erdöl. Dieser Annahme lag die Überlegung zugrunde, dass China und andere schnell wachsende Länder in den nächsten Jahren einen hohen Erdölbedarf haben würden. Einen weiteren Preistreiber sahen die Investoren in der Endlichkeit der Ressource Erdöl, die sich vermutlich irgendwann erschöpfen wird.

Tatsächlich glauben viele Menschen, dass die Ölproduktion ihren Höhepunkt bereits überschritten hat und dass in Zukunft nicht mehr soviel Erdöl gefördert werden kann wie heute. Wenn sich diese Theorie bewahrheitet, müssen die Länder entweder neue Energiequellen aufspüren oder sich mit einem unvermeidlichen Rückgang des Lebensstandards abfinden.

Auch in der Tatsache, dass nach dem Einmarsch in den Irak und dem Sturz von Saddam Hussein im Jahr 2003 verstärkt Terroranschläge auf Ölplattformen und Raffinerien im Nahen Osten verübt wurden, sahen die Käufer einen Grund, die Sicherheit des zukünftigen Erdölangebots in Frage zu stellen. Auf der Nachfrageseite trieb das rasante Wachstum Chinas und anderer Schwellenländer den Energiebedarf in die Höhe. Diese Faktoren ließen den Ölpreis im ersten Halbjahr 2008 auf knapp unter 150 US-Dollar je Barrel klettern.

Auch diesmal sorgte der hohe Ölpreis rund um den Globus für steigende Inflationsraten. Die weltweite Finanzkrise weitete sich jedoch zu einer dramatischen Wirtschaftskrise aus, die den Ölpreis bis zum Ende des Jahres schnell wieder auf einen Preis von unter 40 US-Dollar je Barrel drückte.

Auch wenn die entwickelte Welt im Hinblick auf die Anzahl Barrels weiter Rekordmengen an Öl verbraucht, ist die Ölmenge, die zur Erzeugung eines Dollars zusätzlichen Wirtschaftswachstums benötigt wird, seit den 1970er-Jahren gesunken. Gemäß dem US-Energieministerium ist der Energieverbrauch pro US-Dollar des Bruttoinlandsprodukts in den letzten 25 Jahren durchschnittlich um 1,7 Prozent im Jahr zurückgegangen.

Alternative Energien Die Ölschocks der 1970er-Jahre veranlassten Unternehmen und Regierungen, die Energieeffizienz mit neuen Verfahren zu steigern und die Ölabhängigkeit zu reduzieren. Automobilhersteller entwickelten Motoren mit geringerem Kraftstoffverbrauch, vor allem in Japan und Europa, wo ein niedriger Verbrauch aufgrund hoher Mineralölsteuern ohnehin hoch im Kurs stand. Verschiedene Staaten kehrten nach einer vorübergehenden Abkehr von der Kernenergie nach der Tschernobyl-Katastrophe von 1986 zur Atomkraft zurück. Außerdem wuchs das Interesse an anderen Energiequellen, die nicht unmittelbar auf fossilen Energieträgern beruhen. Viele westliche Länder betreiben heute kleine, aber wachsende Programme zur Förderung der Erzeugung von Sonnenenergie, Windkraft, Wellenenergie oder geothermischer Energie. Vor dem Hintergrund der letzten Energiekrise ist die Nachfrage nach alternativen Technologien gestiegen. Große Automobilhersteller bauen heute Hybrid- oder Elektroautos, die an der Steckdose aufgeladen werden können.

Auch wenn sich viele dieser Technologien noch in den Kinderschuhen befinden, zeigt die zunehmende Akzeptanz doch, dass sich Menschen auch auf unelastischen Märkten (in denen die Nachfrage nur langsam auf Preisänderungen reagiert) anpassen und ihr Verhalten ändern, wenn sich das Gleichgewicht zwischen Angebot und Nachfrage verschiebt.

Worum es geht
Ölknappheit durch Innovationen bewältigen

27 Rentenmärkte

„Ich dachte immer, dass ich, wenn es eine Reinkarnation gäbe, als Präsident oder Papst wiedergeboren werden wollte", so James Carville, Wahlkampfleiter des früheren US-Präsidenten Bill Clinton. „Aber jetzt möchte ich als Rentenmarkt wiedergeboren werden. Da kann man jedem Angst und Schrecken einjagen."

Die internationalen Rentenmärkte oder Anleihenmärkte, auf denen sich Unternehmen und Staaten Geld beschaffen, sind weniger bekannt als die Aktienmärkte. Dennoch sind sie in vielerlei Hinsicht wesentlich wichtiger und einflussreicher. Rentenmärkte entscheiden darüber, ob Staaten sich kostengünstig Kapital beschaffen können. Damit haben sie den Verlauf von Kriegen, Revolutionen und politischen Machtkämpfen mitbestimmt. Seit Jahrhunderten nehmen sie auf fast alle Lebensbereiche weit reichenden Einfluss. Selbst in Friedenszeiten ist die Fähigkeit eines Staates, Geld aufzubringen, für seine Bürger von immenser Bedeutung: je höher die vom Staat zu zahlenden Zinsen, desto größer die Kosten der Geldaufnahme in der gesamten Wirtschaft. Ignorieren Sie den Rentenmarkt also bitte auf eigene Gefahr!

Der Preis von Staatsanleihen zeigt, wie kreditwürdig ein Staat ist, wie leicht er Geld aufnehmen kann und wie seine Politik wahrgenommen wird. Wenn sich ein Staat am Rentenmarkt nicht mehr mit Kapital versorgen kann, kämpft er ums Überleben.

Eine Anleihe ist eine Art Schuldschein, der dem Inhaber verspricht, dass er an einem bestimmten Termin eine feste Rückzahlung und während der Laufzeit der Anleihe zusätzlich Zinsen erhält, meistens jährlich. Eine typische Staatsanleihe über beispielsweise 100 000 US-Dollar hat eine Laufzeit von einigen Jahren bis hin zu 50 Jahren und wird nominal mit etwa vier bis fünf Prozent verzinst. Nach der Begebung der Anleihen können sie an den großen internationalen Anleihenmärkten in Finanzzentren wie New York, London oder Tokio gehandelt werden.

Zeitleiste

1693	1751
Die britische Regierung gibt die erste Staatsanleihe moderner Prägung aus, die Tontine	Großbritannien nimmt Geld mit Hilfe der sehr populären Anleihe Consol auf

Auf die Zinsen kommt es an Die wahre Macht der Rentenmärkte basiert darauf, dass der Zinssatz, den die Kapitalmärkte für die Anleihe bestimmen, sehr von dem auf der Anleihe genannten Zins abweichen kann. Wenn Anleger der Meinung sind, dass ein Staat (a) möglicherweise seinen Zahlungsverpflichtungen nicht nachkommen kann oder (b) wahrscheinlich die Inflation in die Höhe treibt (was in vielerlei Hinsicht einem Zahlungsverzug gleichzusetzen ist, weil Inflation den Wert aushöhlt), werden sie die Anleihen dieses Staates abstoßen. Das hat den doppelten Effekt, dass der Preis der Anleihe sinkt und die Verzinsung steigt.

Wirtschaftlich betrachtet ist das durchaus sinnvoll: Je riskanter eine Anlage ist, desto weniger sollten Investoren dafür bezahlen und desto größer sollte die Rendite für das Papier sein (der Zinssatz).

Gehen wir einmal von einem US Treasury Bond über 10 000 US-Dollar mit einer Verzinsung (Rendite) von 4,5 Prozent aus. Über die Laufzeit der Anleihe (möglicherweise 10, 20 oder mehr Jahre) erhält der Inhaber jährlich 450 US-Dollar Zinsen. Wer die Anleihe zum Ausgabekurs kauft, erhält somit eine effektive Verzinsung von 4,5 Prozent im Jahr. Was geschieht aber nun, wenn Anleger plötzlich Bedenken hinsichtlich der Bonität der US-Regierung haben und ihre Anleihen abstoßen? Der Preis sinkt auf 9 000 US-Dollar. Bei diesem Kurs entspricht die Zinszahlung von 450 US-Dollar effektiv einem Zinssatz von fünf Prozent.

> **Aktien und Anleihen interessieren mich herzlich wenig. Allerdings sollten sie an meinem ersten Tag als Präsident auch nicht gleich abstürzen.**
> **Theodore Roosevelt**

Der Kapitalmarktzins für Anleihen ist von großer Bedeutung, weil er den Zinssatz beeinflusst, zu dem eine Regierung in Zukunft Anleihen emittieren und auf Käufer hoffen kann. Wenn sie Abnehmer für ihre wöchentlich tausendfach begebenen Anleihen finden will, muss sie den ursprünglichen Zins (Kupon) an den Marktzins ihrer bestehenden Anleihen anpassen. Je höher der vom Staat zu zahlende Zins, desto teurer ist die Geldaufnahme und desto größer der Sparzwang. Es verwundert daher wenig, dass James Carville den Rentenmarkt für angsteinflößend hielt.

Seit Regierungen in allen Teilen der Welt Geld aufnehmen müssen, um ihren Haushalt auszugleichen (► Kapitel 38), begeben sie regelmäßig neue Anleihen. Die bekanntesten Staatsanleihen in den USA sind die Treasury Bills, Treasury Notes und Treasury Bonds. In Großbritannien werden sie auch als „gilt-edged

1815	**1914**	**1998**
Nathan Rothschild macht nach der Schlacht von Waterloo ein Vermögen am Anleihenmarkt	Es kommt zu Unruhen, nachdem der Ausbruch des Ersten Weltkriegs an den Rentenmärkten nicht vorhergesehen wurde	Anleihenkurse schnellen nach dem Zusammenbruch des Hedgefonds Long-Term Capital Management in die Höhe

Ratings: von AAA bis C

Anleihen, ob Unternehmens- oder Staatsanleihen, gelten als eins der sichersten Anlageobjekte. Wenn ein Unternehmen pleite geht, werden Inhaber von Anleihen eher aus dem restlichen Vermögen bedient als Aktionäre. Die Möglichkeit eines Ausfalls sollte aber grundsätzlich in Betracht gezogen werden. Daher wurde ein komplexes System entwickelt, um Hinweise auf die Sicherheit eines bestimmten Papiers zu erhalten. Rating-Agenturen wie Standard & Poors,

Moody's oder Fitch bewerten Staats- und Unternehmensanleihen im Hinblick auf das Ausfallrisiko. Diese Bewertungen reichen von AAA, der Bestbewertung, bis C. Anleihen mit dem Rating BAA oder höher gelten meist als „Investment Grade", Anleihen darunter als „Junk Bonds". Als Entschädigung für das höhere Ausfallrisiko liegen die Zinskupons für Junk Bonds in der Regel wesentlich höher.

securities" (mündelsichere Wertpapiere) bezeichnet, weil der Staat als äußerst zuverlässiger Schuldner gilt.

Entstehung von Anleihen

Die Ursprünge der Anleihen reichen bis ins Italien des Mittelalters zurück. Die damaligen Stadtstaaten, die häufig in Kriege miteinander verstrickt waren, zwangen ihre wohlhabenden Bürger, ihnen gegen regelmäßige Zinszahlungen Geld zu leihen. Auch wenn Anleger längst nicht mehr zum Kauf von Anleihen gezwungen werden, befindet sich der Großteil der Staatsanleihen der USA und Großbritanniens im Besitz der Bürger – vor allem über Pensionsfonds. Pensionsfonds müssen einen wesentlichen Teil ihres Kapitals in Staatsanleihen investieren, weil diese als das risikoärmste Investment gelten.

Wirklich einflussreich wurde der Rentenmarkt erst zur Zeit Napoleons. Damals gab die britische Regierung eine Vielzahl von Staatsanleihen aus, darunter auch die erste Anleihe, die Tontine, und die populärste, die Consol. Letztere existiert heute noch. In der ersten Hälfte des 19. Jahrhunderts wurde Nathan Rothschild durch seine erfolgreichen Schachzüge auf den Anleihenmärkten zu einem der reichsten Männer der Welt und wohl auch zum mächtigsten Bankier der Geschichte. Wenn er die Staatsanleihe eines Landes kaufte oder ablehnte, hatte das weit reichende Folgen. Nach Meinung vieler Historiker hing die Niederlage Frankreichs in den Napoleonischen Kriegen vor allem damit zusammen, dass Frankreich seinen Zahlungsverpflichtungen nicht nachkam und schließlich nicht mehr genug Geld für seine Feldzüge aufbringen konnte. Den strategischen militärischen Entscheidungen des Landes messen diese Historiker eine geringere Bedeutung bei.

Die Zinsstrukturkurve Besonders bezeichnend für die Bedeutung des Rentenmarkts ist vielleicht die Tatsache, dass die Entwicklung von Anleihen hervorragende Rückschlüsse auf die Zukunft eines Landes zulässt. Die Zinsstrukturkurve erfasst einfach die Zinssätze verschiedener Staatsanleihen über einen bestimmten Zeitraum. Bei Gleichheit aller anderen Prämissen sollte die Verzinsung für Anleihen mit kurzer Laufzeit niedriger sein als für Langläufer. Hierbei wird davon ausgegangen, dass die Wirtschaft in Zukunft wahrscheinlich wachsen und die Inflation steigen wird. Manchmal kehrt sich die Zinskurve jedoch um. Dann liegt die Verzinsung von Anleihen mit der kürzesten Laufzeit über der von Anleihen, die erst in einigen Jahren fällig werden.

Eine solche Umkehrung der Zinskurve ist ein ziemlich verlässlicher Indikator für eine bevorstehende Rezession, weil sie darauf schließen lässt, dass Zinsen und Inflationsraten in den kommenden Jahren fallen werden. Beide Phänomene sind in der Regel mit einem Wirtschaftsabschwung verbunden. Auch hier zeigt sich, wie eng unser wirtschaftliches Schicksal mit dem Zustand des Rentenmarkts verbunden ist.

Worum es geht
Anleihen bilden die Grundlage der Staatsfinanzierung

28 Banken

Anders als Menschen sind Unternehmen nicht gleich. Einige Unternehmen würden wir zwar vermissen, wenn sie von der Bildfläche verschwänden, aber das Leben würde weitergehen. Dann gibt es Firmen, deren Zusammenbruch wirtschaftlich und sozial verheerende Auswirkungen hätte. Dazu gehören Banken.

Die Unternehmen, die den Banken- und Finanzsektor bilden, verwahren nicht nur unser Erspartes und leihen uns Geld, sondern sie bilden auch die Arterien, die die weltweite Wirtschaft mit Kapital versorgen. Sie werden auch als *Finanzintermediäre* bezeichnet. Hauptaufgabe der Banken ist es, als Mittler zwischen Kapitalangebot und Kapitalnachfrage zu fungieren.

Banken sind seit Jahrhunderten Teil der Gesellschaft. Tatsächlich leitet sich das Wort „Bank" vom lateinischen Begriff „banca" ab. „Banca" bezeichnete die langen Tische, die Geldwechsler im alten Rom in den Innenhöfen aufstellten, um ausländische Währungen zu kaufen und zu verkaufen.

Damit Volkswirtschaften, ob arm oder reich, funktionieren können, brauchen sie einen gut entwickelten, gesunden Finanzsektor. Warum? Weil Unternehmen und Privatpersonen sich Geld leihen müssen, um eine Existenz zu gründen oder aufregende, innovative und erfolgreiche Unternehmen aufzubauen. Ohne Banken könnte praktisch niemand ein Haus kaufen, da sich die meisten Menschen eine solche Anschaffung nur mit einem Hypothekendarlehen leisten können.

Auch als „Tauschmittel" spielen Banken eine wichtige Rolle. Können Sie sich einen einzigen Tag Ihres Lebens ohne Bank vorstellen? Wir nutzen Kundenkarten, Kreditkarten oder Schecks, um einen Großteil unserer Einkäufe zu bezahlen. So sind Banken indirekt an fast all unseren Transaktionen beteiligt.

Gelegentlich sind Banken zu wahren Goliaths herangewachsen. Wie wir in letzter Zeit feststellen konnten, verwalten einige von ihnen nicht nur die Gelder ihrer Kunden, sondern besitzen Industriekonzerne und betreiben Hotels. Diese Macht hat schon häufig ein gewisses Unwohlsein hervorgerufen. Einige Menschen betrachten Banken als Parasiten, die sich am Vermögen anderer bereichern. Diese Kritik ist

Zeitleiste

5 v. Chr.
Erste Zeugnisse eines Bankwesens im Alten Griechenland

1397
Gründung der Medici-Bank, der ersten international erfolgreichen Bank der Welt

nicht immer unberechtigt. Als nach Einsetzen der Wirtschaftskrise im Jahr 2008 eine Bank nach der anderen zusammenbrach, zeigte sich, dass ihr Wachstum zu weiten Teilen nicht fundamental begründet war. Dennoch lautet die einfache Wahrheit, dass wir ohne Banken kein Geld aufnehmen und nicht investieren könnten. Diese Tätigkeiten sind für ein produktives, erfülltes Leben jedoch von großer Bedeutung.

Womit verdienen Banken ihr Geld?   Rund um den Globus weisen Banken im Wesentlichen die gleiche Grundstruktur und das gleiche Geschäftsmodell auf.

❞ Was ist ein Einbruch in eine Bank gegen die Gründung einer Bank? ❛
Bertolt Brecht

Erstens verlangen Banken für Kredite und Darlehen höhere Zinsen als sie für die Einlagen ihrer Kunden zahlen. Dank der Spanne zwischen beiden Zinssätzen erzielen Banken mit diesen Dienstleistungen einen Gewinn. Je riskanter eine Kreditvergabe ist (das heißt, je schlechter die Bonität des Kreditnehmers), desto größer der Zinsaufschlag. Aus diesem Grund müssen diejenigen, die eine Hypothek im Wert von über 80 Prozent ihrer zukünftigen Immobilie aufnehmen, besonders hohe Zinsen zahlen. Bei ihnen ist das Ausfallrisiko und damit die Gefahr größer, dass die Bank beträchtliche Summen abschreiben muss.

Zweitens bieten Banken ihren Kunden weitere Serviceleistungen und Finanzberatung an. Oftmals erheben sie dafür eine Gebühr, manchmal wollen sie Kunden vor allem dazu bewegen, ihr Geld bei ihnen einzulegen. Privatpersonen werden in einigen Fällen auch Versicherungs- oder Anlageberatung angeboten. Firmenkunden werden von Banken dagegen bei der Emission von Aktien und Anleihen unterstützt (das heißt, bei der Kapitalbeschaffung, so dass auch hier wieder Entleiher und Verleiher zusammengeführt werden), und sie erhalten Beratung zur Übernahme anderer Unternehmen. Das ist die Hauptaufgabe von *Investmentbanken*. Diese setzen einen Teil ihrer Überschüsse auch für den Eigenhandel ein, um ihren Gewinn zu steigern.

Sturm auf die Bank   Dieses System der Mindestreserve, bei dem Banken weniger Geld in ihren Tresoren haben, als sie ihren Kunden offiziell schulden, funktioniert bestens, wenn die Wirtschaft blüht und Bankkunden darauf vertrauen, dass ihre Einlagen sicher sind. In Krisenzeiten kann es jedoch dramatisch versagen. Falls Gerüchte über den bevorstehenden Kollaps einer Bank kursieren, falls sich ein spektakulärer Bankraub oder eine Naturkatastrophe ereignet, versuchen Bankkunden

19. Jahrhundert	**1933**	**2007**
Die Familie Rothschild wird zur einflussreichsten Bankiersfamilie Europas	Die Federal Deposit Insurance Corporation wird gegründet, um die Einlagen der Sparer zu schützen, anfänglich bis zu einem Höchstbetrag von 5000 US-Dollar	Dem massenhaften Abzug von Anlegergeldern bei der Northern Rock Bank in Großbritannien folgt 2008 der Zusammenbruch von Indymac in den USA

Bankreserven

Der Schlüssel zum modernen Finanzwesen ist das auf Mindestreserven beruhende Banksystem. Nehmen wir einmal an, Sie haben 1 000 Euro auf Ihrem Bankkonto. Diesen Betrag werden Sie wahrscheinlich nicht auf einmal abheben. Auch wenn Sie Ihre Einlage irgendwann brauchen, heben Sie meist nur Teilbeträge ab – am Bankschalter, am Geldautomaten oder mit der EC-Karte.

Banken bewahren dieses Geld daher meist nicht in ihrem Tresor auf, sondern stellen nur einen Teilbetrag davon in ihre Reserve ein – abhängig davon, welche Nachfrage sie für dieses Geld erwarten. In der Regel werden die Reserven, die Banken mindestens unterhalten müssen, von den Zentralbanken vorgegeben. In den USA liegt die Mindestreserve zum Beispiel bei zehn Prozent. Das heißt, dass eine Bank bei einer Einlage von 100 US-Dollar 90 Dollar wieder verleihen kann.

Dieses Vorgehen ist wirtschaftlich sinnvoll. Es ist für Banken wesentlich effizienter, mit dem eingelegten Geld gewinnbringend zu arbeiten, statt es brachliegen zu lassen. Allerdings hat das erhebliche Auswirkungen auf die allgemeine Wirtschaft: Durch die zusätzliche Kreditvergabe erhöhen die Banken die Geldmenge, was zur Inflationssteigerung beiträgt.

manchmal scharenweise, ihr Geld abzuheben. Dieses Phänomen wird als „Bank Run" oder Sturm auf die Bank bezeichnet. Ein bemerkenswertes Beispiel für dieses Phänomen liefert die britische Northern Rock Bank. Als die Kunden 2007 erfuhren, dass die Bank in Schwierigkeiten geraten war und eine Finanzspritze von der englischen Notenbank erhalten hatte, standen sie Schlange, um ihre Gelder abzuheben.

Da Banken nur einen geringen Teil der Einlagen sofort auszahlen können, ist es ihnen unmöglich, allen Kunden gleichzeitig ihr Geld zurückzugeben. Sie brauchen die kurzfristigen Einlagen, um die langfristige Kreditvergabe (Hypothekendarlehen und andere langjährige Darlehen) zu finanzieren. Hypotheken sind sehr illiquide. Wenn Kunden nun scharenweise ihr Geld zurückfordern, droht der Bank daher der Kollaps. Das wäre auch das Los von Northern Rock gewesen, wenn das britische Finanzministerium nicht eingegriffen und die Bank verstaatlicht hätte.

In den Anfangszeiten des Bankwesens verloren Sparer ihr gesamtes Geld, wenn eine Bank zusammenbrach. So erging es vielen Menschen während der Weltwirtschaftskrise. Seither haben zahlreiche Staaten Einlagensicherungssysteme eingeführt, um zu verhindern, dass es bei den ersten Anzeichen von Problemen zum Sturm auf die Banken kommt. In den USA heißt das Einlagensicherungsprogramm Federal Deposit Insurance Corporation, in Großbritannien Financial Services Compensation Scheme. Beide schützen Bankeinlagen bis zu einem gewissen Betrag (2008 waren es 250 000 US-Dollar bzw. 50 000 Pfund).

Die Erfahrungen mit der Finanzkrise von 2008 haben gezeigt, dass Regierungen nahezu alles tun, um Banken vor dem Zusammenbruch zu retten. Ein Bankenkollaps kann verheerende Folgen für die gesamte Wirtschaft haben. Er zerstört das Vertrauen der Verbraucher, vernichtet ihr Vermögen und kann zudem die umlaufende Geldmenge verknappen, weil Banken Kapital in ihre Reserven einstellen, anstatt es zu verleihen. Das wiederum kann eine Deflation auslösen.

Banken vergeben Kredite, verwalten die lebenslangen Ersparnisse ihrer Kunden, ermöglichen den Kauf und Verkauf von Wertpapieren und wickeln den Zahlungsverkehr ab. Angesichts dieser wichtigen Aufgaben verwundert es wenig, dass Banken stärker reguliert sind als fast jede andere Art von Unternehmen. Die Stabilität der Banken und Stabilität der Wirtschaft sind untrennbar miteinander verbunden.

> **Ein Bankier ist ein Kerl, der Dir bei schönem Wetter seinen Schirm leiht und ihn zurückverlangt, sobald es anfängt zu regnen.**
> Mark Twain

Worum es geht
Banken sind Mittler zwischen Kapitalangebot und Kapitalnachfrage

29 Aktien

Seit es Geld gibt, gibt es Menschen, die dieses Geld investieren wollen. In den Anfangstagen der Finanzanlagen, von der Renaissance in Italien bis zum 17. Jahrhundert, waren Staatsanleihen das wichtigste Anlagepapier. Das änderte sich jedoch, als die ersten Aktiengesellschaften entstanden. Sie läuteten ein Zeitalter der Aktien, Spekulanten, gewonnener und verlorener Millionen und der ersten Börsencrashs ein.

Tag für Tag kaufen und verkaufen Anleger an den Börsen in London und Paris, New York und Tokio Aktien im Wert von mehreren Milliarden US-Dollar. Aktienkurse entscheiden darüber, ob Unternehmen selbstständig bestehen bleiben, übernommen werden oder in Konkurs gehen. Aktienkurse machen Menschen zu Millionären und vernichten Existenzen.

Doch die Börse ist keine Spielbank. Das investierte Geld trägt unmittelbar zum Wachstum eines Unternehmens und damit auch zum Wachstum der Wirtschaft bei. Ein boomender Aktienmarkt ist oft ein Zeichen für eine blühende, schnell wachsende Wirtschaft. Das gilt, seit die ersten Aktiengesellschaften gegründet wurden, um aus den sich rasch ausdehnenden europäischen Kolonialreichen Kapital zu schlagen.

Die ersten Aktiengesellschaften Zu den ersten Aktiengesellschaften zählen die Virginia Company und die British East Company. Die Virginia Company wurde gegründet, um den Handel mit den Kolonisten auf dem amerikanischen Kontinent zu finanzieren. Die British East India Company, die erste bedeutende Aktiengesellschaft, erhielt durch einen Handelsfreibrief ein staatlich gewährtes Monopol auf sämtliche Handelsaktivitäten mit den britischen Territorien in Asien. Kurze Zeit später wurde die Dutch East India Company in Amsterdam gegründet.

Die ersten Aktiengesellschaften unterschieden sich auf folgende Weise von ihren Vorgängern, den Zünften, Personengesellschaften und Staatsunternehmen:

Zeitleiste

1600	1792	1801
Gründung der British East India Company	Das Buttonwood-Abkommen legt das Fundament für die Gründung der New Yorker Börse	Gründung der Londoner Börse

1. *Die Art der Kapitalbeschaffung.* Die neuen Unternehmen gaben Aktien aus. Anders als Anleihen übertragen Aktien ihrem Inhaber das Eigentum an einem Teil des Unternehmens und erlauben ihm somit eine wesentlich größere Einflussnahme auf dessen Schicksal. Aktionäre können zum Beispiel bestimmen, ob das Unternehmen einen Rivalen übernehmen oder an diesen verkauft werden soll, und sie können über wichtige Belange abstimmen, beispielsweise die Vergütung des Verwaltungsrats.
2. *Aktionäre können ihre Aktien an andere Anleger verkaufen.* Das hat zur Entstehung des Börsenhandels oder sogenannten Sekundärmarkts geführt. Auf dem Primärmarkt dagegen emittieren Staaten und Unternehmen ihre Anleihen oder Aktien und platzieren sie direkt bei den Anlegern.
3. *Die Haftungsbeschränkung.* Wenn ein Unternehmen zusammenbricht, haften die Aktionäre nur bis zur Höhe ihrer Investition ins Unternehmen – nicht mit ihrem Auto, ihrem Haus oder sonstigen Vermögen. Darüber hinaus entwickelte sich das Rechtskonzept der juristischen Person, wonach Kapitalgesellschaften eigene Rechtspersönlichkeit besitzen. Somit können sie unabhängig von den Aktionären Verträge unterzeichnen, Vermögen besitzen und Steuern zahlen.

Als Eigentümer des Unternehmens haben Aktionäre Anspruch auf eine Gewinnbeteiligung. Wenn einem Unternehmen nach Abzug der Betriebskosten und Berücksichtigung von Investitionsplänen ein Überschuss bleibt, erhalten die Aktionäre jährlich eine *Dividende.* Darüber hinaus können sie von steigenden Aktienkursen profitieren, können ihre Investition bei Kursverfall jedoch auch verlieren. Bei einer Insolvenz werden Aktionäre erst nach den Anleiheninhabern aus dem restlichen Vermögen befriedigt. Daher werden Aktien allgemein als die riskantere Anlage betrachtet.

Ganz allgemein können Aktiengesellschaften in zwei Kategorien eingeteilt werden. Zum einen gibt es *private, nicht börsennotierte* Firmen, deren Aktien nicht am öffentlichen Markt gehandelt werden. Dabei handelt es sich in der Regel um kleinere Unternehmen, die sich typischerweise im Besitz von Verwaltungsratsmitgliedern, der Familie des Firmengründers, von Banken und den ursprünglichen Investoren befinden. Dann gibt es börsennotierte Gesellschaften, deren Aktien an der Börse gehandelt werden.

> ❱ **Meistens unterliegen Aktien irrationalen und übermäßigen Kursschwankungen in beide Richtungen, weil viele Menschen den Hang zum Spekulieren und zum Glücksspiel haben ...** ❰
> **Benjamin Graham,** US-Ökonom

1929
Börsenkrach an der New Yorker Börse

1987
Schwarzer Montag (19. Oktober) – die US-Börse gibt 22,6 Prozent nach

Wichtige Marktakteure

Die Gründung von Börsen, an denen Anleger Wertpapiere kaufen und verkaufen können, war ein Wendepunkt in der Geschichte des Kapitalismus. Seither haben Aktien enorm an Bedeutung gewonnen, und Ende 2008 belief sich der Gesamtwert der an den weltweiten Börsen gehandelten Papiere auf rund 37 Billionen US-Dollar (37 000 000 000 000 US-Dollar). Jede große Volkswirtschaft der Welt unterhält eine Börse, meist in der Hauptstadt, an der die Aktien des Landes gehandelt werden.

Die Performance der Börsen wird allgemein über einen Aktienindex gemessen, in dem die größten Unternehmen vertreten sind. Hierzu zählen der Dow Jones Industrial Average und der S&P 500 (dieser Index umfasst 500 US-Unternehmen) in New York, der FTSE 100 in London, der Nikkei in Tokio, der DAX in Frankfurt, der CAC 40 der Euronext Paris und der SSE Composite Index in Shanghai.

Die Börse Das traditionelle Bild einer Börse ist ein überfülltes Handelsparkett, auf dem es turbulent zugeht und Händler hektisch „kaufen" oder „verkaufen" rufen. Tatsächlich gibt es rund um den Globus nur noch wenige Börsen mit Parkett- oder Präsenzhandel. Zu den wichtigsten verbleibenden Börsen dieser Art gehören die London Metals Exchange und die Chicago Mercantile Exchange. Der Parketthandel wurde weitgehend durch elektronische Handelssysteme verdrängt, über die Anleger direkt von allen Teilen der Welt aus ihre Transaktionen abwickeln können.

Anleger, die auf steigende Kurse setzen, werden als Bullen bezeichnet. Der Bär dagegen steht für Anleger, die fallende Kurse erwarten. Wenn Anleger bei einem bestimmten Unternehmen mit einer rasanten Aufwärtsentwicklung rechnen, kaufen sie scharenweise dessen Aktien, was den Kurs in die Höhe treibt. Ist ein Unternehmen dagegen in Schwierigkeiten geraten, stoßen Anleger die Aktien ab, und der Kurs fällt.

Anleger handeln oft aus einer Kombination von Furcht und Gier heraus. Wenn die Gier größer ist als die Furcht, entsteht eine Spekulationsblase – die Aktien sind überbewertet. Ist die Furcht stärker als die Gier, führt dies zum Börsencrash, wenn die Aktien wieder hart auf dem Boden landen. Die Börsen in New York, London und andernorts haben in den letzten hundert Jahren das Platzen mehrerer großer Spekulationsblasen erlebt. Das berühmteste Beispiel ist wohl der Wall-Street-Crash im Jahr 1929, auch wenn die Kurse am Schwarzen Montag 1987 noch stärker fielen. Damals gab der Dow Jones innerhalb eines Tages um 22,6 Prozent nach. Auch in den Jahren 2000 bis 2002, nach dem Platzen der Internetblase, und während der Finanzkrise 2008 kam es an den Börsen weltweit zu dramatischen Kursstürzen.

Großinvestoren Die Investoren am Aktienmarkt teilen sich auf in Privatanleger, zum Beispiel Privathaushalte mit Wertpapierportfolios, und institutionelle Anleger. Letztere umfassen Pensionsfonds, Versicherungskonzerne, Fondsmanager, Banken und andere Einrichtungen. Seit sich Pensions- und Versicherungsfonds umfassend an der Börse engagieren, betreffen Kursänderungen indirekt fast alle Bürger.

Ein schlechtes Ansehen genießen die Hedgefonds, die Aktien nicht nur kaufen, sondern auch leerverkaufen und damit auf den Wertverlust dieser Papiere setzen. (Beim Leerverkauf leiht sich der Investor zu einem festen Kurs Aktien von einem anderen Anleger, zum Beispiel für 100 US-Dollar, verkauft sie zu diesem Kurs und wartet, bis der Kurs sinkt, beispielsweise auf 80 US-Dollar. Dann kauft er das Papier zurück und gibt es dem Anleger zurück. Die Differenz von 20 Dollar streicht er als Gewinn ein.) Eine weitere Anlegergruppe sind die *Private-Equity-Gesellschaften*. Diese kaufen Unternehmen, die sich in Schwierigkeiten befinden oder unterbewertet sind, und bringen sie auf Vordermann, um sie dann wieder gewinnbringend zu verkaufen.

Viele Menschen betrachten die neuen Anlegergruppen wie Private-Equity-Gesellschaften oder Hedgefonds mittlerweile als Bedrohung für den Markt, da sie recht intransparent sind und ihnen oftmals nachgesagt wird, dass sie Unternehmen geradezu erpressen. Die betreffenden Investoren halten jedoch dagegen, dass sie eine wichtige Marktfunktion ausüben, indem sie unterbewertete oder kränkelnde Firmen kaufen und gründlich überholen. Letzten Endes sind Börsen, an denen die Öffentlichkeit Unternehmensbeteiligungen erwerben kann, von Natur aus demokratische Einrichtungen.

Worum es geht

Börsen sind das Herzstück des Kapitalsmus

30 Derivatemärkte

„In diesem Gebäude heißt es töten oder getötet werden", sagt Dan Ackroyd 1983 in dem Film „Die Glücksritter" zu Eddie Murphy. Sie betreten gerade die Warenterminbörse in New York und wollen den Coup des Jahrhunderts durchziehen. Im Terminhandel verkaufen sie Orangensaftkonzentrat, kaufen es dann wieder, machen damit Millionen und ruinieren ihre hinterhältigen ehemaligen Arbeitgeber.

Für die Barings Bank, die älteste Handelsbank Londons, hieß es 1995 „getötet werden", nachdem ihr Händler Nick Leeson im Alleingang viele Millionen Pfund an der Terminbörse in Singapur verloren hatte.

Risikoverteilung Die Termin- und Optionsmärkte sind vielleicht die risikoreichsten und lukrativsten Märkte der Welt. Schließlich wird an den Börsen für Rohstoffe und Finanzderivate praktisch mit dem Risiko gehandelt. Hier setzen Unternehmen und Händler auf bestimmte Preisentwicklungen, die sie für Aktien, Anleihen, Währungen, Metalle und Rohstoffe erwarten. Selbst das Wetter oder die Immobilienpreise bleiben von den Spekulationen nicht ausgeschlossen.

Unternehmen und Einzelpersonen spekulieren nicht aus purer Freude am Glücksspiel, sondern zu einem wichtigen wirtschaftlichen Zweck: der *Risikoverteilung*. Sie müssen in einer unberechenbaren Welt vorausplanen. Wenn Sie Orangensaft herstellen, wissen Sie zu Beginn des Jahres nicht, wie die Orangenernte ausfallen wird. Bei einer enttäuschenden Ernte steigen die Orangenpreise kräftig an. Tragen die Bäume reichlich Früchte, sinken die Preise, weil nun ein großes Angebot an Orangen besteht. Sie können versuchen, sich *abzusichern,* indem sie bereits im Sommer einen Kaufvertrag für Orangen abschließen und den Preis fixieren. Als Gegenleistung für die Sicherheit des festen Preises verzichten Sie auf die Chance, bei einer üppigen Ernte günstig einzukaufen (entgehen jedoch dem Risiko, bei schlechter Ernte Verlust zu machen). Auch der Farmer mindert sein Risiko, weil ihm auch in einem schwachen Erntejahr gewisse Einnahmen garantiert sind.

Zeitleiste

1730er-Jahre	19. Jahrhundert
Die ersten dokumentierten Terminkontrakte werden an der Dojima-Reisbörse in Japan geschlossen	In den USA nehmen Kontrakte auf landwirtschaftliche Produkte stark zu

Die Termin- und Optionsbörsen haben sich zu den wichtigsten und lebhaftesten Märkten der Welt entwickelt. Unternehmen müssen kontinuierlich Entscheidungen wie die obige treffen – seien es Getreidebauern, die einen Festpreis vereinbaren, oder große Exporteure wie Ford oder Microsoft, die Devisenpositionen übernehmen, um sich gegen ein plötzliches Sinken des US-Dollar abzusichern.

Spekulation und Investition Damit der Markt funktioniert, müssen die Teilnehmer eine gewisse Risikobereitschaft mitbringen. Hier kommen die Spekulanten ins Spiel. Während sich rund die Hälfte der Teilnehmer an den Terminmärkten absichert, versucht der Rest, Preisentwicklungen vorauszuahnen und daraus Kapital zu schlagen. Diese reinen Spekulanten, die ihre eigenen Vermutungen hinsichtlich der Entwicklung von Preisen anstellen, sind ein wichtiger Bestandteil der Wirtschaft. Manchmal handelt es sich um Einzelpersonen, manchmal um Hedgefonds und gelegentlich auch um Pensionsfonds, die ihren Gewinn steigern wollen.

In jedem Fall unterscheiden sie sich von den Investoren, die eine langfristigere Perspektive haben. Benjamin Graham, Autor des Standard-Ratgebers für Anleger, *Intelligent Investieren*, drückt es folgendermaßen aus:

Investoren und Spekulanten unterscheiden sich vor allem in ihrer Haltung zu den Börsenentwicklungen. Dem Spekulanten geht es hauptsächlich darum, Kursschwankungen vorauszuahnen und Kapital daraus zu schlagen. Der Investor dagegen ist vorrangig daran interessiert, geeignete Wertpapiere zu angemessenen Kursen zu kaufen und zu halten.

Reich werden kann man auf beiden Wegen. Der berühmteste Investor der Welt ist Warren Buffett, der sich in der Regel langfristig an Unternehmen beteiligt und die betreffenden Aktien über seine Investmentfirma Berkshire Hathaway jahrelang hält. Nach einer von der Zeitschrift *Forbes* veröffentlichten Liste war Buffett 2008 mit einem Vermögen von 62 Milliarden US-Dollar der reichste Mann der Welt, auch wenn dieses Vermögen anschließend durch die Finanzkrise erheblich geschmälert wurde. Der berühmteste Hedgefonds-Milliardär ist George Soros, der mit spekulativen Aktien-, Rohstoff- und Währungsgeschäften ein Vermögen von neun Milliarden US-Dollar angehäuft hat.

1972
In Chicago wird angesichts der zunehmenden Volatilität der Währungsmärkte der Terminhandel mit Wechselkursen eingeführt

1982
Der Terminhandel mit Aktien wird eingeführt

2008
Der Gesamtwert von Credit Default Swaps und anderen Derivaten liegt bei 1144 Billionen Dollar – das ist das 22fache des globalen Bruttoinlandsprodukts

Waren, Optionen und Futures

Rohstoffe sind alle Arten von festem Material, das in großer Menge gekauft oder verkauft werden kann, von Edelmetallen und Erdöl bis zu Kakao- und Kaffeebohnen. Wenn Sie Rohstoffe zur sofortigen Lieferung kaufen wollen, zahlen Sie den *Kassakurs* oder *Spotpreis,* ebenso wie bei einer Aktie oder Anleihe.

Ein *Future* ist ein Kontrakt über den Kauf einer bestimmten Ware oder Anlage zu einem festgelegten Preis und an einem zukünftigen Datum (Liefertermin).

Eine *Option* ist dagegen eine Vereinbarung, die den Halter berechtigt (aber nicht verpflichtet), eine Anlage an einem bestimmten Termin zu einem festgelegten Preis zu kaufen oder zu verkaufen.

Eine kurze Geschichte des Terminhandels In gewisser Form existiert der Terminhandel (oder Handel mit Futures) seit vielen Jahrhunderten. Ursächlich hierfür ist die Tatsache, dass zwischen der Bestellung und der Lieferung eines Produkts oftmals eine große Zeitspanne liegt. Im 13. und 14. Jahrhundert verkauften Bauern Wolle oft ein oder zwei Jahre im Voraus. Im 18. Jahrhundert kauften und verkauften japanische Händler Reis für weit in der Zukunft liegende Lieferungen. Dort wurden – mit den Samurai – auch die ersten Derivatekontrakte geschlossen. Die Samurai wurden normalerweise in Reis entlohnt, wollten sich nach mehreren schlechten Ernten jedoch für die nächsten Jahre ein bestimmtes Einkommen sichern.

Erst im 19. Jahrhundert gewann der Markt wirklich an Bedeutung. Seine geistige Heimat war schon damals und ist noch heute Chicago, wo die Terminbörse Mercantile Exchange heißt. Im Jahr 1880 schloss das Lebensmittelunternehmen Heinz mit Farmern Verträge, die den Verkauf von Salatgurken für zukünftige Jahre zu fixen Preisen vorsahen. Normalerweise werden Terminkontrakte allerdings nicht direkt zwischen dem Käufer und Verkäufer geschlossen, sondern über eine Terminbörse, die als Mittler agiert. Mit den Erwartungen hinsichtlich der Preisbewegungen von unterschiedlichsten Waren wie Schweinebäuchen, Metallen oder anderen Rohstoffen ändern sich auch die Kurse der darauf abgeschlossenen Futures.

Nullsummenspiel Aufgrund dieser fortwährenden Schwankungen sind Derivate eine sehr riskante Geldanlage. Zum Beweis muss man sich nur die größten Rohstoffbörsen und Terminmärkte anschauen – die für Erdöl. Der Ölpreis steigt und fällt und reagiert dabei auf zahlreiche wirtschaftliche Faktoren (zum Beispiel die erwarteten Wachstumsraten der verschiedenen Nationen und damit ihr voraussichtlicher Treibstoffbedarf) und auch geopolitische Umstände (zum Beispiel die Wahrscheinlichkeit von Terroranschlägen auf Ölplattformen oder die Beziehungen zwischen dem Nahen Osten und dem Rest der Welt).

1999 sagte das Wirtschaftsmagazin *The Economist* voraus, dass der auf zehn US-Dollar je Barrel gesunkene Ölpreis noch auf fünf US-Dollar fallen werde. Ende des Jahres lag der Preis jedoch bei 25 US-Dollar. Zwischen 2000 und 2005 bewegte sich der Ölpreis einigermaßen stabil zwischen 20 und 40 US-Dollar je Barrel. Verschiedene Faktoren, darunter auch der Irakkrieg, trieben den Preis dann jedoch in astronomische Höhen, erst auf 60 US-Dollar, dann auf 80 US-Dollar und 2008 schließlich auf 140 US-Dollar je Barrel. Kaum hatte der Ölpreis diesen Rekordwert erreicht, sank er jedoch schrittweise wieder ungefähr auf das Niveau zu Beginn der weltweiten Rezession.

Viele Anleger haben clever auf das Auf und Ab von Preisen gesetzt und damit ein Vermögen gemacht, doch ebenso viele haben kräftig verloren. Im Gegensatz zur Aktienbörse, wo bei guter Wirtschaftsentwicklung die Kurse aller Unternehmen steigen können, sind Terminkontrakte ein Nullsummenspiel: Für jeden Gewinner gibt es jemanden, der in gleicher Größenordnung verliert. Aus diesem Grund werden die Derivatemärkte oft mit einem Spielkasino verglichen. Doch auch wenn es sich bei diesen Geschäften in gewissem Maße um Glücksspiel handelt, sind sie kein unproduktiver Zeitvertreib. Die Derivatemärkte sind ein wichtiges Rad im Getriebe unserer modernen Wirtschaft.

> " Seien Sie ängstlich, wenn andere gierig werden, aber seien Sie gierig, wenn andere ängstlich sind. "
> **Warren Buffett**

Überlassen Sie das Risiko jenen, die es gerne übernehmen

31 Auf- und Abschwung

Kurz nach seinem Amtsantritt als britischer Finanzminister erklärte Gordon Brown in mehreren Reden, dass er Großbritannien vom alten Zyklus der wirtschaftlichen Aufschwünge und Abschwünge befreien wolle. Das war Musik in den Ohren der Briten. Großbritannien hatte eine unerfreuliche Serie von Wirtschaftseinbrüchen erlebt, die durch eine überhitzte Wirtschaft ausgelöst worden waren. Die Briten wollten nun auf etwas Aufschwung verzichten, wenn ihnen dafür der Abschwung erspart bliebe.

Gut zehn Jahre später rezitierte Brown, mittlerweile britischer Premierminister, sein Mantra nicht mehr. Die Wirtschaft bewegte sich auf eine Rezession und auf die schwerste Immobilienkrise aller Zeiten zu. Besonders peinlich für Gordon war die Tatsache, dass der Abschwung dramatischer war als jener, den der große Rivale, die Konservativen, während seiner Regierungszeit herbeigeführt hatte. Eins war klar: Meldungen vom Ende des Konjunkturzyklus waren verfrüht gewesen.

Volkswirtschaften sind von Natur aus anfällig für die so genannten Boom-Bust-Zyklen: Märkte schwanken zwischen Zuversicht und Pessimismus, Verbraucher zwischen Gier und Furcht. Welche Kräfte diese Variablen steuern, ist nicht ganz klar, weil sie den Launen der menschlichen Natur unterliegen. Wie uns das Beispiel Gordon Browns zeigt, sind Versuche, den Konjunkturzyklus zu zähmen, bisher kläglich gescheitert.

Theoretisch müsste es ein optimales Maß an wirtschaftlicher Aktivität geben, das ein Land dauerhaft beibehalten kann. Dieser Zustand wird auch als Vollbeschäftigung bezeichnet. In allen Produktionsbereichen einer Volkswirtschaft wären die Kapazitäten voll ausgelastet, die Inflation müsste nicht steigen, und die Wirtschaft könnte stetig wachsen.

Zeitleiste

1929	1946
Börsenkrach in New York	Veröffentlichung von *Measuring Business Cycles* von Burns und Mitchell

In der Praxis wurde dieses optimale Maß jedoch nie erreicht. Im Lauf der Geschichte haben sich verschiedene Arten von Zyklen ereignet. Schon die Bibel verweist auf Perioden des Überflusses, denen Jahre des Hungers folgten. Derselbe Rhythmus ist in den hoch entwickelten Hightech-Nationen des 21. Jahrhunderts zu beobachten.

Alle großen Wirtschaftsnationen, auch die Vereinigten Staaten, erleiden diese größeren Einbrüche der wirtschaftlichen Aktivität, wie sie zuerst 1946 von Arthur Burns und Wesly Mitchell offiziell dokumentiert wurden.

> **Der Konjunkturzyklus ist dem Untergang geweiht, was wir hauptsächlich der Regierung zu verdanken haben.**
>
> Paul Samuelson

Wachstumstrend Jede Volkswirtschaft hat einen Wachstumstrend – das ist die Geschwindigkeit, mit der die Wirtschaft in den letzten Jahrzehnten tendenziell gewachsen ist. In den USA lag dieser Trend in den vergangenen Jahren bei drei Prozent, in Großbritannien und vielen anderen Ländern Europas etwas niedriger, bei etwa zweieinhalb Prozent. Das heißt, dass die Wirtschaft in den letztgenannten Ländern etwas langsamer gewachsen ist. Der Konjunkturzyklus (oft auch Wirtschaftszyklus genannt) beschreibt lediglich die Schwankungen der wirtschaftlichen Aktivität um diesen langfristigen Wachstumstrend. Die Differenz zwischen dem realisierten Bruttoinlandsprodukt und dem Produktionspotenzial wird als *Produktionslücke* bezeichnet. Ein Konjunkturzyklus erstreckt sich über den Zeitraum, in dem eine Volkswirtschaft durch einen Boom hindurch in den Abschwung geht und anschließend wieder die tendenzielle Wachstumsrate erreicht.

In der Hochkonjunktur kann eine Wirtschaft rasant wachsen. Diese Phase ist jedoch meist von kurzer Dauer und mündet in eine kontraktive Phase – das heißt, die Wirtschaft geht zurück. Schrumpft die Wirtschaft in zwei aufeinander folgenden Quartalen, wird von einer Rezession gesprochen. Diese geht mit höheren Arbeitslosenzahlen und sinkenden Unternehmensgewinnen einher.

Warum Zyklen? Es gibt verschiedene Erklärungen für das Phänomen des Wirtschaftszyklus. Keine davon ist jedoch so überzeugend wie die grundlegende Tatsache, dass Menschen emotionale Wesen sind, deren Stimmung schnell von Optimismus in Pessimismus umschwingen kann und umgekehrt. Eine andere Erklärung bezieht die Geldpolitik mit ein: Änderungen der Zinssätze, ob durch Privatbanken

2007
Laut dem National Bureau of Economic Research Beginn des US-Wirtschaftsabschwungs der 2000er-Jahre

2008
Zusammenbruch von Lehman Brothers

Konjunkturzyklen

Verschiedene Wirtschaftsbereiche erfahren Auf- und Abschwünge in unterschiedlichem Tempo. Daraus haben Wirtschaftswissenschaftler verschiedene Zyklustypen abgeleitet:

- **Kitchin-Zyklus (3–5 Jahre)** Dieser Zyklus nimmt darauf Bezug, in welchem Umfang Unternehmen ihre Warenlager aufstocken oder abbauen. Dieses Verhalten kann die Wirtschaft eines Landes ankurbeln oder drosseln.
- **Juglar-Zyklus (7–11 Jahre)** Hier geht es um die Zunahme und Abnahme der Investitionen von Firmen in ihre Fabriken und Leistungen. Der Juglar-Zyklus ist meist ungefähr doppelt so lang wie der Kitchin-Zyklus. Wenn Ökonomen von Konjunkturzyklus sprechen, beziehen sie sich meist auf den Juglar-Zyklus.
- **Kuznets-Zyklus (15–25 Jahre)** Das ist der Zeitabstand zwischen zwei Booms im Bereich der infrastrukturbezogenen Unternehmens- oder Staatsinvestitionen (zum Beispiel Straßen oder Schienennetze).
- **Kondratieff-Welle oder Zyklus (45–60 Jahre)** Dieser Zyklus, auch bekannt als „Superzyklus", bezieht sich allgemein auf Phasen des Kapitalismus. Diesem Zyklus liegt die Annahme zugrunde, dass alle 45 oder 60 Jahre eine Kapitalismuskrise eintritt, die Menschen veranlasst, die Strukturen und Funktionsweise der Wirtschaft zu hinterfragen.

oder Zentralbanken, beschleunigen oder verlangsamen das Wirtschaftswachstum und wirken sich auf die Inflation und Arbeitslosigkeit aus. Eine weitere technische Erklärung dreht sich um die Geschwindigkeit, mit der Unternehmen Warenbestände aufbauen – ihre Halde von unverkauften Produkten. In Zeiten starken Wachstums neigen Firmen dazu, zu hohe Bestände anzulegen, weil sie davon ausgehen, dass der Boom anhält. Schrumpft die Wirtschaft, bauen Firmen ihre Bestände in der Regel völlig ab. In beiden Fällen sorgt das für höhere Ausschläge, als eigentlich notwendig wäre.

Auch die menschliche Erfahrung spielt eine bedeutende Rolle. Einige sagen, dass der Samen einer Finanzkrise in dem Jahr gesät wird, in dem der letzte Bankmitarbeiter in Ruhestand geht, der die vorherige Krise noch miterlebt hat. Anders ausgedrückt: Je stärker die gravierenden Folgen eines Abschwungs in Vergessenheit geraten, desto größer ist die Wahrscheinlichkeit, dass Fehler wiederholt werden und eine weitere Blase entsteht.

Auch unvorhergesehene Ereignisse können auf den Zyklus Einfluss nehmen. Nur wenige Menschen haben mit der 2007 beginnenden Kreditkrise oder dem Einbruch des Ölpreises ein Jahr später gerechnet. Beide Faktoren zusammengenommen führten dazu, dass aus einem Abschwung eine weltweite Rezession wurde. Vielleicht würde sich die Wirtschaft ohne solche Schocks vorhersehbarer verhalten.

Andere legen Politikern eine Teilschuld zur Last, weil diese manchmal zulassen, dass ein Boom außer Kontrolle gerät. Diese Politiker wollen von dem Wohlfühlfaktor profitieren, den Rekordgewinne, steigende Immobilienpreise und eine hohe Beschäftigungsquote mit sich bringen. Sie verfolgen eine prozyklische Wirtschaftspolitik und blähen die Blase zusätzlich auf, statt mit antizyklischen Maßnahmen sanft Luft aus der Blase zu lassen, bevor diese zerplatzt.

Wohin führt der Weg? Konjunkturzyklen sind ohne Zweifel sehr wichtig. Eine ungefähre Ahnung davon zu haben, wann eine Wirtschaft stagnieren wird, ist von zentraler Bedeutung. Daher beschäftigen Regierungen ganze Expertenteams, die solche Diagnosen stellen sollen. In den USA sitzen die wichtigsten Fachleute im National Bureau of Economic Research, während man sie in Großbritannien im Finanzministerium findet. Beide haben sich in der Vergangenheit mit dieser Frage schon sehr schwer getan und ihre Einschätzung darüber, wann ein Zyklus beginnt und endet, Jahre (oder gar Jahrzehnte) nach dem betreffenden Ereignis revidiert.

Das Problem liegt darin, dass Zyklen in ihrer Länge erheblich variieren können (▶ Kasten). Selbst wenn der Anfangspunkt korrekt ermittelt wird, kann die Schätzung hinsichtlich des Endes des Wirtschaftszyklus weit danebenliegen.

Viele Menschen, darunter auch George Soros, der berühmteste Hedgefonds-Manager der Welt, erklärten, dass die Krise der frühen 2000er-Jahre durch das Ende eines „Superzyklus" ausgelöst worden sei, in dessen Verlauf viele Menschen über Jahrzehnte immer mehr Schulden angehäuft hätten. Diesem Zyklus, so Soros, folge jetzt ein ebenso langer Niedergang, da die Menschen ihre Schulden zurückzahlen müssten.

Für Ökonomen besonders frustrierend ist die Tatsache, dass sich Konjunkturzyklen nicht an die komplexen Modelle halten, die sie zur Vorhersage der Wirtschaftsentwicklung anwenden. Diese Computermodelle, in die alle Daten einfließen, die über Arbeitsplätze, Preise, Wachstum und dergleichen überhaupt erfassbar sind, gehen in der Regel davon aus, dass die Wirtschaftsentwicklung halbwegs gradlinig verläuft. Die Erfahrung hat uns jedoch gelehrt, dass das schlicht nicht der Fall ist.

Auf- und Abschwung sind unvermeidbar

32 Renten und der Wohlfahrtsstaat

Wir schreiben das Jahr 1861, und der Amerikanische Bürgerkrieg spaltet die Vereinigten Staaten. Die Union und die Konföderation versuchen mit allen Mitteln, neue Soldaten für ihre Armeen zu rekrutieren. Da macht jemand den raffinierten Vorschlag, Soldaten und ihren Witwen eine großzügige Rente anzubieten. Es scheint zu funktionieren: Hunderttausende schließen sich den Truppen an.

Wann erfolgte Ihrer Meinung nach die letzte Zahlung aus dem Pensionsplan des Bürgerkriegs? In den 1930er- oder 1940er-Jahren, als die letzten Kriegsveteranen zu Grabe getragen wurden? Tatsächlich fand die letzte Auszahlung erst 2004 statt. Eine geschäftstüchtige junge Frau hatte in den 1920er-Jahren im Alter von 21 Jahren einen 81-jährigen Kriegsveteran geheiratet und sich damit bemerkenswert lange staatliche Rentenzahlungen gesichert, bis sie im Alter von 97 Jahren starb.

Dieses Problem betrifft heute nicht nur eine Nation, sondern die gesamte entwickelte Welt. Dort versprachen die Staaten, für ihre älteren Bürger zu sorgen, und mussten einige Jahrzehnte später feststellen, dass diese Bürger zu lange leben und zu viel Staatsgeld verbrauchen. Nun ist sie da, die Krise des Rentensystems und Wohlfahrtsstaats.

Entwicklung des Wohlfahrtsstaats Obwohl Staaten ihren Bürgern schon seit der Römerzeit gelegentlich Pensionen, Ausbildungsmöglichkeiten und andere Leistungen angeboten haben – meist als Gegenleistung für den Militärdienst –, ist die Existenz von Wohlfahrtsstaaten und Sozialversicherungssystemen ein relativ neues Phänomen. Bis zum 20. Jahrhundert besteuerten Staaten ihre Bürger allein zu dem Zweck, sie vor Verbrechen und Invasionen zu schützen. Als nach dem Ersten Weltkrieg und der Weltwirtschaftskrise jedoch unzählige Familien unter bitterer

Zeitleiste

1880

Bismarck führt das erste staatliche Renten- und Krankenversicherungssystem ein

Armut litten, entwickelten sich Nationen wie Großbritannien und die USA zu „Wohlfahrtsstaaten". In einem Wohlfahrtsstaat werden Steuern genutzt, um Gelder umzuverteilen und besonders bedürftige Menschen wie Alte und Schwache, Arbeitslose oder Kranke zu unterstützen. Das erste Modell wurde nur etwa zehn Jahre nach dem Ende des Amerikanischen Bürgerkriegs in Deutschland von Bismarck entwickelt.

Die theoretische Grundlage des Renten- und Sozialversicherungssystems ist heute noch genau so einfach wie zu jener Zeit, als das erste System ausgearbeitet wurde: Die Bürger eines Landes zahlen in eine gemeinsame Kasse ein, wenn sie Arbeit haben und gesund sind. Dafür unterstützt diese Kasse sie, wenn sie krank sind, arbeitsunfähig werden oder in den Ruhestand gehen.

Der Beveridge-Bericht

Ein wichtiger Impulsgeber für die Entstehung des Wohlfahrtsstaats war William Beveridges wegweisender *Report of the Inter-departmental Committee on Social Insurance and Allied Services* von 1942. Ziel des Berichts war die Bekämpfung von „Not, Krankheit, Unwissenheit, Verwahrlosung und Müßiggang". Unter dem Eindruck der Zustände nach dem Zweiten Weltkrieg erkannten die Regierungen, dass etwas getan werden musste, um die Menschen in Zukunft angemessen zu unterstützen. Hierfür bot der Beveridge-Bericht eine ideale Grundlage. Während der Weltwirtschaftskrise und des Kriegs war deutlich geworden, dass der private Sektor die Bürger in Extremsituationen nicht vor Not und Elend schützen konnte. Der Bericht argumentierte, dass der Staat dank seiner Größe und damit seiner Verhandlungsmacht eine bessere und kostengünstigere Kranken- und Altersversorgung für seine Bürger bereitstellen könnte.

Die Ideen von Beveridge wurden nirgendwo mit größerer Begeisterung aufgegriffen als in Japan. Dort wurde nach dem Krieg ein engmaschiges System von Sozialversicherungsleistungen, Krankenhäusern und Schulen errichtet. Die Lebenserwartung und das Ausbildungsniveau konnten dramatisch gesteigert werden. Gemeinhin wird angenommen, dass sich das Land nicht zuletzt dank der Qualität des gigantischen Wohlfahrtssystems in den Nachkriegsjahren so kräftig erholte.

1908

David Lloyd George führt das Rentensystem
in Großbritannien ein

1942

Der Beveridge-Bericht
wird veröffentlicht

Die Probleme Obwohl der Wohlfahrtsstaat viele Familien aus der Armut geholt und den Gesundheitsstandard und das Bildungsniveau in der westlichen Welt dramatisch verbessert hat, vertreten viele Menschen die Ansicht, dass Wohlfahrtssysteme auch erhebliche sozioökonomische und finanzielle Probleme mit sich bringen.

Das sozioökonomische Dilemma besteht darin, dass staatliche Wohlfahrtssysteme Menschen vom Arbeiten abhalten können. Es gibt zahlreiche Belege dafür, dass die Bereitstellung von Sozialleistungen Arbeitslose davon abhalten kann, sich eine neue Beschäftigung zu suchen (▶ Kapitel 22). Obwohl die Sozialausgaben gigantisch angewachsen sind, scheinen sie die Produktivität in einigen Ländern in den letzten Jahrzehnten eher beeinträchtigt zu haben, darunter in Großbritannien und einigen nordeuropäischen Staaten.

> 🍃 Rentenreformen, Anlageberatung und die automatische Integration in ein Vorsorgesystem werden es den Amerikanern viel leichter machen, zu sparen und für den Ruhestand vorzusorgen. 🍃
>
> Steve Bartlett,
> ehemaliger US-Kongressabgeordneter

Darüber hinaus stellt sich die Frage, wie diese Systeme langfristig finanziert werden sollen. Die meisten Sozialsysteme werden aus dem aktuellen Staatshaushalt im Umlageverfahren finanziert, wobei die heutigen Steuerzahler mit ihren Beiträgen die Leistungen für die heutigen Rentner bezahlen und nicht für ihre eigene Rente vorsorgen. Dieses System hat in den Nachkriegsjahren bestens funktioniert. Dank der Bevölkerungsexplosion in den späten 1940er-Jahren und 1950er-Jahren, dem so genannte Babyboom, zahlten in den 1960er-, 1970er- und 1980er-Jahren zahlreiche Erwerbstätige ihre Beiträge in die Rentenkasse ein. Aufgrund der abnehmenden Geburtenrate werden einige Länder, darunter die USA, Großbritannien, Japan und ein Großteil Europas, in Zukunft jedoch mit enormen Kosten konfrontiert werden.

In den USA ist das Problem besonders akut. Das US-System beinhaltet eine staatliche Rente für alle Bürger („Social Security"), eine kostenlose Krankenversicherung für ältere Menschen („Medicare") und eine Reihe kleinerer Programme. Dazu zählen zum Beispiel Medicaid, eine Krankenversicherung für Bedürftige, und Unterstützungsleistungen bei vorübergehender Arbeitslosigkeit. Dem System stehen jedoch erhebliche Finanzierungsschwierigkeiten bevor, wenn die Generation der Babyboomer in den Ruhestand geht. Der Anteil älterer Menschen (65 Jahre und darüber) an der Gesamtbevölkerung der USA wird bis zum Jahr 2050 voraussichtlich von 12 Prozent auf fast 21 Prozent steigen. Und diese Rentner leben länger und werden mehr medizinische Betreuung brauchen als je eine Generation vor ihnen.

Wohlfahrt in der Zukunft Einige Ökonomen befassen sich gezielt mit der Frage, wie sich die Entscheidungen einer Generation auf die nächste Generation auswirken können. Diesen Wissenschaftlern zufolge steuern die USA aufgrund der

---

Lösungen für die Renten- und Sozialkrise

1. Mehr Einwanderer ins Land lassen und ihnen eine Arbeitserlaubnis erteilen. Dadurch würde die Erwerbsbevölkerung wachsen. Außerdem würden viele Einwanderer in ihre Heimat zurückkehren, ohne die gesetzliche Rente in Anspruch zu nehmen.

2. Für zukünftige Steuerzahler die Steuern anheben, dafür jedoch ein geringeres Wirtschaftswachstum in Kauf nehmen.

3. Rentner zwingen, länger zu arbeiten oder Rentenabschläge hinzunehmen.

4. Das gegenwärtige Umlageverfahren durch Programme ersetzen, bei denen Steuerzahler jeden Monat einen bestimmten Betrag in einen Fonds einzahlen müssen. Einige Staaten bewegen sich bereits in diese Richtung, darunter auch Großbritannien. Die Reformen kommen jedoch wahrscheinlich zu spät, um in den kommenden Jahren einen unangenehmen Druck auf die Staatsfinanzen zu vermeiden.

---

bevorstehenden hohen Sozialkosten und der Abnahme der Erwerbsbevölkerung den meisten Definitionen nach direkt auf die Insolvenz zu. Ähnliche Prognosen können für Japan aufgestellt werden, wo über 21 Prozent der Bevölkerung heute schon das Alter von 65 Jahren überschritten haben und diese Altersgruppe im Jahr 2044 voraussichtlich ebenso groß sein wird wie die Erwerbsbevölkerung.

Es gibt Anzeichen dafür, dass die Geburtenrate in Großbritannien und den USA leicht steigt. In Großbritannien ist das weitgehend auf die rasante Zunahme der Teenager-Schwangerschaften zurückzuführen, in den USA vor allem auf den Kinderreichtum der mexikanischen Einwanderer. Doch selbst diese Entwicklungen werden die beiden Länder wahrscheinlich nicht vor dem drohenden Kostenschock bewahren können.

Die schmerzhafte Wahrheit lautet, dass die Rentner sich entweder mit weniger großzügigen Leistungen zufrieden geben müssen oder die Bürger zukünftig mehr Steuern zahlen müssen. Dieses Dilemma wird das politische und wirtschaftliche Leben in den kommenden Jahrzehnten dominieren.

Worum es geht

Vorsicht mit Zahlungsversprechen, die nicht erfüllt werden können

33 Der Geldmarkt

In einem unauffälligen Büroblock in den Docklands von London kommt ein kleine Gruppe von Menschen der Aufgabe nach, vielleicht die wichtigste Zahl der Welt zu errechnen. Diese Zahl, die jeden Morgen um 11 Uhr Londoner Zeit fixiert wird, hat rund um den Globus weit reichende Konsequenzen. Sie schickt einige Unternehmen in die Insolvenz und beschert anderen Millionen. Die Zahl ist Teil der Grundlagen des Kapitalismus, und doch wissen außerhalb der Finanzmärkte nur wenige Menschen von ihr. Es handelt sich um den Libor (London Interbank Offered Rate).

Der Libor, der von der British Bankers´ Association berechnet wird, ist zentrales Element eines der wichtigsten Sektoren der weltweiten Wirtschaft – des Geldmarkts. Hier verleihen und leihen sich Unternehmen kurzfristig Geld, also ohne Anleihen oder Aktien ausgeben zu müssen (▶ Kapitel 27). Die Geldmärkte sind das zentrale Nervensystem des weltweiten Finanzsystems. Wenn sie gelegentlich versagen, können sie die gesamte Wirtschaft in einen Schockzustand versetzen.

Normalerweise ist der Libor nichts anderes als der Zinssatz, zu dem sich Banken untereinander kurzfristig Geld ausleihen. Diese Kreditvergabe, oft auch als Interbankenkredite bezeichnet, erfolgt unbesichert. Sie lässt sich daher eher mit einem Überziehungskredit oder einem Kreditkartenkauf vergleichen als mit einem Hypothekendarlehen und ist für ein funktionierendes Bankensystem von entscheidender Bedeutung. Der Finanzstatus einer Bank ändert sich täglich erheblich, wenn Kunden Geld einzahlen, abheben, ausleihen und zurückzahlen. Die Möglichkeit, im Interbankenmarkt kurzfristig Geld aufzunehmen, ist für Banken daher sehr wichtig, um liquide zu bleiben.

Die Arbeitsweise der Banken hat sich in den letzten Jahrzehnten mehrfach gewandelt. Traditionell verdienten Banken ihr Geld, indem sie Kundengelder als Spareinlagen entgegennahmen und dieses Bargeld in Form von Hypothekendarlehen und anderen Krediten an andere Kunden verliehen (▶ Kapitel 28). Einerseits war damit

Zeitleiste

1970er-Jahre

Die ersten Verbriefungsmechanismen entstehen

1984

Die British Bankers´ Association entwickelt den Libor

Die Macht des Libor

Der Interbanken-Geldmarkt hat derart an Bedeutung gewonnen, dass die Libor-Zinssätze, die in den wichtigsten Währungen der Welt wie US-Dollar, Euro und Pfund Sterling festgestellt werden, Kontrakten im Wert von rund 300 Billionen US-Dollar zugrunde liegen. Das entspricht einem Betrag von 45 000 US-Dollar pro Erdbewohner.

Die meisten Menschen denken bei Zinssätzen an den Leitzins, der von den Zentralbanken wie der Federal Reserve Bank oder der Bank of England festgelegt wird. Tatsächlich ist der Libor ein wesentlich besserer Indikator für die realen Kreditkosten in der allgemeinen Wirtschaft.

ein direkter Kontakt, oft sogar eine persönliche Beziehung zu ihren Kunden verbunden. Denken wir nur an George Bailey (gespielt von James Stewart), der in dem Filmklassiker *Ist das Leben nicht schön?* versucht, panische Sparer zu beruhigen, die allesamt ihr Geld abheben wollen. Andererseits eröffnete dieser Modus Operandi den Banken nicht die gewünschten Wachstumsmöglichkeiten, weil Aufsichtsbehörden Regeln dazu festgelegt hatten, welche Geldmenge Banken im Verhältnis zu ihrer Größe verleihen durften. Das wiederum bedeutete, dass die Banken nicht unbedingt niedrige Hypothekenzinsen verlangten.

Entwicklung der Verbriefung   Viele Banken oder Hypothekenbanken waren als Genossenschaften gegründet worden, die nicht den Aktionären, sondern den Kunden gehörten. In Großbritannien nannte man diese speziellen Hypothekenbanken „Building Societies", zu denen Unternehmen wie Nationwide und Northern Rock zählten.

In den 1970er- und 1980er-Jahren stieg die Nachfrage nach Immobilieneigentum stark an (▶ Kapitel 37). Die Banken erkannten, dass sie diese Nachfrage nur durch eine Erhöhung ihrer verfügbaren Barmittel befriedigen konnten. Also änderten sie ihr Geschäftsmodell. Sie vergaben Kredite nun nicht mehr allein auf der Grundlage der Spareinlagen, sondern bündelten ihre Hypothekenforderungen zu Paketen und verkauften sie an andere Anleger. Dieses Vorgehen wird als *Verbriefung* bezeichnet. Dabei werden Forderungen in Wertpapiere (Anleihen, Optionen, Aktien etc.) umgewandelt. Eine Zeit lang funktionierte das bestens. Die Banken konnten ihre Hypothekenforderungen ausbuchen und erfüllten damit wieder die Voraussetzungen, neue Hypotheken zu vergeben. Anleger aus allen Teilen der Welt standen für die Wertpapiere Schlange, angelockt durch die hohen Renditen und die Bestätigung von Ratingagenturen, dass es sich um ein sicheres Investment handelte.

Die Banken entwickelten bei der Gestaltung dieser Wertpapiere große Raffinesse. So bündelten sie nicht nur mehrere Hypotheken zu Paketen, sondern verpackten sie auch zu CDOs (Collaterized Debt Obligations) oder den noch komplexeren CDOs^2 (CDOs aus Tranchen anderer CDOs) und CDOs^3.

Das theoretische Konzept hinter diesen Aktivitäten erscheint einleuchtend. Wenn ein Hypothekenschuldner bisher in Zahlungsverzug geriet, war der Hauptleidtragende die Bank. Die Kreditverbriefung ermöglichte die Weitergabe dieses Risikos an Finanzmarktakteure, die eine entsprechende Risikobereitschaft mitbrachten. Dabei tut sich jedoch ein Problem auf: Durch die Aufhebung der persönlichen Beziehung zwischen Kreditgeber und Kreditnehmer (auch als *Desintermediation* genannt) erhöht sich die Wahrscheinlichkeit, dass die Endabnehmer der Forderungspakete – ob japanische Anleger oder europäische Rentenfonds – das mit ihrer Anlage verbundene Risiko nicht mehr richtig einschätzen können. Stattdessen müssen sie sich auf das Urteil von Ratingagenturen wie Standard & Poors, Fitch oder Moody's verlassen.

Der Wegfall des Vermittlers hat maßgeblich zum Entstehen der Finanzkrise im Jahr 2008 beigetragen, denn viele Investoren waren sich des Risikos, das sie mit dem Kauf derart komplizierter Forderungsbündel eingingen, nicht vollständig bewusst. Da Banken viel mehr Geld verliehen, als sie an Einlagen besaßen, entstand in ihren Büchern eine große Finanzierungslücke, die nur noch durch den Interbankenhandel geschlossen werden konnte. Wie wir sehen werden, brach dieser Handel jedoch plötzlich zusammen.

Der Tag, der die Welt veränderte

Am 9. August 2007 kamen sowohl der Interbankenmarkt als auch der Markt für verbriefte Hypotheken rund um den Globus zum Erliegen. Die Anleger erkannten, dass der US-Immobilienmarkt in der Krise steckte und – noch viel gravierender – das Finanzsystem der westlichen Welt viel zu hoch verschuldet war. Daher weigerten sie sich, weitere Wertpapiere zu kaufen oder, anders ausgedrückt, weiter Geld zu verleihen. Ökonomen und Kapitalgeber, die diesem komplexen Teil des Finanzsystems bisher viel zu wenig Aufmerksamkeit geschenkt hatten, erkannten schlagartig, wie wichtig er für die Stabilität der Weltwirtschaft war. Dieser Moment der Angst löste die Finanzkrise aus.

Viele Banken auf beiden Seiten des Atlantiks, einschließlich Northern Rock, konnten sich am Interbankenmarkt plötzlich nicht mehr refinanzieren. In ihren Büchern taten sich gigantische schwarze Löcher auf. Auch wenn die Finanzkrise viele Ursachen hatte, war es das Einfrieren der Finanzmärkte, das die ersten fatalen Schockwellen durch das System jagte. Kaum einen Monat später musste Northern Rock die Nothilfe der Bank of England in Anspruch nehmen, die einen Zentralbankkredit bereitstellte. Obwohl viele Menschen annehmen, dass Northern Rock vor allem unter faulen Hypotheken litt (also unter Hypothekendarlehen, die an Personen mit geringer Kreditwürdigkeit vergeben worden waren), lag das wahre Problem in der völligen Abhängigkeit der Bank vom Interbankenmarkt. Dort schnellten die Libor-Zinssätze in die Höhe, weil die Banken insgesamt zu misstrauisch geworden waren, um sich gegenseitig noch Kredite zu gewähren.

> **Kaum ein Ökonom dürfte wohl bestreiten, dass wir die schwerste Wirtschaftskrise seit der Großen Depression erleben. Zumindest aber erreichen wir allmählich einen Konsens darüber, welche Maßnahmen wir ergreifen müssen.**
> Barack Obama

Der Libor ist lediglich ein indikativer Zinssatz, der Aufschluss darüber gibt, zu welchem Zinssatz Banken sich theoretisch Geld leihen würden. In diesem Fall fand überhaupt keine Kreditvergabe mehr statt. Die Zentralbanken mussten eingreifen und den Märkten wie auch den Banken selbst Geldspritzen verabreichen. Die Geldmärkte waren praktisch ausgetrocknet.

Worum es geht

Geldmärkte regieren die Finanzwelt

34 Spekulationsblasen

Irrationaler Überschwang: Für sich betrachtet, sind diese beiden Wörtchen wenig bemerkenswert. Zu einem Ausdruck zusammengefügt, haben sie jedoch schon Aktienmärkte rund um den Globus zum Einsturz gebracht. Als Alan Greenspan, damals Vorsitzender der US-Notenbank, 1996 darauf hinwies, dass an den Börsen ein irrationaler Überschwang herrschen könnte, hatte dies einen erheblichen Kurzssturz zur Folge, weil Anleger befürchteten, in eine Blase geraten zu sein.

Greenspan hatte erkannt, dass die Aktienkurse von Technologieunternehmen viel schneller kletterten, als üblicherweise zu erwarten gewesen wäre. Die Menschen ließen sich hinreißen und kauften in ihrer Begeisterung über den Internetboom Aktien zu unangemessen hohen Preisen. Dadurch schossen die Kurse in der frühen Phase der Dotcom-Blase in die Höhe. Nach dem Hinweis von Greenspan gab der Dow Jones Index am nächsten Tag um 145 Punkte nach. Bis zur Jahrtausendwende kehrten Vertrauen und Optimismus jedoch zurück.

Dieser „irrationale Überschwang" veranschaulicht zwei wichtige Aspekte von Finanzmärkten und Spekulationsblasen: Erstens ist es extrem schwierig, eine Blase zu erkennen, geschweige denn zu ermitteln, wann sie platzen wird. Zweitens ist es nicht immer leicht, eine Spekulationsblase wieder unter Kontrolle zu bringen.

Blasen erkennen Wirtschaftliche Blasen entstehen, wenn der Enthusiasmus von Spekulanten und Anlegern über eine bestimmte Anlage den Preis in Höhen schraubt, die unangemessen sind. Natürlich ist die Bestimmung des „richtigen" Preises subjektiv, darin liegt das Problem. Selbst als die Kurse der Dotcom-Firmen im Jahr 2000 schwindelnde Höhen erreichten, beteuerten noch immer viele Analysten und Experten, die Aktien seien angemessen bewertet. Das Gleiche galt für die Immobilienpreise in den USA und in Großbritannien im Jahr 2006, bevor sie in der 2008 einsetzenden Wirtschaftskrise in den Keller gingen.

Zeitleiste

1637	1720	1840
Tulpen-Spekulationsblase in den Niederlanden	South-See-Blase, Mississippi-Company-Blase	Manie rund um Eisenbahnaktien

Spekulationsblasen sind mitnichten ein neues Phänomen – sie treten auf, seit es Märkte gibt. Im 17. Jahrhundert kauften Anleger in Holland wie versessen Tulpen, im 18. Jahrhundert bildeten sich Blasen im Zusammenhang mit der South Sea Company und Mississippi Company (in Verbindung mit Gewinnen, die mit europäischen Kolonien erwartet wurden), und im 20. Jahrhundert war mehrfach ein „Immobilienrausch" zu beobachten.

> **Unsere [Anlageentscheidungen] können nur als Ergebnis irrationalen Marktverhaltens angesehen werden – als spontaner Drang zu handeln, statt untätig zu bleiben.**
> **John Maynard Keynes**

Wenngleich rückblickend offensichtlich ist, dass es sich um Spekulationsblasen handelte, ist es schwer, sie im Voraus als solche zu erkennen. Preise können auch aus Gründen anziehen, die Ökonomen als „fundamental" bezeichnen. Immobilienpreise zum Beispiel können steigen, weil mehr Menschen in ein bestimmtes Land oder eine bestimmte Region drängen (also weil die Nachfrage zunimmt) oder weil weniger Häuser gebaut werden (also weil das Angebot knapp ist).

Gegen den Wind Zahlreiche Wirtschaftsexperten, darunter auch Alan Greenspan, sprachen sich gegen die Versuche der Politik aus, Spekulationsblasen durch Zinssteigerungen oder neue Regulierungsvorschriften einzudämmen oder „gegen den Wind anzukämpfen". Stattdessen sollten sich die Verantwortlichen auf die Aufräumarbeiten nach dem Zerplatzen der Blase konzentrieren. Die Vertreter dieser Theorie bringen zwei Argumente vor. Zum einen sei es schwierig zu ermitteln, ob steigende Preise das Symptom einer Blase oder vielmehr ein positives Signal für wirtschaftliches Wachstum seien. Zweitens seien wirtschaftliche Instrumente wie Zinssätze und Regulierungsmaßnahmen sehr stumpf, so dass ihr Einsatz durchaus Kollateralschäden in anderen Bereichen der Wirtschaft verursachen könnte.

Einige Ökonomen halten Spekulationsblasen sogar für einen festen Bestandteil einer funktionierenden Wirtschaft, weil sie zu umfassenden Investitionen führen, die sonst nicht getätigt worden wären. So löste der Dotcom-Boom Ende der 1990er-Jahre weltweit ein Wettrennen um die Verlegung von Glasfaserkabeln aus. Das Ergebnis war ein internationales Netz mit weitaus größerer Kapazität, als damals gebraucht wurde. Viele der beteiligten Unternehmen gingen in Konkurs. Doch das nun bessere Bandbreitenangebot war mitverantwortlich für das Wirtschaftswachstum in den Jahren nach dem Internetboom, weil sie die Kosten der internationalen

1926	**1989**	**2001**	**2006 – 2008**
Immobilien-Crash in Florida	Die britische Immobilienblase platzt	Die Dotcom-Blase platzt	Immobilienblasen platzen in den USA, in Großbritannien und weiten Teilen der westlichen Welt

Kommunikation erheblich reduzierte. Ebenso vertreten einige Wirtschaftswissenschaftler die Ansicht, das Platzen einer Blase setze den Prozess der schöpferischen Zerstörung in Gang und befreie eine Volkswirtschaft von ihren erfolglosesten Unternehmen (▶ Kapitel 36).

Der Schaden   Wenn eine Nation gerade das Zerplatzen einer Blase erlebt hat, erscheint diese Argumentation jedoch fragwürdig. Der nun eintretende Wirtschaftsabschwung oder die Rezession kann verheerende Schäden verursachen. Wenn Banken weniger Kredite vergeben, können sich selbst einfache Finanztransaktionen erheblich verteuern (▶ Kapitel 35). Man muss sich nur die Weltwirtschaftskrise vor Augen führen, die auf den Zusammenbruch der Wall Street im Jahr 1929 folgte. Hier zeigt sich deutlich, wie gravierend die langfristigen wirtschaftlichen Folgen des Platzens einer Blase sein können.

Einige argumentieren, dass Spekulationsblasen Anleger durch die Verheißung schnellen Reichtums von geeigneteren Anlageobjekten ablenken. Fachsprachlich ausgedrückt verursachen die Blasen somit eine Fehlallokation von Ressourcen, die an anderer Stelle besser eingesetzt wären. So kaufen Investoren zum Beispiel Häuser, weil sie mit Preissteigerungen rechnen, anstatt das Geld in Aktien zu investieren oder zu sparen.

Den Zyklus abschwächen   Die Entscheidungsträger in einer Volkswirtschaft haben verschiedene Möglichkeiten, das Entstehen von Spekulationsblasen zu verhindern. Zunächst einmal können sie durch öffentliche Äußerungen signalisieren, dass sie Bedenken hinsichtlich der Entstehung einer Blase haben (und dabei möglicherweise gleich entsprechende Gegenmaßnahmen ankündigen). Wie der Dotcom-Crash gezeigt hat, schützt das jedoch nicht zwangsläufig vor dem weiteren Anschwellen der Spekulationsblase. Die zweite Option besteht darin, die Zinssätze anzuheben. Das kann das Wachstum der Blase eindämmen, verlangsamt jedoch auch das Wachstum in anderen Wirtschaftszweigen. Eine dritte Möglichkeit liegt darin, Banken stärker zu regulieren, um sicherzustellen, dass sie in guten Zeiten mit ihren Krediten nicht zu freigiebig sind und nach einer geplatzten Blase die Kreditvergabe nicht komplett einstellen. Diese Maßnahmen werden als *antizyklisch* bezeichnet, weil sie verhindern sollen, dass die Wirtschaft vom Boom in den Abschwung abgleitet. Das Gegenteil sind *prozyklische* Maßnahmen, die erst die Bildung von Spekulationsblasen und dann den schmerzhaften Abschwung verstärken.

Nach der Krise von 2008 versprachen die Zentralbanken, „stärker gegen den Wind anzukämpfen", um zu verhindern, dass neue Blasen rund um die Immobilienpreise entstehen. Welch verheerenden Folgen diese Blasen haben können, ist in diesem Jahrzehnt nur allzu deutlich geworden. Dennoch setzt sich unter Ökonomen

Feedback-Schleifen

Wenn eine Spekulationsblase wächst oder platzt, beeinflusst das die Wirtschaft durch einen positiven Kreislauf oder Teufelskreis, den Ökonomen als positive oder negative Feedback-Schleife bezeichnen. Wenn die Preise steigen, empfinden Menschen sich als wohlhabender. Das veranlasst sie, mehr Geld auszugeben, was die allgemeine Wirtschaft ankurbelt. Wenn die Preise sinken, investieren Menschen weniger, woraufhin die Preise noch stärker sinken und Banken weniger Kredite vergeben. Während der Finanzkrise von 2008 entwickelte sich eine negative Feedback-Schleife, in deren Gefolge Banken kaum noch Kredite an die Öffentlichkeit vergaben. Das veranlasste die Menschen, ihre Ausgaben einzuschränken, was die Kreditbereitschaft der Banken noch weiter schmälerte. Diese Schleifen sind ein sehr gefährliches Wirtschaftsphänomen, weil sie von Zentralbanken und Politikern nur sehr schwer gestoppt werden können, wenn sie erst einmal in Gang gekommen sind.

nach und nach die Überzeugung durch, dass Spekulationsblasen ein unvermeidbares Element des Wirtschaftswachstums sind. Solange der Mensch irrational und unberechenbar bleibt, werden Spekulationsblasen Teil unseres Lebens sein.

Worum es geht
Menschen sind anfällig
für Spekulationsblasen

35 Kreditklemmen

$$C = SN(d_1) - Le^{-rT} N(d_1 - \sigma\sqrt{T})$$

Die obige Formel erscheint vielleicht auf den ersten Blick recht unspektakulär, ist jedoch die gefährlichste Gleichung seit $E = mc^2$. So wie die Formel von Albert Einstein zu Hiroshima und Nagasaki führte, wirkt sich auch die obige Gleichung in der Finanzwelt wie eine Atombombe aus. Sie hat Aktienmärkte boomen und einbrechen lassen und Finanzkrisen und Wirtschaftsabschwünge herbeigeführt, in denen Millionen Menschen einen Großteil ihrer Existenzgrundlage verloren haben. Es handelt sich um die Black-Scholes-Formel, die sich mit der wichtigsten Wirtschaftsfrage überhaupt befasst: Können Menschen aus ihren Fehlern lernen?

Es gibt, allgemein gesprochen, zwei Lehrmeinungen darüber, wie sich Finanzmärkte verhalten. Nach der ersten Meinung schwanken die Menschen in der Regel zwischen Furcht und Gier, wodurch die Märkte in einen Rausch geraten und im Extremfall sehr irrational werden können. Daraus lässt sich schlussfolgern, dass sich stets eine Spekulationsblase an die nächste reihen wird. Das ist die Theorie der Kreditzyklen. In guten Zeiten ist Geld billig und reichlich vorhanden, doch diese Zeiten werden regelmäßig durch eine Kreditklemme unterbrochen. Dann stellen Banken die Kreditvergabe ein, was das normale Wirtschaftsleben praktisch zum Erliegen bringt.

Nach der zweiten Lehrmeinung korrigieren sich die Märkte im Lauf der Zeit selbst und werden allmählich effizienter und weniger anfällig für neurotische Entwicklung. Somit werden Börsencrashs und Kreditklemmen irgendwann der Vergangenheit angehören. Diese Theorie geht von der langfristigen Lernfähigkeit der Menschen aus. Im Zusammenhang mit dieser These entwickelten Myron Scholes und Fischer Black ihre Wunderformel.

Zeitleiste

1873
Eine durch die Blase nach dem Amerikanischen Bürgerkrieg verursachte Panik löst in den USA die „Long Depression" aus

1929
Der Wall Street Crash führt zu einer Liquiditätskrise und zur Weltwirtschaftskrise

Schwarze Schwäne

Ein „schwarzer Schwan" steht für ein unvorhergesehenes Ereignis, das Menschen zwingt, ihre bisherige Sicht der Dinge zu ändern. Der Autor und ehemalige Börsenhändler Nassim Nicholas Taleb verwendet die Metapher unter Anspielung darauf, dass bis zum 17. Jahrhundert die Überzeugung vorherrschte, alle Schwäne seien weiß. Die Theorie wurde widerlegt, als man schwarze Schwäne in Australien entdeckte.

Auf Finanzmärkten ist ein „schwarzer Schwan" ein zufälliges, unerwartetes Ereignis, das an den Märkten entweder für einen rasanten Aufschwung oder Abschwung sorgt. Taleb betrachtet die Entwicklung des Internets als ein solches Ereignis, ebenso die Entscheidung der russischen Regierung im Jahr 1998, ihren Schuldendienst einzustellen. Der erste Vorfall leitete den Dotcom-Boom ein, der zweite führte zu einer bedeutenden Schuldenkrise und zum Zusammenbruch von Long-Term Capital Management, einem der größten Hedgefonds der Welt. Ein weiteres Beispiel sind die Terroranschläge vom 11. September.

Die Black-Scholes-Gleichung schien Unmögliches möglich zu machen. Oberflächlich betrachtet war sie lediglich ein Instrument zur Bewertung von Optionen am Derivatemarkt (▶ Kapitel 30). Sie ließ jedoch erstaunliche Folgerungen zu. Die mathematische Formel schien der Anlagetätigkeit an den Börsen jedes Risiko zu nehmen. Es hatte den Anschein, als könnten Investoren durch die Berücksichtigung der Gleichung Millionenverluste vermeiden, indem sie ihre Aktien bei sinkenden Kursen leerverkauften (also auf ihren bevorstehenden Wertverlust setzten). Die Formel wurde von fast jedem Anleger rund um den Globus aufgegriffen und brachte ihren Urhebern 1997 den Nobelpreis für Ökonomie ein. Doch auf den Prüfstand gestellt, war auf die Gleichung leider kein Verlass. Als die Kurse so schnell sanken, dass sich für bestimmte Aktien oder andere Anlageobjekte keine Abnehmer fanden, versagte die sehr logische Formel den Dienst.

Das Problem lag bei dieser Gleichung wie bei fast allen anderen Wirtschaftstheorien darin, dass sich Märkte schon immer irrational verhalten haben. Auf- und Abschwünge scheinen ein unumgänglicher Bestandteil der kapitalistischen Marktwirtschaft zu sein (▶ Kapitel 31).

1987

Schwarzer Montag (19. Oktober) – die US-Börse bricht um 22,6 Prozent ein

2008

Märkte brechen weltweit ein, nachdem die Investmentbank Lehman Brothers der Finanzkrise zum Opfer fällt

Die Phasen vom Aufschwung zum Abschwung
Finanzmärkte sind für die Stabilität von Volkswirtschaften von zentraler Bedeutung, da Unternehmen und Privatpersonen ohne Zugang zu Krediten nicht in ihre Zukunft investieren können.

Wenn Kreditmittel knapp sind, kann die daraus resultierende Kreditklemme in einer Rezession oder sogar Deflation und Depression münden, da die Bürger nicht mehr investieren und Wohlstand schaffen können. Wer verstehen will, wie eine moderne Volkswirtschaft funktioniert, sollte daher wissen, wie Finanzmärkte von Gier in Furcht umschwingen.

> **Solange die Musik spielt, muss man mitmachen und tanzen. Wir tanzen noch.**
>
> Chuck Prince,
> bis 2007 Vorstandschef der Citigroup

Finanzmärkte wechseln in den folgenden fünf Phasen vom Aufschwung zum Abschwung:

1. *Verschiebung.* Ein bestimmtes Ereignis ändert die Wahrnehmung der Anleger in Bezug auf den Markt. Ende der 1990er-Jahre war es die wachsende Verbreitung des Internets, das bis zum Dotcom-Crash als nahezu unerschöpfliche Geldmaschine betrachtet wurde. Anfang der 2000er-Jahre war es die Kombination aus niedrigen Zinsen und niedriger Inflationsrate, die viele Menschen veranlasste, hohe Kredite aufzunehmen und Häuser zu kaufen.

2. *Boom.* Die Hoffnungen der Anleger auf die Früchte dieser Verschiebung (auch als „Paradigmenwechsel" bezeichnet) scheinen sich zu bestätigen. In den 1990er-Jahren verzeichneten Internetaktien beträchtliche Kurssprünge, während die Immobilienpreise Anfang der 2000er-Jahre in die Höhe schnellten. Ursache hierfür waren die niedrigen Zinssätze und die Überzeugung, dass die Banken ein neues, risikofreies Modell der Hypothekenfinanzierung entdeckt hätten.

3. *Euphorie.* Eine allgemeine Erregung greift um sich, und Banken verleihen immer mehr Geld, um ihren Gewinn zu maximieren. Zu diesem Zweck erfinden sie regelmäßig neue Finanzinstrumente. In den 1980er-Jahren waren es die so genannten Junk-Bonds (Anleihen von zweifelhafter Qualität), Anfang der 2000er-Jahre brachten sie dann die Verbriefung von Hypotheken und anderen Forderungen hervor. In dieser Phase wollen alle am Finanzmarkt mitmischen – vom erfahrenen Investor bis zum Taxifahrer.

4. *Gewinnmitnahme.* Clevere Anleger erkennen, dass die guten Zeiten nicht ewig anhalten werden, und beginnen mit dem Verkauf ihrer Investments. Im Zuge dieses Verkaufs sinken die Kurse zum ersten Mal.

5. *Panik.* Die sinkenden Kurse verbreiten Angst und Schrecken. Anleger stoßen nun scharenweise ihre Papiere ab, was dramatische Kursstürze auslöst. Banken vergeben Kredite nur noch an besonders kreditwürdige Kunden.

Die fünf Phasen, die der Ökonom Hyman Minsky umrissen hat, haben sich in der Geschichte häufig wiederholt, auch wenn sich der Paradigmenwechsel und die Einzelheiten des Booms jeweils unterscheiden. Nicht zuletzt deshalb ist die Wiederholung als solche so schwer zu erkennen. Das Problem liegt darin, dass häufig eine Liquiditätskrise eintritt, wenn ein Markt in Panik gerät.

Der Minsky-Moment Während der Panikphase können die Preise so rasch und so tief abrutschen, dass der Wert der betreffenden Anlagen, beispielsweise Immobilien, schnell unter den Betrag des Kredits sinken kann, der für den Kauf des Hauses aufgenommen wurde. Banken beginnen, ihre Darlehen zurückzufordern. Weil es jedoch schwierig ist, spekulative Anlageobjekte abzustoßen, müssen die Anleger sich mit niedrigeren Preisen zufrieden geben oder andere Vermögenswerte verkaufen. In beiden Fällen sinken die Kurse noch weiter. Dieser Teufelskreis wird als „Minsky-Moment" bezeichnet.

> **Der Markt kann sich länger irrational verhalten, als man selbst zahlungsfähig bleibt.**
> **John Maynard Keynes**

Dieses Verhalten, Panik und Rausch, erscheint irrational. Da die konventionelle Wirtschaftslehre irrationale Verhaltensweisen jedoch weitgehend unberücksichtigt lässt, hat sie bevorstehende Blasen und Crashs nur selten rechtzeitig erkannt. Die Black-Scholes-Gleichung gründete auf der Annahme, dass es immer eine gewisse Nachfrage nach einer bestimmten Anlage geben würde, wenn der Preis auf ein attraktives Niveau sinkt. Sie ließ jedoch das irrationale Verhalten von Menschen in Krisenzeiten außer Acht. Und ebenso wie viele andere ausgefeilte Modelle und Formeln bestärkte auch die Black-Scholes-Gleichung Anleger in der irrigen Überzeugung, dass sie dem Risiko irgendwie entgehen könnten. Doch die Finanzwelt war schon immer ein gefährlicher Ort.

Worum es geht
Wenn der Kreditfluss versiegt, kommt die Wirtschaft zum Erliegen

36 Schöpferische Zerstörung

Es ist weithin bekannt, dass Charles Darwins Evolutionstheorie eine Entdeckung von ebenso bahnbrechender wissenschaftlicher Bedeutung ist wie Isaac Newtons Entdeckung der Gravitation und der Bewegungsgesetze oder wie Kopernikus' Erkenntnis, dass die Erde um die Sonne kreist. Was aber nur wenige wissen: Darwin hätte seine grandiose Theorie ohne die Ökonomie vielleicht niemals entwickelt.

Im Jahr 1838 regten die Schriften von Thomas Malthus (▶ Kapitel 3) Darwin zu der Vorstellung einer Welt an, in der die Tüchtigsten überleben und sich zu neuen, fähigeren und besser angepassten Arten weiterentwickeln. „Endlich", so äußerte er später, „hatte ich eine Theorie, mit der ich arbeiten konnte." Tatsächlich weisen die Kräfte, die die natürliche Umwelt und die freie Marktwirtschaft gestalten, bei näherer Betrachtung frappierende Ähnlichkeiten auf.

Das Gesetz des wirtschaftlichen Dschungels Freie Märkte können wie die Natur tückisch sein und manch talentierten und verdienstvollen Menschen scheitern lassen. Freie Märkte kennen kein Erbarmen: Wer keine tragfähige Geschäftsidee hat, geht leicht Bankrott; wer schlechte Investitionsentscheidungen trifft, büßt dafür oft mit seinem ganzen Vermögen. Nach dem Gesetz der schöpferischen Zerstörung können solche Fehlschläge jedoch letztlich dazu beitragen, stärkere Unternehmen, gesündere Volkswirtschaften und wohlhabendere Gesellschaften hervorzubringen, denn sie merzen das Alte, Ineffiziente und nicht Wettbewerbsfähige aus, um Platz für das Neue, Starke und Kraftvolle zu schaffen.

Auch wenn es sich um eine Erweiterung des von Adam Smith formulierten Gesetzes von Angebot und Nachfrage handelt, führt das Gesetz der schöpferischen Zerstörung, das von einer Gruppe österreichischer Ökonomen im 20. Jahrhundert

Zeitleiste

1883
Geburt Schumpeters

entwickelt wurde, diesen Gedanken noch einen Schritt weiter. Es besagt im Prinzip, dass sich eine Rezession oder ein wirtschaftlicher Abschwung entgegen landläufiger Vorstellung langfristig positiv für die Wirtschaft auswirken kann, obwohl zunächst die Arbeitslosigkeit infolge sinkender Unternehmergewinne steigt.

Am vehementesten wurde diese These von Joseph Schumpeter vertreten, einem Österreicher, der in die Vereinigten Staaten emigrierte, um der Verfolgung durch die Nationalsozialisten zu entgehen. Seine Forderung, Rezessionen dürften nicht vermieden werden, war damals ebenso umstritten wie heute. Die gängige Lehrmeinung jener Zeit (die unter den meisten Politikern noch immer verbreitet ist) lautete, dass politische Entscheidungsträger die größtmöglichen Anstrengungen unternehmen sollten, um Rezessionen und insbesondere Depressionen zu vermeiden. Vor allem John Maynard Keynes vertrat die Auffassung, solche Ereignisse müssten aufgrund der mit ihnen verbundenen gravierenden Begleitschäden wie Arbeitslosigkeit und Vertrauensverlust mit allen dem Staat zur Verfügung stehenden Mitteln bekämpft werden. Als Beispiele für mögliche Gegenmaßnahmen führte er Zinssenkungen und eine Erhöhung der Staatsausgaben an, um die Wirtschaft wiederanzukurbeln.

Die meisten Ökonomen stützen sich für gewöhnlich auf komplexe Computermodelle, die von einem vollkommenen Wettbewerb und der Annahme ausgehen, Angebot und Nachfrage unterlägen im Lauf der Zeit keinen nennenswerten Schwankungen. Laut Schumpeter hatten solche Modelle wenig mit den unbeständigen Bedingungen gemein, die die Gesellschaften formen.

Schumpeters Argumentation ist im Lauf der Jahre keineswegs entkräftet worden. Im Gegenteil, führende Wirtschaftswissenschaftler wie Brad DeLong und Larry Summers meinen, dass Schumpeter sich sehr wohl als der bedeutendste Ökonom des 21. Jahrhundert erweisen könne, so wie Keynes der bedeutendste Ökonom des 20. Jahrhundert war.

> **[Der] Prozess der industriellen Mutation [...] revolutioniert unaufhörlich die Wirtschaftsstruktur von innen heraus, zerstört unaufhörlich die alte Struktur und schafft unaufhörlich eine neue. Dieser Prozess der ‚schöpferischen Zerstörung' ist das für den Kapitalismus wesentliche Faktum.**
>
> Joseph Schumpeter

1930er-Jahre

Die Große Depression lässt Hunderttausende von Unternehmen in Konkurs gehen

1942

Schumpeter macht mit seinem Buch *Kapitalismus, Sozialismus und Demokratie* die Idee der schöpferischen Zerstörung einer breiteren Öffentlichkeit bekannt

Joseph Schumpeter 1883–1950

Der in dem kleinen Ort Trest in der heutigen Tschechischen Republik geborene Schumpeter wuchs nach der Wiederheirat seiner Mutter in Wien auf. Seinem aristokratischen Stiefvater hatte er es zu verdanken, dass er das renommierte Collegium Theresianum und anschließend die Universität besuchen konnte, wo er sich bald als brillanter Student einen Namen machte und den Grundstein zu einer glanzvollen Karriere legte. Als Professor für politische Ökonomie lehrte er zunächst an verschiedenen Universitäten, bevor er nach dem Ersten Weltkrieg für kurze Zeit das Amt des österreichischen Finanzministers inne hatte und 1920 Präsident der Biedermann Bank wurde. Als die Bank 1924 zusammenbrach, ver-lor Schumpeter sein ganzes Vermögen und sah sich gezwungen, in den akademischen Lehrbetrieb zurückzukehren. Mit dem Aufstieg des Nationalsozialismus in den 1930er-Jahren wanderte er nach Amerika aus, wo man rasch seine wissenschaftlichen Qualitäten erkannte. Den Rest seiner beruflichen Laufbahn verbrachte er in Harvard, wo er unter Studenten und Professoren gleichermaßen zu einer Art Kultfigur wurde und zahlreiche Anhänger gewann. Anfang der 1940er-Jahre zählte er zu den bekanntesten Ökonomen der Vereinigten Staaten und wurde 1948 zum Präsidenten der American Economic Association ernannt.

Wiedergeburt durch Rezession   Volkswirtschaften entwickeln sich nicht kontinuierlich, sondern unterliegen Schwankungen, so genannten Konjunkturzyklen (▶ Kapitel 31). In einer Phase wirtschaftlichen Aufschwungs geben die Verbraucher mehr Geld aus und nehmen oftmals auch mehr Kredite auf als gewöhnlich, so dass es für Unternehmen relativ leicht ist, Gewinne zu machen. Nach Schumpeters Auffassung wurden dadurch ineffiziente Firmen gefördert, die unter weniger günstigen Umständen gar nicht hätten entstehen können.

Wenn die Konjunktur dagegen abflaut und die Menschen weniger Geld ausgeben, brechen ineffiziente Firmen zusammen. Obwohl dies kurzfristig mit gewissen Härten verbunden ist, zwingt es die Investoren dazu, nach anderen, attraktiveren Geldanlagemöglichkeiten Ausschau zu halten, was sich wiederum positiv auf das potenzielle Wirtschaftswachstum der kommenden Jahre auswirken kann. Schumpeter und sein österreichischer Kollege Friedrich Hayek (▶ Kapitel 12) sprachen sich aus diesem Grund dagegen aus, dass Staaten zur Verhinderung von Rezessionen massiv die Zinssätze senkten. Stattdessen sollten diejenigen, die in Zeiten des Aufschwungs unrentable Investitionen getätigt hatten, die Folgen tragen, denn sonst würden sie in der Zukunft unweigerlich dieselben Fehler machen.

Eine solche Logik gilt für einen ganzen Wirtschaftszweig ebenso wie für einzelne Unternehmen. So hat zum Beispiel in den letzten Jahren die Konkurrenz aus Fernost die Fertigungsindustrie in den Vereinigten Staaten und Europa gezwungen, sich zu verkleinern und zu verschlanken, ein Prozess, bei dem ineffiziente Marktakteure ausgeschaltet wurden.

Das Überleben des Tüchtigsten   In die Praxis umgesetzt wurde die Theorie in den 1930er-Jahren, als US-Politiker während der Weltwirtschaftskrise auf Rettungsmaßnahmen verzichteten und in der Hoffnung auf eine kathartische Gesundung der Wirtschaft Tausende von Banken in den Ruin gehen ließen. So gab der damalige US-Finanzminister Andrew Mellon den Investoren den Rat: „Liquidieren Sie Arbeitsplätze, liquidieren Sie Aktien, liquidieren Sie landwirtschaftliche Betriebe und liquidieren Sie Immobilien […] Es wird die Fäulnis aus dem System vertreiben." In den folgenden Jahren schrumpfte die Wirtschaftsleistung um ein Drittel, ein Verlust, von dem sich das Land erst nach Jahrzehnten vollständig erholte. Da man dies kaum als *schöpferische* Zerstörung bezeichnen kann, überrascht es wenig, dass die These daraufhin in Ungnade fiel. Jüngere Studien, wonach Unternehmen im Konjunkturaufschwung eher zu Umstrukturierungen und Verschlankungen bereit sind als in Zeiten des Abschwungs, haben diese Vorbehalte noch verstärkt.

Schumpeter und Hayek machten jedoch geltend, dass zwischen einem leichten Abschwung und einer ausgewachsenen Depression, die sich über viele Jahre hinzieht und irreparable Schäden verursacht, ein fundamentaler Unterschied besteht. Damit das Gesetz der schöpferischen Zerstörung funktionieren kann, müssen Volkswirtschaften überdies flexibel genug sein, um konjunkturelle Schwankungen auffangen zu können. In vielen europäischen Volkswirtschaften, in denen die Arbeitsmärkte streng reguliert sind und Arbeitskräfte nicht ohne Weiteres entlassen oder eingestellt werden können, kann es daher für Arbeitslose unnötig schwer sein, neue Beschäftigung zu finden. In solchen Fällen können Rezessionen dauerhafte Kosten verursachen, die die potenziellen langfristigen Vorteile der schöpferischen Zerstörung bei weitem überwiegen.

> **Wirtschaftlicher Fortschritt bedeutet in der kapitalistischen Gesellschaft Aufruhr.**
> Joseph Schumpeter

Was bleibt, ist die Botschaft, dass aus einem wirtschaftlichen Abschwung eine stärkere und gesündere Wirtschaft erstehen kann. Von den 100 größten internationalen Unternehmen des Jahres 1912 waren 1995 nur noch 19 auf der Liste zu finden. Annähernd die Hälfte war verschwunden, Pleite gegangen oder übernommen worden. Dass die Wirtschaft jedoch insgesamt in diesem Zeitraum so erfolgreich gewachsen ist, verdankt sie der schöpferischen Zerstörung. Wie Studien gezeigt haben, führten die meisten Rezessionen in der amerikanischen Geschichte eher zu einer Steigerung der Produktivität als zu einer Abnahme. Genauso wie die Evolution also Arten entstehen lässt, die sich besser an ihre Umgebung angepasst haben, bringt die schöpferische Zerstörung besser funktionierende Volkswirtschaften hervor.

Worum es geht
Unternehmen müssen sich anpassen, oder sie gehen unter

37 Wohneigentum und Immobilienpreise

Für die meisten von uns ist das eigene Haus oder die eigene Wohnung unser wertvollster Vermögensgegenstand und größter Besitz. Um ein Haus zu kaufen, müssen wir uns mehr Geld leihen, als wir es jemals unter anderen Umständen tun würden. Nicht selten nehmen wir einen Kredit auf, dessen Laufzeit sich über eine ganze Generation erstreckt. Und wenn wir das Pech haben, zum falschen Zeitpunkt zu kaufen, ist die Gefahr des finanziellen Ruins groß.

Seit dem frühen 20. Jahrhundert ist es für viele Menschen in den reicheren Volkswirtschaften geradezu eine Obsession geworden, Wohneigentum zu haben. In vielen Teilen der westlichen Welt ist der Anteil der Bevölkerung, der in den eigenen vier Wänden wohnt, von einem Viertel auf fast drei Viertel gestiegen. Allerdings war es genau dieses Bestreben, einem größeren Teil der Bevölkerung zum eigenen Heim zu verhelfen, das maßgeblich zum Ausbruch der Finanzkrise im Jahr 2008 beitrug. Die Vorstellung, hohe Wohneigentumsquoten seien grundsätzlich wünschenswert, wird derzeit einer kritischen Prüfung unterzogen.

Kein gewöhnlicher Vermögenswert   Rein ökonomisch betrachtet stellt Wohneigentum eine Vermögensklasse dar. Es ist relativ leicht zu kaufen und zu verkaufen und es besitzt einen Wert, der im Lauf der Zeit steigt oder fällt. Im Gegensatz zu den meisten anderen Vermögenswerten – wie Aktien, Wein, Gemälden oder Goldmünzen – dient das Eigenheim jedoch einem wesentlichen Zweck: Es ist der Ort, an dem man zu Hause ist.

Die Verbindung dieser beiden Faktoren bedeutet, dass ein Immobilienboom – und ein anschließendes Platzen der Blase – weitaus tiefgreifendere Folgen hat als ein Börseneinbruch oder ein Preisabsturz anderer Vermögenswerte.

Zeitleiste

1920er – 1930er-Jahre

Sprunghafter Anstieg des Wohnungsbaus in Großbritannien, gefolgt von einer Rezession

1989

In Großbritannien kommt es zu einem massiven Einbruch auf dem Immobilienmarkt, der sich über mehr als ein halbes Jahrzehnt erstreckt und in dessen Verlauf die Immobilienpreise um ein Drittel sinken

Wenn Immobilienpreise boomen, trägt dies in der gesamten Wirtschaft zu einem Anstieg des Verbrauchervertrauens bei. Die Menschen gehen in der Regel großzügiger mit Geld um (sie geben mehr aus und borgen sich mehr), da sie wissen, dass der Wert ihres Eigenheims steigt. Das ist nicht nur eine Frage des Vertrauens, sondern bietet handfeste Chancen, denn Hausbesitzer können ihr bestehendes Wohneigentum aufgrund des gestiegenen Werts zusätzlich beleihen.

Die Kehrseite der Medaille ist, dass ein Absturz der Immobilienpreise mit höchst gravierenden sozialen Begleiterscheinungen einhergeht – Begleiterscheinungen, die in dieser Form durch den Preisabsturz keines anderen Vermögenswerts hervorgerufen werden. Wenn der Wert eines Eigenheims so stark sinkt, dass er geringer ist als die auf ihm lastende Hypothek, dann gerät die Familie in eine Überschuldungsfalle. Solange der Eigentümer nicht verkaufen muss, ist das zwar kein großes Problem (auch wenn es das Vertrauen untergräbt). Sollte er jedoch zum Verkauf gezwungen sein, dann muss er entweder große Abstriche bei seinem künftigen Wohnkomfort hinnehmen oder der Bank die Differenz bezahlen.

Blasen und Pleiten

Immobilien wurden stets als besonders zuverlässige Geldanlage betrachtet, und diese Vorstellung ist durchaus nicht unberechtigt. Seit 1975 stiegen die Immobilienpreise in Großbritannien inflationsbereinigt um durchschnittlich knapp drei Prozent pro Jahr. Allerdings hängt die Entwicklung der Immobilienpreise von einer Reihe von Faktoren ab, darunter vor allem natürlich von den Grundstückspreisen. Steigt die Nachfrage nach Grund und Boden (oder ist das Angebot verfügbarer Grundstücke oder Immobilien knapp), treibt dies die Immobilienpreise nach oben. Ebenso sinken die Preise, wenn das Angebot an Häusern und Wohnungen plötzlich steigt. Einer der Gründe für den dramatischen Absturz der Immobilienpreise in Miami im Jahr 2008 war die Fertigstellung mehrerer großer Wohnungsbauprojekte, wodurch der Wohnungsmarkt plötzlich übersättigt war.

Robert Schiller, Professor für Volkswirtschaftslehre an der Universität Yale und Immobilienexperte, verweist außerdem darauf, dass Immobilienpreise eher in Regionen boomen, in denen der Wohnungsbau reglementiert ist. So stiegen die Immobilienpreise in Kalifornien und Florida, wo die städtebauliche Planung strengen Beschränkungen unterliegt, in schwindelerregende Höhen, bevor sie abstürzten, während sie im texanischen Houston kaum von ihrem langfristigen Aufwärtstrend abwichen.

> **❚ Man muss entweder verrückt sein oder sich wichtig machen wollen, wenn man die Entwicklung der Immobilienpreise vorherzusagen versucht. ❚**
> **Mervyn King, Gouverneur der Bank of England**

Anfang der 2000er-Jahre

Die Wohneigentumsquote in den USA und in Großbritannien erreicht mit rund 70 Prozent einen neuen Rekord, da sich immer mehr Familien ein Eigenheim kaufen

2007

Die Immobilienpreise in den USA sinken zum ersten Mal in der Geschichte landesweit

2008

Die Häusermärkte in den USA, Großbritannien, Australien, Neuseeland, Irland und anderen Ländern geraten in eine Abwärtsspirale

Dieser langfristige Anstieg der Immobilienpreise steht für gewöhnlich im Einklang mit der langfristigen Wachstumsrate einer Wirtschaft, was durchaus Sinn ergibt. Auf lange Sicht ist schließlich zu erwarten, dass die Immobilienpreise ungefähr mit derselben Geschwindigkeit wachsen wie der Wohlstand einer Volkswirtschaft insgesamt.

Tatsache ist jedoch, dass die Immobilienpreise in den letzten fünfzig Jahren immer wieder starken Schwankungen unterworfen waren. Diese Schwankungen gipfelten 2008 in einem dramatischen Absturz der Wohneigentumspreise in den USA und Großbritannien – einem Absturz, wie man ihn seit der Weltwirtschaftskrise nicht mehr erlebt hatte. Warum neigen Immobilienpreise zu solchen Berg- und Talfahrten?

Die Zunahme der Wohneigentumsquote

Der Hauptgrund für die Unbeständigkeit der Immobilienpreise liegt darin, dass sowohl in den USA als auch in Großbritannien aufeinanderfolgende Regierungen es zu ihrem ausdrücklichen Ziel erklärten, die Wohneigentumsquote so weit wie irgend möglich zu erhöhen. Um sich die Auswirkungen einer solchen Politik vor Augen zu führen, braucht man nur Großbritannien zu betrachten. Dort wurden bis zum Ausbruch des Ersten Weltkriegs nur etwa zehn Prozent der Häuser von ihren Eigentümern bewohnt, während es in den USA rund 50 Prozent waren. Dies lag zum einen daran, dass Immobilien weitgehend der reichsten Bevölkerungsschicht gehörten und von ihr vermietet wurden, zum anderen handelte es sich um ein soziales Phänomen. Selbst die wohlhabendsten jungen Männer zogen es vor, in London eine Wohnung zu mieten, statt sich Wohneigentum zu kaufen. In den meisten Kreisen war es vollkommen normal, niemals in den eigenen vier Wänden zu wohnen.

> **Ich habe mit Immobilien viel Geld verdient. Lieber investiere ich in Immobilien, als mich an der Wall Street mit 2,8 Prozent zufrieden zu geben.**
>
> Ivana Trump

Dies änderte sich nach den Weltkriegen, als es sich mehrere Regierungen auf ihre Fahnen schrieben, „Häuser für Helden" bereitzustellen. Damit gingen nicht nur neue Auflagen für Grundeigentümer einher; es wurden auch Millionen von Pfund in den Wohnungsbau investiert. Gleichzeitig verringerten sich die gesellschaftlichen Unterschiede, was bedeutete, dass sich plötzlich viel mehr Mittelschichtfamilien ein Eigenheim leisten konnten.

In dem von Optimismus geprägten Großbritannien der Nachkriegszeit entwickelte sich Wohneigentum langsam aber sicher zu einem gesellschaftlichen Ziel, dem man ebenso heilbringende Bedeutung beimaß wie der kostenlosen medizinischen Versorgung, der freien Bildung und einer geringen Arbeitslosigkeit. Seinen Höhepunkt erreichte dieser Trend mit dem von Margaret Thatcher eingeführten „Recht auf Kauf" – einer Wohnungspolitik, die es Tausenden von Mietern erlaubte, ihre Sozialwohnung zu kaufen.

All diese Faktoren trugen zu einem steilen Anstieg der Wohneigentumsquote bei. Dank der lukrativen Steuererleichterungen für Hypothekendarlehen, die eine Regierung nach der anderen einführte, ist der Anteil derer, die in den eigenen vier Wänden wohnen, auf einen Rekordstand von 70 Prozent gestiegen. Es handelt sich um eine der größten sozialen und ökonomischen Umgestaltungen der britischen Geschichte.

Großbritannien stellt mit dieser Wohnraumpolitik keine Ausnahme dar. Was die Eigentumsquote betrifft, liegt Spanien sogar noch weiter vorn und Frankreich holt rasch auf. Bezeichnenderweise sind Immobilienblasen und -pleiten vor allem in Ländern mit hoher Wohneigentumsquote zu verzeichnen. Deutschland und die Schweiz, wo traditionell mehr Menschen mieten als kaufen, sind von diesen extremen Schwankungen weitgehend verschont geblieben. Dies ist jedoch weniger auf eine kulturell bedingte Zurückhaltung gegenüber dem Immobilienerwerb zurückzuführen als auf Gesetze, die es finanziell attraktiver machen, Wohnraum zu mieten.

Wohneigentums-quoten	
Spanien	85%
Irland	77%
Norwegen	77%
Großbritannien	69%
USA	69%
Österreich	56%
Frankreich	55%
Deutschland	42%

Ökonomische Gefahren Obwohl die Erhöhung der Wohneigentumsquote unbestreitbar soziale Vorteile hat, ist sie auch mit ökonomischen Problemen behaftet. Sie läuft zum Beispiel dem Wirken der so genannten unsichtbaren Hand des Kapitalismus (▶ Kapitel 1) zuwider. In einem ordnungsgemäß funktionierenden Markt führt ein unverhältnismäßig hoher Preisanstieg dazu, dass die Menschen so lange nichts mehr kaufen, bis die Preise wieder auf ein vernünftiges Maß gefallen sind. Wenn jedoch der Staat durch Steuererleichterungen oder andere Formen der Unterstützung (entweder für den Hauskäufer oder die Hypothekenbanken) Anreize für den Kauf von Wohneigentum bietet, begünstigt dies die Bildung von Blasen.

Genau das ist der Hintergrund der heutigen Finanzkrise. Vor 2007 vergaben die beiden führenden Hypothekenbanken der USA, Fannie Mae und Freddie Mac, in immer größerem Umfang Hypothekendarlehen auch an Schuldner mit schlechter Bonität. Die meisten Investoren gingen davon aus, dass bei einem Zusammenbruch der beiden Banken der Staat einschreiten würde, um sie zu retten. Diese Annahme bestätigte sich, als die amerikanische Regierung 2008 gezwungen war, die beiden Kreditinstitute zu verstaatlichen. Die offene Frage ist, ob US-amerikanische und britische Hypothekenbanken künftig ohne staatliche Unterstützung auskommen müssen und ob dies den Schwankungen auf dem Immobilienmarkt ein Ende setzt.

Worum es geht
Immobilienpreise können sich nach unten wie nach oben bewegen

38 Haushaltsdefizite

Wenn die jüngere Vergangenheit uns eines gelehrt hat, dann die Erkenntnis, dass Regierungen jedes Jahr höhere Kredite aufnehmen. Kaum ein Monat vergeht, in dem nicht der Internationale Währungsfonds (IWF), die Organisation für Wirtschaftliche Zusammenarbeit und Entwicklung (OECD) oder eine andere internationale Organisation auf die prekäre Finanzlage der Vereinigten Staaten oder Großbritanniens aufmerksam machen.

Tatsächlich hatte die US-Regierung fast in jedem Jahr der Nachkriegsgeschichte ein Haushaltsdefizit zu verzeichnen. Die Steuereinnahmen reichten zur Deckung der Staatsausgaben nicht aus, so dass der Differenzbetrag über Anleihen beschafft werden musste. Auch Großbritannien wies in den letzten Jahren wiederholt Haushaltsdefizite auf, wodurch der Staat immer tiefer in die roten Zahlen rutschte.

> **Wie wir in den Entwicklungsländern immer wieder gesehen haben, führen eine ungezügelte Kreditaufnahme der öffentlichen Hand und ausufernde Staatsausgaben zu Hyperinflation mit verheerenden wirtschaftlichen Folgen.**
>
> Alan Greenspan, **ehemaliger Chef der US-Notenbank**

Das war nicht immer so. Während des größten Teils der amerikanischen – und auch der britischen – Geschichte haben die Regierungen ausgeglichene Haushalte vorgelegt und ihren Etat nur in Zeiten des Krieges oder der wirtschaftlichen Rezession vorübergehend überzogen. Es gibt auch eine Reihe von Ländern, die Haushaltsüberschüsse erwirtschaften; dazu zählen Norwegen dank seiner gewaltigen Ölvorräte und Australien aufgrund seiner Metallrohstoffe.

Wohin fließt das Geld? Obwohl die Auffassung nicht unumstritten ist, glauben die meisten Ökonomen, das Zeitalter der anhaltenden Staatsdefizite habe mit dem Aufbau umfassender staatlicher Sozialversicherungssysteme begonnen, das heißt mit dem Wandel vom Kriegsstaat zum Wohlfahrtsstaat. Wohlfahrtssysteme erfordern gewaltige finanzielle Aufwendungen zum Beispiel in den Bereichen Gesundheit, Arbeitslosenversicherung und Bildung – Ausgaben, die zuvor vom privaten Sektor, von Wohlfahrtsverbänden und Stiftungen getragen wurden.

Zeitleiste

1936	1945
In *Die allgemeine Theorie der Beschäftigung, des Zinses und des Geldes* vertritt Keynes die Auffassung, dass sich die öffentlichen Haushalte in Zeiten der wirtschaftlichen Rezession stärker verschulden sollten	Nach dem Zweiten Weltkrieg beläuft sich die Staatsverschuldung in den USA auf 120 Prozent des Bruttoinlandsprodukts

Doch wohin fließen die Ausgaben genau? Ein kurzer Blick auf den amerikanischen Staatshaushalt des Jahres 2008 (➤ Kreisdiagramm rechts) zeigt, dass der mit Abstand größte Teil des Etats für so genannte obligatorische Aufgaben verwendet wird – mit anderen Worten für Aufgaben, zu denen der Staat verpflichtet ist. Dazu gehören unter anderem die Aufwendungen für die soziale Sicherheit (hauptsächlich Zahlungen an ältere Menschen), die Einkommenssicherung (Zahlungen an bedürftige Familien), die Gesundheitsfürsorge für ältere und bedürftige Menschen (Medicare und Medicaid) sowie die Zinszahlungen für die Staatsschuld der Vorjahre. Der weitaus größte Teil des frei verfügbaren Budgets fließt in den Verteidigungsetat (Lohnkosten für Militärangehörige und Ausrüstung). Die „sonstigen Ausgaben" umfassen Aufwendungen für Bundeseinrichtungen wie Gerichte, die Unterstützung für Landwirte und die Mittelausstattung für die NASA.

Da die öffentlichen Ausgaben des Jahres 2008 die Steuereinnahmen überstiegen, musste die US-Regierung zur Deckung des Haushalts den stattlichen Differenzbetrag von 410 Milliarden Dollar über Kredite aufbringen.

Aufgrund der föderalen Struktur der USA hat jeder Bundesstaat darüber hinaus seinen eigenen Haushalt (und eigene Steuerbefugnisse). Der größte Teil dieser einzelstaatlichen Budgets wird für Bildung und die lokale Infrastruktur wie Autobahnen ausgegeben. Manchmal kommt es vor, dass Abgeordnete einzelner Bundesstaaten ihre Zustimmung zu Gesetzesvorlagen auf nationaler Ebene nur gegen Mittelzusagen für teure Projekte auf lokaler Ebene geben (auch wenn zwischen dem Gesetzesvorhaben und dem Projekt keinerlei Zusammenhang besteht). Diese so genannte *Pork Barrel-* oder Klientelpolitik ist ein weiterer Grund für den steilen Anstieg des Staatsdefizits – insbesondere unter der Präsidentschaft von George W. Bush, der im Gegensatz zu seinen Vorgängern sehr ungern Gebrauch von seinem Vetorecht gegen im Kongress verabschiedete Gesetzesvorlagen machte. Sein Nachfolger Barack Obama versprach, dies in Zukunft zu ändern.

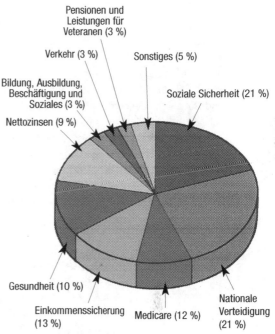

Das Kreisdiagramm zeigt die US-Staatsausgaben des Jahres 2008. Die Ausgabenverteilung ist in den meisten westlichen Volkswirtschaften ähnlich.

2009

Präsident Barack Obama erklärt, dass das amerikanische Staatsdefizit aufgrund der anhaltenden Bemühungen um die Eindämmung der Finanzkrise auf 1 Billion Dollar steigen wird

Automatische Stabilisatoren

Moderne Staaten mit einem Wohlfahrtssystem können während einer Rezession kaum verhindern, dass sie ihren Haushalt überziehen und tief in die roten Zahlen rutschen. Sinkende Gewinne und Gehälter in Zeiten des wirtschaftlichen Abschwungs bewirken, dass Unternehmen und Privatleute weniger Steuern zahlen. Gleichzeitig steigen die öffentlichen Ausgaben, da der Staat eine höhere Zahl von Arbeitslosen unterstützen muss.

Die Mittel, die der Staat aufwendet, um die soziale Sicherheit seiner Bürger zu gewährleisten, tragen automatisch zu einer „Stabilisierung" der Wirtschaft bei. Es handelt sich insofern um angewandten Keynesianismus (▶ Kapitel 9).

Als zum Beispiel Anfang der 1990er-Jahre der Wohnungsmarkt in Großbritannien einbrach und die britische Wirtschaft in eine ernsthafte Krise geriet, erhöhte sich das Staatsdefizit zwischen 1990 und 1993 von einem Prozent des BIP auf 7,3 Prozent – ein Effekt der automatischen Stabilisierung, der auf die Art zurückzuführen ist, wie moderne öffentliche Haushalte strukturiert sind.

Wachsende Staatsdefizite Es ist wichtig, zwischen dem jährlichen Haushaltsdefizit und der Staatsverschuldung insgesamt zu unterscheiden. Je häufiger in Folge ein Staat seinen Haushalt überzieht, desto höher steigt sein Schuldenstand – die so genannte Nettoverschuldung. Ende 2008 beliefen sich die öffentlichen Schulden der USA auf insgesamt 5,3 Billionen Dollar (5 300 000 Millionen Dollar), wobei dies die Verbindlichkeiten der Hypothekenbanken Fannie Mae und Freddie Mac, zu deren Rettung die Regierung im September 2008 Staatsbürgschaften übernahm, noch gar nicht einschließt. Ebenso wenig berücksichtigt sind die Verbindlichkeiten der Banken, die vorübergehend der staatlichen Kontrolle unterstellt werden mussten.

Die Gesamtverschuldung wie auch die Haushaltsdefizite tendieren dazu, jährlich zu steigen. Dies ist nicht notwendigerweise bedenklich – solange die Schulden nicht schneller wachsen als die Wirtschaft. Aus diesem Grund wird die Schuldenlast oft als Prozentsatz des Bruttoinlandsprodukts eines Landes angegeben. Zum Beispiel betrug Ende 2008 die Staatsschuld der USA 37 Prozent des BIP. Je höher die Verschuldung, desto höher auch die Zinszahlungen, die ein Staat zu leisten hat, wobei diese Zahlungen durch steigende Zinssätze zusätzlich in die Höhe getrieben werden können.

Auswirkungen einer erhöhten Kreditaufnahme Lässt man ein ungezügeltes Wachstum der Haushaltsdefizite zu, kann dies für das betroffene Land eine Reihe wirtschaftlicher Probleme mit sich bringen. Das erste besteht darin, dass eine höhere Kreditaufnahme die Währung eines Landes schwächt. In Großbritannien verlor das Pfund fast ein Fünftel seines Werts, nachdem Investoren zu dem Schluss kamen, die Regierung werde in den kommenden Jahren zu viel Schulden machen. Dass Anleger die Währung einer verschuldeten Volkswirtschaft meiden, ist verständlich, da ein übermäßig verschuldetes Land unweigerlich dazu neigt, seine Schuldenlast dadurch zu verringern, dass es mehr Geld druckt. Schon der geringste Hinweis auf eine solche Entwicklung – die den Wert aller was auf diese Währung lautenden Vermögenswerte und Verbindlichkeiten aushöhlen würde – lässt ausländische Investoren für gewöhnlich schleunigst das Weite suchen.

Eine weitere Konsequenz einer hohen Staatsverschuldung besteht darin, dass Anleger als Entschädigung für ihr größeres Risiko höhere Zinsen für ihre Investitionen verlangen. Dies treibt die Zinssätze in die Höhe, die der Staat auf seine Schulden zahlen muss, wodurch künftige Kredite noch teurer werden.

Am gravierendsten sind jedoch die langfristigen Folgen einer übermäßigen Kreditaufnahme. Im Grunde genommen handelt es sich bei der staatlichen Verschuldung um nichts anderes als einen Steueraufschub zu Lasten der Zukunft, da das geborgte Geld ja irgendwann zurückgezahlt werden muss. Wird das Geld für Investitionen in das Wohlergehen künftiger Generationen verwendet, also zum Beispiel für den Bau neuer Schulen, ist das kein Problem. Grund zu ernsthafter Sorge besteht jedoch dann, wenn das Geld nur dazu dient, Liquiditätsprobleme des öffentlichen Sektors zu beheben.

Verstoß gegen die goldene Regel Genau aus diesem Grund haben sich eine Reihe von Ländern finanzpolitische Regeln auferlegt, die sicherstellen sollen, dass nicht künftige Generationen die Kosten für die heutigen Kredite zu tragen haben. Ein gutes Beispiel dafür ist die goldene Regel, die der frühere britische Schatzkanzler Gordon Brown aufstellte. Er verpflichtete sich, Geld ausschließlich für Investitionen in öffentliche Projekte aufzunehmen und niemals, um laufende Ausgaben wie etwa die Gehälter der Angestellten des öffentlichen Dienstes zu finanzieren.

Schwierig wurde die Einhaltung der Regel jedoch Ende 2008. Damals blieb der Regierung in Anbetracht der Rezession gar nichts anderes übrig, als hohe Kredite aufzunehmen. Dieses Phänomen trat weltweit auf und bestätigte eine immer wieder gehörte Aussage über die öffentlichen Finanzen: Staaten werden solange nicht aufhören, sich zu verschulden, bis sie von den Märkten oder den Wählern daran gehindert werden.

Worum es geht
Öffentliche Haushalte neigen zur Verschuldung

39 Ungleichheit

Geht man am Strand von Rio de Janeiro spazieren, durch die Stadtviertel Ipanema und Leblon, stößt man auf einige der schönsten Villen Brasiliens. Ausgestattet mit verschwenderischer Pracht verfügen diese millionenschweren Luxuspaläste nicht selten über eigene Kinos, Tennisplätze, Swimmingpools, Whirlpools und Quartiere für die Bediensteten. Kaum vorstellbar, dass nur wenige Hundert Meter entfernt eines der ausgedehntesten und gesetzlosesten Elendsviertel der Welt liegt. Wie kann so bittere Armut neben so verschwenderischem Reichtum existieren?

Ungleichheit ist nichts Neues. Besonders ausgeprägt war sie beispielsweise im viktorianischen England: Während vermögende Industrielle in noch nie dagewesenem Ausmaß Reichtümer scheffelten, war die durchschnittliche Arbeiterfamilie gezwungen, unter unvorstellbar harten Bedingungen in Fabriken und Bergwerken zu schuften und in armseligen Behausungen nicht unähnlich den heutigen Slums in Brasilien ein kümmerliches Dasein zu fristen.

Trotz anhaltender politischer Bemühungen, die Kluft zwischen Arm und Reich zu verringern, ist das Gefälle noch immer unüberbrückbar groß. In den zweieinhalb Jahrzehnten seit Anfang der 1980er-Jahre hat sich die Ungleichheit in fast allen entwickelten Ländern der Welt sogar signifikant erhöht. Obwohl die Unterschiede zwischen Arm und Reich in manchen Ländern wie Frankreich, Griechenland und Spanien kleiner geworden sind, hat das Armutsgefälle in Großbritannien deutlich zugenommen. Heute, am Ende des ersten Jahrzehnts des neuen Jahrtausends, hat die Ungleichheit sowohl in Großbritannien als auch in den Vereinigten Staaten das höchste Niveau seit den 1930er-Jahren erreicht.

Wohlstandsgefälle Da der Kapitalismus ein System ist, das Unternehmertum und die Anstrengungen des Einzelnen belohnt, überrascht es kaum, dass manche Wirtschaftsteilnehmer reicher sind als andere – welchen Anreiz gäbe es schließlich, sich anzustrengen, wenn man nicht am Schluss belohnt würde? Alarmierend ist jedoch das hohe Maß an Ungleichheit. In den Vereinigten Staaten verdient das reichs-

Zeitleiste

1840er-Jahre	1930
Die Ungleichheit im industrialisierten England veranlasst Friedrich Engels zu seinem Werk *Die Lage der arbeitenden Klasse in England*	Die Ungleichheit in den USA erreicht Rekordhöhe

te Zehntel der Bevölkerung das 16fache dessen, was das ärmste Zehntel der Bevölkerung verdient, und in Mexiko, dessen Elendsviertel nicht weniger armselig aussehen als die in Rio, sind die Reichen sogar mehr als 25 Mal so wohlhabend wie die Armen.

Dagegen ist in skandinavischen Ländern wie Dänemark, Schweden und Finnland das Wohlstandsgefälle viel weniger stark ausgeprägt. Die Reichsten dort verdienen nur etwa das Fünffache dessen, was die Ärmsten bekommen. Berechnet werden solche Wohlstandsgefälle mit Hilfe des so genannten Gini-Koeffizienten, der die Einkommen der Spitzenverdiener mit denen am anderen Ende der Skala vergleicht.

> **Eine Gesellschaft, die Gleichheit höher wertet als Freiheit, wird schließlich in einem Zustand landen, in dem weder Freiheit noch Gleichheit herrscht. Eine Gesellschaft, die Freiheit über Gleichheit stellt, erreicht ein hohes Maß von beidem.**
> **Milton Friedman**

Eine noch viel größere Schere zwischen Arm und Reich tut sich auf, wenn man das Wohlstandsniveau verschiedener Länder vergleicht. Nach den meisten Maßstäben lebt das ärmste Viertel der Weltbevölkerung – vor allem in Schwarzafrika – wirtschaftlich gesehen noch immer im Mittelalter, während selbst die Ärmsten in Großbritannien und den Vereinigten Staaten im Vergleich dazu unermesslich wohlhabend und gesund sind.

Die Umverteilungsdividende Es gibt einige offensichtliche Gründe für diese Unterschiede. Die skandinavischen und viele nordeuropäische Länder neigen dazu, ihre Bürger stärker zu besteuern, um durch soziale Wohlfahrtssysteme und Steuererleichterungen eine Umverteilung des Wohlstands zugunsten der Ärmeren zu erreichen. Die Verringerung sozialer Ungerechtigkeit und die Bereitstellung von Hilfen für bedürftige Bürger gehören zu den steuerpolitischen Hauptzielen moderner Demokratien.

Als nach dem Zweiten Weltkrieg reiche Länder überall auf der Welt Wohlfahrtssysteme aufbauten, verringerte sich das Maß an Ungleichheit signifikant. Indem alle Familien gleichermaßen Zugang zu Bildung und medizinischer Versorgung erhielten, gelang es vielen Ländern – insbesondere den skandinavischen –, die gesellschaftliche Chancengleichheit zu verwirklichen. Ein solches politisches Konzept wird daher oft als „schwedisches" oder „nordisches Modell" bezeichnet.

Allerdings ist es nicht genug, die Reichen stärker zu besteuern, um den Armen etwas abzugeben. In Großbritannien tat die 1997 gewählte Labour-Regierung genau das, mit sehr gemischten Ergebnissen. Zwar erhöhte sich im ersten Jahrzehnt ihrer

1950er-Jahre
Das Wohlstandsgefälle verringert sich, teilweise aufgrund des von Franklin D. Roosevelt initiierten wirtschafts- und sozialpolitischen Reformprogramms (*New Deal*)

1990er-Jahre
Im Gefolge von Thatcherismus und Reaganismus vergrößert sich die Schere zwischen Arm und Reich

2000er-Jahre
Die Ungleichheit erreicht einen neuen Höhepunkt

Vorteile der Ungleichheit

Manche Ökonomen vertreten die Auffassung, ein gewisses Maß an Ungleichheit sei in einer größeren Volkswirtschaft unvermeidlich, da sich die Menschen schließlich von ihren Lebensgewohnheiten und Fähigkeiten unterscheiden. Tatsächlich behaupten Befürworter eines freien Marktes, dass Versuche, den Wohlstand umzuverteilen, unbeabsichtigt kontraproduktive Folgen haben könnten. So bestehe die Gefahr, dass höhere Steuern die produktivsten Mitglieder der Gesellschaft ins Ausland treiben oder sie davon abhalten könnten, sich mehr anzustrengen, was wiederum den Wohlstand der Gesellschaft insgesamt schmälere.

Regierung das Einkommen allein erziehender Eltern tatsächlich um durchschnittlich elf Prozent, doch stieg die Ungleichheit insgesamt auf ein seit Jahrzehnten beispielloses Niveau. Schlimmer noch, eine Studie der Organisation für Wirtschaftliche Zusammenarbeit und Entwicklung (OECD) stellte fest, dass das Einkommen einer Person eng mit dem Einkommen ihres Vaters verknüpft war. Dies zeigte auch, wie gering die Chancen Jugendlicher sind, der Armutsfalle zu entkommen.

Gründe für die Unterschiede Die Welt befindet sich derzeit in einem tiefgreifenden Umbruch ihrer wirtschaftlichen Strukturen. Internet und hochentwickelte Computer- und Telekommunikationstechnologien erobern den Markt. Wenn solche Veränderungen eintreten, fördern sie oftmals Ungleichheit. Jene, die auf die Veränderungen vorbereitet sind, werden reich, während die anderen zurückbleiben – Arbeiter in der Automobilbranche zum Beispiel. Das war schon in der Industriellen Revolution so und es geschieht derzeit wieder.

Eine andere Erklärung für die Ungleichheit ist, dass eine sehr kleine Zahl von Menschen es geschafft hat, extrem reich zu werden. In Großbritannien zum Beispiel verdienen die obersten zehn Prozent der Beschäftigten, rund drei Millionen Menschen, durchschnittlich 105 000 Pfund jährlich vor Steuern, während das oberste 0,1 Prozent, also rund 30 000 Personen, ein durchschnittliches Jahreseinkommen von 1,1 Millionen Pfund erzielt. Diesen Superreichen gelingt es oftmals, sich ihrer Steuerpflicht zu entziehen, indem sie ihr Vermögen in Steueroasen außer Landes transferieren, so dass weniger Geld für die Umverteilung zur Verfügung steht. Andererseits können diese wohlhabenden Familien durch die indirekten Steuern etwa beim Erwerb von Luxusgütern oder durch die Beschäftigung von Personal – von Reinigungskräften über Dienstmädchen bis zu Stylisten und Anwälten – durchaus zum Wirtschaftswachstum beitragen. Man spricht hier vom so genannten Trickle-Down-Effekt.

Die Folgen der ungerechten Verteilung Es gibt keine klaren Hinweise darauf, dass ein hohes Maß an Ungleichheit ein Land insgesamt daran hindern könnte, mit der Zeit wohlhabender zu werden. Tatsächlich stellte der bekannte Ökonom Robert Barro fest, dass Ungleichheit in entwickelten Ländern das Wachstum fördert, während es in Entwicklungsländern das Wachstum zu senken scheint.

Allerdings kann ein starkes Wohlstandsgefälle in anderer Hinsicht schädlich sein. Dies betrifft vor allem die Gefahr der sozialen Unruhen. Studien zeigen, dass die Menschen in Ländern und Regionen mit einer geringen Einkommensungleichheit eher dazu neigen, einander zu vertrauen. Das ergibt Sinn, da die Menschen in der Regel wenig Grund haben, aufeinander neidisch zu sein. Auch Gewaltverbrechen sind weniger häufig. So besteht zum Beispiel in den Vereinigten Staaten eine starke Korrelation zwischen hohem Wohlstandsgefälle und einer hohen Rate von Tötungsdelikten.

Geringe Einkommen stehen außerdem in engem Zusammenhang mit schlechter Gesundheit. Im schottischen Glasgow, wo die Unterschiede zwischen Arm und Reich besonders eklatant sind, ist die durchschnittliche Lebenserwartung eines Mannes schlechter als in vielen Ländern der Dritten Welt, darunter Algerien, Ägypten, der Türkei und Vietnam.

Solche Fragen der Ungleichverteilung sind nicht nur im wirtschaftlichen Kontext relevant. Das Selbstwertgefühl eines Menschen, das sich in seiner persönlichen Produktivität niederschlägt, hängt zum größten Teil davon ab, wie er sich im Vergleich zu anderen wahrnimmt. Wenn Menschen feststellen, dass sich ihr Einkommen nicht mit dem anderer messen kann, neigen sie dazu, weniger zufrieden zu sein und sich weniger anzustrengen.

Eine Studie stellte fest, dass Hollywood-Schauspieler, die mit einem Oscar ausgezeichnet wurden, im Durchschnitt vier Jahre länger lebten als Kollegen, die diesen begehrten Filmpreis nicht erhielten. Doppelte Oscar-Preisträger lebten sogar durchschnittlich sechs Jahre länger. Die Anerkennung der eigenen Leistung wirkt sich also positiv aus. Ob es nur den Stolz verletzt oder sich schmerzhaft auf das verfügbare Einkommen auswirkt, Ungleichheit hat Folgen.

Worum es geht
Das Wohlstandsgefälle trägt zur Destabilisierung von Nationen bei

40 Globalisierung

Ebenso wie „Kapitalismus" ursprünglich als abwertende Bezeichnung und nicht als Ausdruck der Wertschätzung oder auch nur als neutrale Beschreibung verwendet wurde, dient der Begriff „Globalisierung" heute eher dazu, die Weltwirtschaft des 21. Jahrhunderts zu kritisieren als sie zu preisen. Der Begriff beschwört Bilder von Ausbeutungsbetrieben in Malaysia, Callcentern in Bangalore, Bergwerken in Brasilien und Filialen von Starbucks und McDonald's überall auf der Welt herauf.

Zwar sind die genannten Erscheinungen tatsächlich eine Folge der Globalisierung, doch wäre es höchst irreführend, das Phänomen darauf zu reduzieren. Im wirtschaftlichen Kontext bezeichnet Globalisierung jenes weltumspannende Geflecht von Handels- und Geschäftsbeziehungen, dem die menschliche Geschichte so viel zu verdanken hat.

Kein neues Phänomen Seit der Entdeckung Amerikas durch Christoph Kolumbus im Jahr 1492 hat die Globalisierung zunehmend an Bedeutung gewonnen, auch wenn natürlich schon lange vorher lebhafte Handelsbeziehungen zwischen Europa und Asien bestanden. Obwohl der Begriff seit den 1980er-Jahren in aller Munde ist und die Jahrzehnte seit dem Fall der Berliner Mauer und dem Ende des Kalten Krieges weithin als Blütezeit der Globalisierung betrachtet werden, erleben wir heute keineswegs die erste Epoche in der Geschichte, die sich durch weitreichende internationale Wirtschafts- und Handelsbeziehungen und grenzüberschreitende Mobilität auszeichnet. Dieser Ruhm gebührt vielmehr dem Zeitalter des Viktorianismus, das im ausgehenden 19. Jahrhundert mit der Glanzzeit des Britischen Empire zusammenfiel. John Maynard Keynes beschrieb die Vorzüge dieser Epoche vor 1914 wie folgt:

Der Bewohner Londons konnte, seinen Morgentee im Bette trinkend, durch den Fernsprecher die verschiedenen Erzeugnisse der ganzen Erde in jeder beliebigen Menge bestellen und mit gutem Grund erwarten, dass man sie alsbald an seiner

Zeitleiste

1800er-Jahre	**1914**
Erste Globalisierungsepoche	Der Erste Weltkrieg setzt dieser Epoche ein jähes Ende

Tür ablieferte. Er konnte im selben Augenblick und auf demselben Wege seinen Reichtum in den natürlichen Hilfsquellen und neuen Unternehmungen jeder Weltgegend anlegen und ohne Anstrengung, ja ohne Mühe, an ihren künftigen Erträgen und Vorteilen sich beteiligen.

Der Erste Weltkrieg und der auf die Weltwirtschaftskrise folgende Protektionismus setzten dieser Epoche ein jähes Ende. Heute befürchten viele, dem modernen Zeitalter der Globalisierung könne ein ähnlich trauriges Schicksal beschieden sein.

Schlüsselfaktoren der Globalisierung
Fünf Schlüsselfaktoren kennzeichnen das jüngste Zeitalter der Globalisierung:

1. *Freier Handel.* Überall auf der Welt haben Regierungen Hindernisse und Zölle für die Ein- und Ausfuhr von Waren abgeschafft. So hat zum Beispiel China nach der Einführung marktwirtschaftlicher Reformen in den späten 1980er- und frühen 1990er-Jahren viele seiner Exportbeschränkungen aufgehoben. Sein schier unerschöpfliches Reservoir an Arbeitskräften und die dadurch bedingten niedrigen Löhne sind der Grund, dass die reichen Nationen seither von billigen Waren aus China und anderen fernöstlichen Ländern überschwemmt werden.

> **Die Globalisierung der Wirtschaft ist eine Tatsache. Aber ich fürchte, dass wir ihre Anfälligkeit unterschätzt haben.**
> Kofi Annan

2. *Outsourcing.* Die Verlagerung von Produktions- und Dienstleistungskapazitäten an billigere Standorte im Ausland erlaubt es Unternehmen, Geld zu sparen. Viele Hersteller haben deshalb ihre Fertigungsanlagen von den Vereinigten Staaten und Großbritannien nach China, Mexiko und in andere Billigländer verlegt, wo sich die Arbeitnehmer mit niedrigeren Löhnen zufrieden geben und schlechte Arbeitsbedingungen oftmals die Regel sind.
3. *Die Revolution in der Kommunikationstechnologie.* Zwei bahnbrechende technische Entwicklungen haben den internationalen Handel stark vorangetrieben: die „Containerisierung" – jener Durchbruch im Schiffsfrachtverkehr, der dazu geführt hat, dass Güter heutzutage in standardisierten Containern rund um die Welt transportiert werden, was Kosten spart und die Umschlagzeiten verringert – und die Breitbandrevolution. Als der Internetboom Ende der 1990er-Jahre seinen Höhepunkt erreichte, wurden Milliarden von Dollar in ein neues internationales Glasfaserkabelnetz investiert.

1980er-Jahre	**1989**	**2007**
Erste Studien zur wirtschaftlichen Globalisierung	Tim Berners-Lee entwickelt das Internet	Laut einem Bericht der UN haben die weltweiten Handels- und Investitionsströme eine Rekordhöhe erreicht

4. *Liberalisierung.* Viele Länder, die sich während des Kalten Krieges gegen ausländische Kontakte abgeschottet hatten, öffneten nach dem Fall des Eisernen Vorhangs ihre Grenzen und ermöglichten westlichen Unternehmen die Erschließung neuer Märkte. Die Beseitigung so genannter Kapitalkontrollen hatte zur Folge, dass Geld ungehindert in diese neuen, jungen Volkswirtschaften hinein- und herausfließen konnte, was bis dahin unmöglich gewesen war. Gleichzeitig lockerten die Regierungen in vielen entwickelten Ländern ihre arbeitsrechtlichen Bestimmungen.

5. *Rechtliche Harmonisierung.* Länder auf der ganzen Welt haben beträchtliche Anstrengungen unternommen, um ihre Eigentums- und Urheberrechte so zu vereinheitlichen, dass zum Beispiel ein in den Vereinigten Staaten angemeldetes Patent auch in China anerkannt wird und umgekehrt. Darüber hinaus gibt es Pläne, internationale Standards zur Produktqualität zu erarbeiten, damit sich Ereignisse wie in der jüngeren Vergangenheit, als sich herausstellte, dass Produkte aus China mit potenziell gefährlichen Mängeln behaftet waren, nicht wiederholen.

Gewinne der Globalisierung Es steht außer Frage, dass die Globalisierung eine große Zahl von Menschen rund um die Welt beträchtlich reicher gemacht hat. Bedingt durch massive Exportzuwächse haben die Volkswirtschaften von Ländern wie Brasilien, Indien und China einen kräftigen Aufschwung erlebt. Das Erscheinen dieser neuen Exporteure auf der Bühne des Welthandels führte dazu, dass für fast ein Jahrzehnt von 1997 an die Inflation sehr gering war. Unternehmen profitierten von den Möglichkeiten der Kosteneinsparung und gaben diese Ersparnisse an die Kunden weiter.

Tatsächlich spricht einiges dafür, dass die fast 15 Jahre während Phase wirtschaftlicher Stabilität bis 2007 zum großen Teil der Globalisierung geschuldet war. In dieser Zeit wuchs die Weltwirtschaft bei dauerhaft niedriger Inflation schneller und anhaltender als jemals zuvor. Zwar endete diese Phase mit einer schweren Finanzkrise, doch hatte dies zum größten Teil andere Ursachen (▶ Kapitel 35).

Kritik an der Globalisierung Der fortschreitende Siegeszug der Globalisierung wird von immer schärferer Kritik begleitet. Zusammenkünfte großer multilateraler Institutionen rufen alljährlich Tausende von Demonstranten auf den Plan. So wurde das Treffen der Welthandelsorganisation in Cancun im Jahr 2003 vom Selbstmord eines Landwirts aus Südkorea überschattet, der gegen die Streichung landwirtschaftlicher Subventionen protestierte.

Globalisierungsgegner, zu denen so bekannte Persönlichkeiten wie Naomi Klein, Joseph Stiglitz und Noam Chomsky zählen, bezeichnen die glühendsten Verfechter der Globalisierung manchmal als Neoliberale. Ihre Kritik an der Globalisierung kommt vor allem aus drei Richtungen:

1. *Die wirtschaftliche Perspektive.* Sie vertreten die Auffassung, die Globalisierung habe zwar das Wohlstandsniveau weltweit angehoben, jedoch sei der Wohlstand nicht gleichmäßig verteilt. Tatsächlich habe das Maß an Ungleichheit rund um den Globus einen seit den 1930er-Jahren beispiellosen Höchststand erreicht (▸ Kapitel 39).
2. *Die Perspektive der Menschenrechte.* Marktführende Unternehmen des Bekleidungs- und Schuhsektors müssen sich den Vorwurf gefallen lassen, in Entwicklungsländern von Ausbeutungsbetrieben zu profitieren, in denen die Beschäftigten unter menschenunwürdigen Bedingungen für minimale Löhne viele Stunden am Tag schuften.
3. *Die kulturelle Perspektive.* Kritiker beklagen den zunehmenden Einfluss multinationaler Unternehmen und die zunehmende Dominanz westlicher Marken. Dies erschwere es indigenen Gesellschaften, ihre kulturelle Identität zu bewahren und führe dazu, dass kleine unabhängige Läden und Hersteller vom Markt verdrängt würden.

Ein Zeitalter des Friedens und der Demokratie? Trotz der vielfältigen Kritik an der Globalisierung belegen die Fakten, dass der Lebensstandard in den Ländern, die sich der Globalisierung geöffnet haben, insgesamt deutlich gestiegen ist, auch wenn natürlich die Gewinne, wie stets in kapitalistischen Systemen, nicht gleichmäßig verteilt sind. Da die Globalisierung den Wohlstand der Mittelschicht und der höheren Berufsstände begünstigt, liegt der Gedanke nahe, sie könne auch der Verbreitung der Demokratie förderlich sein. Politische Strategen vermuten, dass es der Kommunistischen Partei in China schwer fallen dürfte, ihre Machtstellung zu behaupten, wenn unter dem zunehmenden Einfluss der Mittelschicht öffentliche Forderungen nach einer demokratischen Regierung immer lauter werden.

Ein weiteres Argument, das oftmals zugunsten der Globalisierung angeführt wird, lautet, dass durch eine stärkere ökonomische Verflechtung der Länder weniger Kriege geführt würden. So vertrat der US-amerikanische Journalist und Globalisierungsbefürworter Thomas Friedman in seinem Buch *Die Welt ist flach* die These, dass keine zwei Länder mit McDonald's-Niederlassungen jemals Krieg miteinander geführt hätten – eine Behauptung, die jedoch durch den Krieg zwischen Russland und Georgien im Jahr 2008 widerlegt wurde. Wie schon das Ende des ersten Globalisierungszeitalters durch den Ersten Weltkrieg gelehrt hat, darf man sich niemals dem Glauben hingeben, die Verbreitung von Wohlstand und Handel verändere die Welt für alle Zeiten.

Worum es geht
Die Globalisierung ist das Adrenalin des Kapitalismus

41 Multilateralismus

Seit Beginn des neuen Jahrtausends hat sich im globalen wirtschaftlichen Kräfteverhältnis eine der stärksten Umwälzungen aller Zeiten vollzogen. Mit dem Aufkommen neuer wirtschaftlicher Konkurrenten, allen voran China und Indien, ist das vertraute Gefüge der Weltwirtschaft plötzlich aus den Fugen geraten, und es scheint, als ob die Vereinigten Staaten ihre Stellung als unumstrittene Supermacht verlören. In der Vergangenheit haben solche Momente häufig geopolitische Instabilitäten ausgelöst, doch viele Ökonomen hoffen auf eine Geheimwaffe, die potenzielle Konflikte dieses Mal abwenden wird: *den Multilateralismus*.

Multilateralismus bedeutet, dass bei wichtigen politischen Entscheidungen alle größeren Staaten zusammenarbeiten, anstatt im Alleingang – unilateral – oder im Verbund mit nur einem einzigen Land (oder einer Gruppe von Ländern) – bilateral – zu agieren. Obwohl ein solches Vorgehen nur vernünftig scheint, stellt der ökonomische Nationalismus, selbst im heutigen Zeitalter der Globalisierung, noch immer eine starke Kraft dar.

> **Vermöge des Tausches kommt der Wohlstand eines Menschen anderen zugute.**
> **Frédéric Bastiat, französischer Ökonom des 19. Jahrhunderts**

Wenn ein Staat beschließt, Handelszölle zu erheben oder den Wert seiner Währung künstlich aufzublähen, setzt dies eine Kettenreaktion in Gang, die anderen Ländern ernsthaft schaden kann. Die 1990er-Jahre und die ersten Jahre des neuen Jahrtausends waren zum Beispiel dadurch gekennzeichnet, dass die Industrienationen ihre Wechselkurse frei schwanken ließen, während viele asiatische und mitteleuropäische Staaten ihre Währungen gegenüber dem Dollar fixierten. Dies bescherte den Entwicklungsländern ein etwas schnelleres Wachstum (weil es ihre Exporte billig hielt), führte aber gleichzeitig dazu, dass sich in den reichen Ländern der Welt ein riesiger Schuldenberg auftürmte, der wiederum zur Finanzkrise von 2008 beitrug.

Die Gründung multilateraler Institutionen entsprang dem Bemühen, genau solche Probleme zu vermeiden. Die erste multilaterale Organisation war der nach dem Ers-

Zeitleiste

1944	1945
Bretton-Woods-Konferenz – Gründung des IWF und der Weltbank	Gründung der Vereinten Nationen

ten Weltkrieg ins Leben gerufene Völkerbund, der maßgeblich von dem früheren US-Präsidenten Woodrow Wilson entworfen und später von den Vereinten Nationen abgelöst wurde. Heute sind es vor allem die nach dem Zweiten Weltkrieg entstandenen multilateralen Wirtschaftsorganisationen, die die Beziehungen zwischen den modernen Volkswirtschaften bestimmen.

Die Nachkommen von Bretton Woods Auf der Konferenz von Bretton Woods, die 1944 im opulenten Mount Washington Hotel im US-Bundesstaat New Hampshire stattfand, trafen Politiker aus aller Welt zusammen, um unter der Leitung von John Maynard Keynes eine neue Finanz- und Wirtschaftsordnung für die Nachkriegswelt zu planen. Neben einem System fester Wechselkurse vereinbarten die Teilnehmer die Schaffung des Internationalen Währungsfonds (IWF) und der Internationalen Bank für Wiederaufbau und Entwicklung, des Vorläufers der heutigen Weltbank. Außerdem wurde das Allgemeine Zoll- und Handelsabkommen (GATT) geschlossen, das 1996 in die Welthandelsorganisation (WTO) überging.

Diese multilateralen Organisationen, denen inzwischen alle Länder der Welt mit Ausnahme weniger Despotenstaaten angehören, bestimmen noch immer die globale Wirtschaftsordnung und die Art und Weise, wie Länder miteinander interagieren.

Der Internationale Währungsfonds hat die Funktion einer Weltzentralbank; mit den von den Mitgliedern eingezahlten und von ihm verwalteten Finanzmitteln vergibt er Kredite an Staaten, die in einer Währungs- oder Kapitalbilanzkrise stecken (▶ Kapitel 24). Er ist ein Kreditgeber „letzter Instanz" – in diesem Fall jedoch für Staaten und nicht für Banken und Unternehmen. Die zweite wesentliche Aufgabe des IWF besteht darin, weltweit eine Finanz- und Wirtschaftspolitik sicherzustellen, die langfristig keine Probleme heraufbeschwört. Da es ihm jedoch an „Biss" mangelt, das heißt, an der Kompetenz, jene zu sanktionieren, die sich seinen Empfehlungen widersetzen, hat er in der Vergangenheit nicht verhindern können, dass wirtschaftspolitische Fehlentscheidungen getroffen wurden.

Die Welthandelsorganisation ist ein Forum, in dem sich die Länder auf die Beseitigung von Handelsbarrieren einigen; zugleich fungiert sie als Schiedsstelle, wenn ein Land ein anderes beschuldigt, illegal Zölle oder Einfuhrbeschränkungen verhängt zu haben. Sie setzt sich für die Verringerung von Handelshemmnissen überall auf der Welt ein.

1989
Fall der Berliner Mauer

2008
Die G7 wird durch die G20
ersetzt

Die BRIC-Staaten

Hinter diesem Begriff verbergen sich eine Idee und ein Phänomen – das Quartett der sich am rasantesten entwickelnden Länder der Welt: Brasilien, Russland, Indien und China. Während die G7-Staaten die maßgeblichen Wirtschaftsmächte des 20. Jahrhunderts waren, wird die Wirtschaft des 21. Jahrhunderts mit großer Sicherheit von den genannten BRICs beherrscht werden. Aufgrund ihres Bevölkerungsreichtums, ihrer ungeheuren Wachstumsraten und ihres unersättlichen Hungers nach Arbeit geht das weltwirtschaftliche Wachstum der letzten Jahre bereits heute rund zur Hälfte auf ihr Konto. Jim O'Neill, Chefökonom der Investmentbank Goldman Sachs, der den Begriff prägte, rechnete aus, dass China bei gleichbleibend hohen Wachstumsraten bis Mitte des 21. Jahrhunderts die USA als weltgrößte Wirtschaftsmacht überholt haben wird.

Gemeinsam machen Brasilien, Russland, Indien und China rund 40 Prozent der Weltbevölkerung und mehr als ein Viertel der Landfläche der Erde aus. Ihre Volkswirtschaften wachsen mit einer Geschwindigkeit von zehn Prozent jährlich, vielleicht auch mehr, während die westlichen Ökonomien sich mit einem Viertel dieser Wachstumsrate begnügen müssen. Als Werkstätten der Welt produzieren sie täglich Exportgüter im Wert von Milliarden von Dollar.

Aufgabe der Weltbank ist es, den ärmsten Ländern der Welt Unterstützung zu gewähren. Durch die Vergabe von Krediten – manchmal auch Schenkungen – an notleidende Volkswirtschaften strebt sie danach, die Weltwirtschaft insgesamt zu stärken und zu stabilisieren. In den letzten Jahren ist die Weltbank jedoch zunehmend unter Beschuss geraten, weil sie die Vergabe von Krediten an strenge Bedingungen knüpft – eine Kritik, die sich auch gegen den IWF richtet.

Kein Konsens Während der gesamten 1990er-Jahre strebten der IWF und die Weltbank danach, die eigenen wirtschaftspolitischen Ideale zu verbindlichen Maßstäben für alle Volkswirtschaften zu machen. Zu den Grundzügen dieses als Washingtoner Konsens bezeichneten Ansatzes gehören die Verringerung von Haushaltsdefiziten und die Beseitigung von Zugangsbeschränkungen zum heimischen Markt – ein Konzept, das der Harvard-Ökonom Dani Rodrik mit den Worten „stabilisieren, privatisieren und liberalisieren" charakterisierte. Das Problem bestand jedoch darin, dass viele Volkswirtschaften von dem gewaltigen Kapitalzufluss, der nach der Öffnung ihrer Märkte aus dem Ausland hereinströmte, überfordert waren.

Seit dem Ende des Kalten Krieges und verstärkt seit dem Beginn der Finanzkrise 2008 mussten sich die Institutionen wiederholt den Vorwurf gefallen lassen, bei der Verhinderung von Krisen in verschiedenen Teilen der Welt versagt zu haben. Die Haltung ihnen gegenüber, insbesondere seitens der Vereinigten Staaten, ist distanzierter geworden und es werden Forderungen nach grundlegenden Reformen laut, besonders was den IWF und die Weltbank betrifft.

Kritisiert wird unter anderem, dass die neu aufstrebenden Wirtschaftsnationen im IWF nur ungenügend repräsentiert seien. So verfügte China, das in den letzten Jahren so schnell gewachsen ist, dass es inzwischen fast die drittgrößte Wirtschaftsmacht der Welt darstellt, bis vor kurzem nur über genau so viele Stimmanteile im IWF verfügt wie Belgien.

Von der G7 zur G20 Derselbe Vorwurf ist auch gegen die G7 erhoben worden – die Gruppe der sieben führenden Industrienationen der Welt: USA, Japan, Deutschland, Großbritannien, Frankreich, Italien und Kanada. Von den 1970er- bis zu den 1990er-Jahren war diese Gruppe ein repräsentatives Abbild der wichtigsten Wirtschaftsmächte der Welt. Wann immer ein internationaler Wirtschaftsgipfel stattfand, wurde er von der G7 beherrscht, deren Mitglieder die wichtigen Entscheidungen untereinander abstimmten.

Als jedoch im Jahr 2008 der damalige US-Präsident George W. Bush einen Sondergipfel einberief, um die sich ausbreitende Finanzkrise zu erörtern, zeichnete es sich rasch ab, dass Länder wie China, Brasilien, Russland und Indien nun nicht mehr ausgeschlossen werden konnten. Aus der G7 wurde die G20 – ein weitaus repräsentativerer Zusammenschluss der weltgrößten Wirtschaftsnationen.

Es steht zu hoffen, dass es den Mitgliedern der G20 (19 Staaten und die Europäischen Union) gelingen wird, durch multilaterale Kooperation den Übergang von einer Weltordnung mit nur einer wirtschaftlichen Supermacht zu einer Weltordnung mit zwei oder mehr Supermächten zu bewältigen.

Worum es geht
Nationen können mehr erreichen, wenn sie zusammenarbeiten

42 Protektionismus

Als in den 1980er-Jahren die zunehmende Dominanz Japans im globalen Handel die Gemüter amerikanischer Bürger erhitzte, zertrümmerten Abgeordnete des amerikanischen Kongresses bei einer Pressekonferenz auf den Stufen des Senats symbolisch ein Toshiba-Radio. Einige Jahre später, in den 1990er-Jahren, warnten amerikanische Politiker vor der massiven Abwanderung von Arbeitsplätzen nach Süden infolge der Handelsliberalisierung mit Mexiko. Noch ein Jahrzehnt später verbot der amerikanische Gesetzgeber die Übernahme eines amerikanischen Ölunternehmens durch China sowie die Übernahme des amerikanischen Zweigs einer Hafenbetreibergruppe durch ein Unternehmen aus Nahost. Wie kommt es, dass sich der Protektionismus – die hässliche Schwester der Globalisierung – in unserer modernen Welt noch immer behaupten kann?

Das Phänomen des Protektionismus, worunter man für gewöhnlich hohe Zölle und Einfuhrbeschränkungen für ausländische Güter sowie die Verhinderung von Übernahmen durch ausländische Unternehmen versteht, ist so alt ist wie der Handel selbst. Eine der frühesten Methoden, derer sich Herrscher bedienten, um ihre Staatskasse aufzubessern, bestand darin, den Handel mit Zöllen zu belegen – ein Vorgehen, das seit der Antike überliefert ist.

Heute verfügen wir noch über weitere Instrumente zum Schutz der inländischen Wirtschaft: Quoten zur Beschränkung der Menge oder des Werts der eingeführten Güter; Subventionen für Erzeuger – ein berüchtigtes Beispiel dafür ist die europäische Gemeinsame Agrarpolitik, die in großem Umfang Beihilfen für Landwirte bereitstellt; Subventionen für Exporteure; Manipulation des Wechselkurses, um die eigene Währung billig zu halten, was Exporte verbilligt und Importe verteuert; sowie der Aufbau von bürokratischen Hindernissen. Eine weitere Form des Protektionismus, die seit dem Ausbruch der Finanz- und Wirtschaftskrise von 2008 zum Tragen kommt, ist die Tendenz von Banken, Kredite nur noch an einheimische Unternehmen zu vergeben. Obwohl der britische Premierminister Gordon Brown dieses Vorgehen 2009 als „Finanzmerkantilismus" bezeichnete, handelte er selbst nicht anders, als er britische Banken darin bestärkte, bei der Vergabe von neuen Krediten britische Kunden gegenüber ausländischen zu bevorzugen.

Pro und Contra Fast alle Ökonomen verabscheuen den Protektionismus und befürworten sein Gegenteil, den freien Handel. Sie warnen davor, dass die Errichtung von Handelsbarrieren langfristig alle Nationen ärmer machen werde, dass sie heftige politische Auseinandersetzungen begünstige und sogar Kriege auslösen könne.

Solche Argumente werden durch die These des komparativen Vorteils gestützt (▶ Kapitel 7) – jene Theorie, derzufolge jede Volkswirtschaft durch die Spezialisierung auf bestimmte Güter und den Handel mit anderen Ländern ihren Wohlstand erhöhen kann, selbst wenn ihre eigene Güterproduktion weniger effizient als die ihrer Nachbarn ist.

Vom politischen Standpunkt stellt sich die Materie jedoch komplexer dar. Nehmen wir zum Beispiel an, eine amerikanische Fabrik sei von der Schließung bedroht, weil ihre ausländischen Konkurrenten die Ware billiger produzieren können. Ein Ökonom würde die Meinung vertreten, dass der Markt ein klares Signal gibt: Die amerikanische Fabrik ist nicht konkurrenzfähig und sollte geschlossen werden. Ein Protektionist

Verhandlungsrunde um Verhandlungsrunde

Die Welthandelsorganisation (WTO), die aus dem nach dem Zweiten Weltkrieg geschlossenen Zoll- und Handelsabkommen (GATT) hervorging, ist die führende Institution im Kampf gegen den Protektionismus. Ihre Hauptaufgabe besteht darin, die Länder der Welt zu Verhandlungen über den Abbau von Zöllen und Handelshindernissen an einen Tisch zu bringen. Diese Gespräche müssen auf globaler Ebene stattfinden, da die Beseitigung von Zöllen nur dann allen Ländern zugute kommt, wenn sie international und nicht unilateral durchgeführt wird.

In den frühen 1990er-Jahren kam die Uruguay-Runde, die achte Runde multilateraler GATT-Gespräche, mit der Gründung der Welthandelsorganisation zu einem erfolgreichen Abschluss. Ihr gelang es, wichtige Handelshemmnisse weltweit abzubauen, wodurch ihr wesentliche Verdienste am Wirtschaftswachstum des folgenden Jahrzehnts zukommen. Die Doha-Runde, die 2001 begann, musste dagegen viele Rückschläge hinnehmen. Nachdem sich die Länder jahrelang über die Höhe ihrer Beiträge gestritten hatten, wurden die Gespräche im Sommer 2008 ausgesetzt, weil sich die USA nicht mit China, Indien und Brasilien über die Kürzung amerikanischer Agrarsubventionen einigen konnten. Während manche hoffen, dass die Gespräche wieder aufgenommen werden, halten andere dies für so gut wie aussichtslos.

1994
Die Uruguay-Runde verständigt sich auf die Gründung der Welthandelsorganisation und den Abbau von Handelshindernissen

2008
Die Handelsgespräche im Rahmen der Doha-Runde werden ausgesetzt

dagegen würde empfehlen, höhere Zölle auf die betreffenden Güter zu erheben oder den betreffenden Sektor zu subventionieren, um Arbeitsplätze zu retten – eine Lösung, die mit großer Wahrscheinlichkeit auf breite Zustimmung in der Öffentlichkeit, zumindest aber unter den Beschäftigten, stoßen würde. Allerdings zeigt die Volkswirtschaftslehre, dass ein solches Vorgehen das Problem nur kaschiert, da es unweigerlich über kurz oder lang von neuem an die Oberfläche tritt. Besser sei es, so der Ökonom, wenn sich die entlassenen Beschäftigten gleich einen neuen Arbeitsplatz in einer anderen, konkurrenzfähigeren Branche suchen.

Der Protektionismus ist nicht nur die Strategie, die sich Wählern leichter verkaufen lässt, sie kann auch, oberflächlich betrachtet, mit Erfolgen punkten. So können die staatlichen Einnahmen durchaus zunächst steigen, wenn eine Regierung Zölle erhebt. Inländische Unternehmen erleben vielleicht einen Aufschwung, weil die Verbraucher ermutigt werden, inländische Güter statt ausländischer Konkurrenzprodukte zu kaufen. Für eher patriotisch (oder nationalistisch) gesinnte Bürger steht noch ein anderer Aspekt im Vordergrund. In ihren Augen trägt der Protektionismus dazu bei, die Unabhängigkeit eines Staates zu sichern, gleichgültig, ob es um die Produktion von Energie, Stahl, Fahrzeugen, Computern oder etwas anderem geht.

Das Problem ist jedoch, dass solche Argumente weitgehend auf Fehlannahmen beruhen. Eine Studie nach der anderen hat gezeigt, dass es langfristig der Protektionismus ist, der Länder verarmen lässt – und zwar sowohl das Land, das die Zölle erhebt, als auch das Land, das gerne Handel mit dem anderen treiben würde.

Was sich aus der Geschichte lernen lässt   Das abschreckendste Beispiel für die möglichen Konsequenzen des Protektionismus liefern die 1930er-Jahre. Im Zuge der Großen Depression beschlossen damals krisengeschüttelte Länder überall auf der Welt, darunter die USA, Handelsbarrieren zu errichten, um die inländischen Arbeitsplätze zu schützen und der eigenen Volkswirtschaft zur rascheren Erholung zu verhelfen. Diese Strategie stürzte viele vom Export abhängige Länder in eine ernste Notlage. Als immer mehr Länder Schutzzölle erhoben, kam der Welthandel praktisch zum Erliegen. Die politischen Spannungen verschärften sich und begünstigten letztlich den Abbruch internationaler Beziehungen, der den Zweiten Weltkrieg auslöste.

> **Wenn Waren nicht Grenzen überqueren, dann werden es Soldaten tun.**
> Frédéric Bastiat, **französischer Ökonom des 19. Jahrhunderts**

Erst als diese Handelshemmnisse nach dem Zweiten Weltkrieg allmählich beseitigt wurden, konnte sich der Effekt des komparativen Vorteils wieder entfalten.

Ein weiteres Beispiel aus der Geschichte ist China, das im 15. Jahrhundert einer zerstörerischen Handelspolitik zum Opfer fiel. Obwohl das chinesische Kaiserreich damals eine der fortgeschrittensten und wohlhabendsten Volkswirtschaften der Welt war, büßte es seine Vorrangstellung rasch ein, als seine Herrscher eine Politik der Autarkie (der wirtschaftlichen Unabhängigkeit) einschlugen. Erst gegen Ende des 20. Jahrhunderts, als China viele seiner Zölle und Handelsbarrieren abbaute, fing es allmählich wieder an, sein riesiges wirtschaftliches Potenzial auszuschöpfen.

Schutz von Arbeitsplätzen? Entgegen den Befürchtungen vieler Menschen führt eine Liberalisierung des Handels nicht notwendigerweise zur massenhaften Verlagerung von Arbeitsplätzen ins Ausland. Eine der größten und effizientesten Autofabriken Großbritanniens wird nicht von einem britischen oder europäischen Unternehmen geleitet, sondern von dem japanischen Automobilhersteller Nissan. Obwohl immer wieder Bedenken geäußert werden, ausländische Unternehmen könnten bei notwendig werdenden Einsparungen Entlassungen eher in ihren ausländischen Niederlassungen als im Inland vornehmen, gibt es dafür wenig statistische Belege.

Das grundsätzliche Problem liegt darin, dass eine Volkswirtschaft, die ihre Unternehmen vor ausländischer Konkurrenz schützt, die eigene Wettbewerbsfähigkeit unterminiert. Sie nimmt den heimischen Firmen den Anreiz, Kosten zu sparen und ihre Effizienz zu steigern. Tatsächlich halten Wirtschaftsexperten die Gefahr einer ausländischen Übernahme für eines der wirksamsten Mittel, um Manager zu ständigen Bemühungen um mehr Effizienz anzuspornen – dies gilt besonders in Anbetracht der Schwierigkeiten, vor denen Aktionäre stehen, wenn sie einen inkompetenten Manager loswerden wollen.

Rückfall in den Protektionismus? Während Regierungen überall bemüht sind, ihre Volkswirtschaften nach der Finanzkrise von 2008 wieder aufzupäppeln, fürchten manche, dass dies weltweit zu einem neuen Aufflackern des Protektionismus führen könnte. Viele Experten glauben, dies stelle für die Weltwirtschaft im nächsten Jahrzehnt eine weitaus größere Gefahr dar als eine Depression oder eine Schuldeninflation. Wie die Geschichte gezeigt hat, können Länder allzu leicht in eine protektionistische Spirale geraten, deren Konsequenzen für den Weltfrieden und die Stabilität verheerend sind.

> **Wenn es ein ökonomisches Glaubensbekenntnis gäbe, würde es mit Sicherheit die Sätze enthalten: ‚Ich glaube an das Prinzip des komparativen Vorteils' und ‚Ich glaube an den Freihandel.'**
>
> **Paul Krugman, Nobelpreisträger und Handelsexperte**

Worum es geht
Protektionismus ist die größte Bedrohung für den Weltfrieden und den Wohlstand auf der Welt

43 Technische Revolutionen

So sehr wir auch dazu neigen, das Leben im England des 18. Jahrhunderts zu verklären, so war es doch in Wirklichkeit alles andere als romantisch. Die meisten Familien verdienten kaum genügend Geld, um zu überleben. Drei Viertel aller in London geborenen Kinder starben, bevor sie das Alter von fünf Jahren erreichten. Zwischen ungefähr 1750 und dem frühen 19. Jahrhundert vollzog sich jedoch ein radikaler Wandel. Mit wachsendem Wohlstand und steigender Lebenserwartung schnellte auch die Bevölkerungszahl in die Höhe. Kaum eine wirtschaftliche Periode hatte so epochale Auswirkungen wie die Industrielle Revolution.

Ausgelöst wurde dieser umwälzende Wandel durch technische Neuerungen. Die Erfindung der Dampfmaschine und die Nutzung fossiler Brennstoffe wie zum Beispiel Kohle veränderten das Leben der Menschen von Grund auf und eröffneten neue soziale und künstlerische Horizonte. Es war das Zeitalter von Wordsworth und Turner, von Entsetzen und Entzücken in der Kunst angesichts der tiefgreifenden Veränderungen, die sich vollzogen; zugleich war es ein Zeitalter der politischen Instabilität, das zusammenfiel mit der Französischen Revolution und der Erkämpfung der amerikanischen Unabhängigkeit.

Diese berühmteste Umgestaltung der industriellen und sozialen Verhältnisse war aber nicht die einzige wirtschaftliche Revolution in der Geschichte. Über die Jahrhunderte hinweg hat sich die Menschheit in unsteten Sprüngen fortentwickelt, die häufig von der Erfindung neuer Technologien angestoßen wurden. Oftmals vollkommen unvorhersehbar, führten sie radikale Veränderungen herbei, die sich auf den menschlichen Wohlstand und das menschliche Zusammenleben auswirkten.

Wirtschaftshistoriker sprechen nicht nur von einer, sondern von *drei* industriellen Revolutionen, die sich seit dem 18. Jahrhundert vollzogen haben. Darunter verste-

Zeitleiste

1600	1756	1778
Gründung der Britischen Ostindien-Kompanie	Wiederentdeckung des Betons	Bau der ersten Eisenbrücke in der englischen Grafschaft Shropshire und Perfektionierung der Dampfmaschine durch James Watt

hen sie *strukturelle*, nicht *zyklische* Veränderungen; das heißt, Veränderungen, die die Wirtschaft von Grund auf reformieren und nicht nur übliche Schwankungen widerspiegeln.

Die erste industrielle Revolution umfasste den Zeitraum von der Mitte des 18. Jahrhunderts – der Erfindung der Dampfmaschine – bis zum frühen 19. Jahrhundert. Vor dieser Zeit waren die Menschen auf die Kräfte der Natur wie Wind und Wasser sowie auf Tiere wie Pferde und Ochsen angewiesen, um zu überleben. Mit der Nutzung von Kohle zum Antrieb von Maschinen machten sie sich davon zunehmend unabhängig und erhöhten ihre Produktivität. Sie meisterten die Kunst, Maschinen aus Metall herzustellen, was zur Entstehung der ersten echten Fabriken – Sinnbildern des von Adam Smith beschriebenen Prinzips der Arbeitsteilung (▶ Kapitel 6) – führte. Von England verbreitete sich die Revolution rasch über ganz Europa bis nach Amerika.

Die Auswirkungen waren tiefgreifend. Das Bruttoinlandsprodukt pro Kopf – die Summe der inländischen Wertschöpfung (▶ Kapitel 17) – hatte sich in Großbritannien bis dahin seit dem Mittelalter und davor kaum verändert. Nun plötzlich stieg es sprunghaft an. In den Augen mancher Ökonomen war dies der Augenblick, an dem die westlichen Volkswirtschaften aus der malthusianischen Bevölkerungsfalle (▶ Kapitel 3) ausbrachen, derzufolge das Wirtschaftswachstum durch die Grenzen des Bevölkerungswachstums eingeschränkt wird. Mit steigendem Wohlstand und zunehmender Lebenserwartung wuchs auch die Größe der Durchschnittsfamilie, und so nahm die Bevölkerung in England und Wales von rund sechs Millionen Menschen im 18. Jahrhundert auf über 30 Millionen bis zum Ende des 19. Jahrhunderts zu.

Die zweite industrielle Revolution, die eine Weiterentwicklung der ersten darstellt, wird manchmal auch als elektrische oder technische Revolution bezeichnet. Sie ist geprägt von der Entwicklung der Metallurgie (der Fähigkeit, Stahl und andere Metalle herzustellen), dem Siegeszug der Elektrizität und dem Abbau von Erdöl zur Gewinnung von Petroleum und Benzin.

❞ Der fundamentale Antrieb, der die kapitalistische Maschine in Bewegung setzt und hält, kommt von den neuen Konsumgütern, den neuen Produktions- und Transportmethoden, den neuen Märkten, den neuen Formen der industriellen Organisation, welche die kapitalistische Unternehmung schafft. ❝
Joseph Schumpeter

1885	**1903**	**1989**
Erfindung des ersten mit einem Verbrennungsmotor betriebenen Automobils durch Karl Benz in Deutschland	Die Brüder Wright fliegen das erste motorbetriebene Flugzeug	Entwicklung des World Wide Web durch Tim Berners-Lee

Überspringen von Entwicklungsschritten

Zu den unbestreitbaren Markenzeichen des Fortschritts, wenn nicht gar von Revolutionen, gehört das Überspringen von Entwicklungsschritten. In vielen Teilen der Welt gründet sich der nationale Wohlstand auf teure Infrastrukturen – zum Beispiel Schienennetze für den Eisenbahnverkehr oder Überlandleitungen für das Stromnetz. Für Länder ohne ein solches Erbe war es in der Vergangenheit schlicht unmöglich, sich ebenso schnell zu entwickeln wie andere. Jetzt hat jedoch der Mobilfunk Menschen in weiten Teilen Afrikas, in denen es zuvor unrentabel gewesen wäre, ein Telefonnetz aufzubauen, Zugang zur Telekommunikation ermöglicht. Ebenso versprechen kleine Solarstromanlagen, Regionen mit Strom zu versorgen, die nie zuvor an ein Stromnetz angeschlossen waren. Ob dies, wie manche annehmen, zu stärker dezentralisierten Städten und Gemeinden weltweit führen wird, bleibt abzuwarten; jedenfalls halten manche Umweltschützer solche Ansätze für eine vielversprechende Lösung der Probleme der Umweltverschmutzung und des Klimawandels (▶ Kapitel 45).

Automobile, Flugzeuge, internationale Aktiengesellschaften und das Telefon sind die Errungenschaften dieses Zeitalters. Großbritannien, der Vorreiter der industriellen Revolution, büßte in dieser Zeit allmählich seine globale Vorrangstellung ein, während die USA und Deutschland rasch zu globalen Wirtschaftssupermächten heranwuchsen.

Die dritte industrielle Revolution – das Computerzeitalter Die rasanten technologischen Fortschritte der jüngsten Vergangenheit habe viele Ökonomen veranlasst, von einer *dritten industriellen Revolution* zu sprechen. Sie nahm in den 1980er-Jahren mit der Entwicklung des Computers und dem Aufkommen des Internet ihren Anfang und hat inzwischen die globale Kommunikation und den weltweiten Handel von Grund auf verändert. Unvorstellbare Kapitalmengen (Geld und Vermögenswerte) können heute, im 21. Jahrhundert, per Knopfdruck um den Globus transferiert werden, und Firmen werden durch die Fortschritte in der Breitbandkommunikation in die Lage versetzt, ganze Geschäftsbereiche nach Indien, China oder in andere Billiglohnländer auszulagern, was ihnen Einsparungen in Milliardenhöhe und erhebliche Gewinnsteigerungen erlaubt.

Wie schon bei früheren Revolutionen hat auch dieser technologische Sprung den Aufstieg neuer potenzieller Supermächte begünstigt – in diesem Fall Chinas und Indiens. Der Aufschwung dieser Länder verbunden mit der digitalen Revolution hat in dem Jahrzehnt vor 2006 zur längsten Periode weltwirtschaftlichen Wachstums in der Geschichte beigetragen. Obwohl die Weltwirtschaft seitdem in eine scharfe

Rezession geraten ist, glauben die meisten Ökonomen, dass die dritte industrielle Revolution auch in den kommenden Jahrzehnten reiche Früchte tragen wird.

Während die technologischen Fortschritte unbestritten sind, zweifeln manche, dass die neue Internetwirtschaft eine ebenso bedeutende Neuerung darstellt wie die Errungenschaften früherer Revolutionen. So nachhaltig die jüngsten Veränderungen sein mögen, haben sie – nach Auffassung des Ökonomen Robert Gordon von der Northwestern University – nicht dieselben tiefgreifenden Auswirkungen auf das Leben der Menschen gehabt wie frühere Innovationen, zum Beispiel Massenverkehrsmittel, Elektrizität, Kino, Radio und Innentoiletten.

Künftige Revolutionen Das Computerzeitalter ist vielleicht nur der Vorbote einer Revolution, die den Menschen selbst transformiert. Vieles deutet darauf hin, dass die jüngste Entschlüsselung des menschlichen Erbguts dazu benutzt werden kann, die menschlichen Fähigkeiten erheblich zu steigern. In einer potenziellen künftigen Biorevolution können Menschen vielleicht schon bald Einfluss auf ihre genetische Natur nehmen, und auch wenn Techniken wie das Klonen von Menschen höchst umstritten bleiben werden, gibt es doch manche, die darin Chancen für künftige wirtschaftliche Fortschritte wittern.

Wenige haben vorhergesehen, welch revolutionäres Potenzial dem Computer innewohnte oder wie radikal das Internet die Weltwirtschaft verändern würde. Künftige technische Fortschritte dürften die Welt auf ebenso unvorhersehbare Weise verändern.

Worum es geht
Technische Fortschritte treiben die Wirtschaft an

44 Entwicklungs-ökonomie

Der Fall der Berliner Mauer und der Zusammenbruch des Kommunismus im ehemaligen Sowjetblock gehören zweifellos zu den wichtigsten Katalysatoren des globalen Wirtschaftswachstums der vergangenen Jahre. Die Kommandowirtschaft der ehemaligen Sowjetunion hatte jegliches Wachstum erstickt und zu Hunger und Verarmung von Millionen von Menschen geführt. Nachdem der freie Markt Einzug in die ehemaligen kommunistischen Staaten hielt, begannen sich deren Volkswirtschaften rasant zu entwickeln. Und auch wenn davon längst nicht alle profitiert haben, leben seitdem Millionen Menschen in weit größerem Wohlstand.

Allerdings hat diese Erfolgsgeschichte eine Kehrseite. Während des Kalten Krieges hatten beide Seiten ein vitales Interesse daran, die ärmeren Nationen der Welt (die Entwicklungs- oder Drittweltländer) mit finanziellen Geschenken zu umwerben. Dieser Konkurrenzkampf der Supermächte um die Gunst der ärmeren Länder sorgte für einen stetigen Zustrom finanzieller Mittel in diese Länder, selbst wenn dabei allzu oft korrupte Diktatoren wie zum Beispiel Präsident Mobutu von Zaire oder Augusto Pinochet in Chile unterstützt wurden.

Eine neue Welt Dieser Zustrom von Geld versiegte plötzlich mit dem Fall des Eisernern Vorhangs. Viele Länder, die zuvor von der Unterstützung profitiert hatten (auch wenn ein Großteil dieser Mittel nicht in die Förderung der Wirtschaft, sondern auf die Schweizer Bankkonten der Diktatoren geflossen war), versanken nun noch tiefer in Armut. Aber das war nicht überall der Fall. China und anderen Ländern Ostasiens verhalf die Loslösung vom strengen Kommunismus und von einer sozialistischen Wirtschaftslenkung zu einem steilen Wirtschaftswachstum, das Millionen Menschen aus der Armut befreite. Das Bild der Welt begann sich zu ändern.

Zeitleiste

1800er-Jahre	1990
Während der Industriellen Revolution steigt die Lebenserwartung im Westen sprunghaft an	Der Fall der Sowjetunion eröffnet China und Indien den Weg zu Wohlstand

Die globale Wirtschaft ist nun nicht mehr von einer tiefen Kluft zwischen einem Fünftel reicher Länder und vier Fünfteln armer Länder geprägt. Vielmehr zeichnet sich die neue wirtschaftliche Lage dadurch aus, dass die Volkswirtschaften zu einem Fünftel reich sind, zu drei Fünfteln an der Schwelle zu entwickelten Nationen stehen und nur zu einem Fünftel arm sind. Die Entwicklungsökonomie beschäftigt sich hauptsächlich mit der Notlage dieses letzten Fünftels oder, um mit Paul Collier, einem der führenden Experten auf diesem Gebiet, zu sprechen, mit dieser „untersten Milliarde".

Was macht ein Land reich? Es gibt eine Fülle von Theorien, um zu erklären, warum sich einige Länder relativ mühelos aus der Armut befreien, während andere darin gefangen bleiben. Manche ziehen zur Erklärung die klimatischen oder topographischen Bedingungen eines Landes heran, die den Anbau von Nutzpflanzen und die landwirtschaftliche Entwicklung eines Landes erschweren können. Andere verweisen auf kulturelle Faktoren wie etwa die Behandlung von Eigentumsrechten. Wieder andere machen den Erfolg oder das Scheitern der politischen und sozialen Institutionen dafür verantwortlich. Einige halten Wohlstand oder ausbleibenden Wohlstand für einen Zufall der Geschichte, andere für Schicksal. Auch weniger offensichtliche Faktoren sind herangezogen worden. Der Biologe und Anthropologe Jared Diamond beispielsweise glaubt, dass die Resistenz gegen bestimmte Krankheiten eine wesentliche Voraussetzung für Entwicklung ist. Dagegen hält der Ökonom Gregory

Die Millenniumsentwicklungsziele

Die von den Vereinten Nationen im Jahr 2001 verabschiedeten Millenniumsentwicklungsziele sind darauf ausgerichtet, die Lebensbedingungen der Menschen in den Entwicklungsländern bis 2015 deutlich zu verbessern. Eine Zwischenbilanz des Jahres 2009, nach mehr als der Hälfte der verstrichenen Frist, zeigt jedoch, dass die Fortschritte bislang zu schleppend sind.

Ziel 1: Bekämpfung von extremer Armut und Hunger

Ziel 2: Verwirklichung der Grundschulbildung für alle

Ziel 3: Gleichstellung der Geschlechter und Stärkung der Rolle der Frauen

Ziel 4: Senkung der Kindersterblichkeit

Ziel 5: Verbesserung der Gesundheitsversorgung von Müttern

Ziel 6: Bekämpfung von HIV/Aids, Malaria und anderen schweren Krankheiten

Ziel 7: Sicherung der ökologischen Nachhaltigkeit

Ziel 8: Aufbau einer globalen Partnerschaft für Entwicklung

> ❝ **Davor [vor dem Ende des Kalten Krieges] hatte die Rivalität mit Russland den Westen gezwungen, die Entwicklungsländer halbwegs anständig zu behandeln, damit sie sich nicht der anderen Seite zuwandten – es hatte einen Konkurrenzkampf gegeben.** ❞
>
> Joseph Stiglitz, **Nobelpreisträger und ehemaliger Chefökonom der Weltbank**

Clark eine in der Kultur oder in den Genen verankerte hohe Arbeitsmoral und die Ausbildung einer fleißigen Mittelschicht in der Gesellschaft für Schlüsselfaktoren.

Tatsache ist jedenfalls, dass im Mittelalter kaum Wohlstandsunterschiede zwischen den heute als entwickelt und unterentwickelt bezeichneten Teilen der Welt bestanden. Seitdem hat sich jedoch eine riesige Kluft aufgetan. Am weitesten zurück liegt Afrika. Wirtschaftlich steht der Kontinent noch immer auf der Stufe des Mittelalters. Im größten Teil des südlich der Sahara gelegenen Afrikas leben die Menschen von der Subsistenzwirtschaft; die Sterblichkeitsraten liegen oftmals höher als im Europa vor der Reformation. In den letzten Jahren hat die Sterblichkeit mit der Verbreitung von Aids sogar noch zugenommen, so dass die durchschnittliche Lebenserwartung in den Ländern, die zum ärmsten Sechstel der Welt gehören, nur rund 50 Jahre beträgt und jedes siebte Kind vor dem Erreichen des fünften Lebensjahres stirbt.

Armutsfallen Nach Collier sind arme Länder oftmals in einer der folgenden vier Armutsfallen gefangen, die allesamt schwer zu überwinden sind:

1. *Bürgerkrieg.* Davon betroffen sind fast drei Viertel der Menschen, die die unterste Milliarde ausmachen. Beispiele für Bürgerkriegsländer sind Angola, wo eine halbe Million Menschen ums Leben gekommen sind, oder die Demokratische Republik Kongo, die sich seit 1997 praktisch ununterbrochen im Bürgerkrieg befindet.
2. *Rohstoff-Falle.* Werden in einem armen Land große Vorkommen natürlicher Ressourcen – wie etwa Erdöl, Gold oder Diamanten – entdeckt, können sich korrupte Politiker noch leichter an der Macht halten und verhindern, dass etwas von dem Wohlstand an die Armen weitergegeben wird.
3. *Geographische Falle.* Länder ohne Zugang zum Meer können der Willkür ihrer Nachbarn ausgesetzt sein, was den Handel hemmt und somit den Volkswirtschaften schadet.
4. *Schlechte Regierungsführung.* Die gewählten oder gewaltsam an die Macht gelangten politischen Führer regieren schlecht oder sind korrupt.

Was lässt sich tun? Seit dem Kalten Krieg ist ein gewaltiger Apparat von Institutionen entstanden, die das Ziel verfolgen, die Entwicklungsländer aus der Armut zu befreien. Dies umfasst Entwicklungsministerien in den reichen Ländern, multilaterale Institutionen wie die Weltbank und die Vereinten Nationen (▶ Kapitel 41) sowie Nichtregierungsorganisationen (NGOs) wie Oxfam und Christian Aid.

Im Lauf der Zeit hat sich das Vorgehen, mit dem man versucht, dem Problem zu Leibe zu rücken, gewandelt. In der Vergangenheit neigten reiche Länder und Einzelne dazu, notleidenden Ländern direkt Finanzmittel zur Verfügung zu stellen. Oft genug lenkten Diktatoren diese Gelder jedoch in die eigenen Schmiergeldkassen um, anstatt sie in Gesundheit und Bildung zu investieren. Inzwischen geben Hilfsorganisationen das Geld entweder selbst vor Ort aus oder sie bemühen sich, die Finanzspritzen an bestimmte Bedingungen zu knüpfen, etwa an die Forderung, dass das Geld für bestimmte Projekte verwendet wird – zum Beispiel die Ausstattung von Familien mit Moskitonetzen und Schulbüchern oder den Bau von Schulen, Straßen und Brücken.

Das Problem, dem die Entwicklungshilfe leistende Gemeinschaft gegenübersteht, liegt nach Auffassung des US-Ökonomen William Easterly darin, dass die Spenden wenig dazu beitragen, die Empfängernationen auf den Übergang zur Industrialisierung vorzubereiten. Obwohl China jahrelang ausländische Hilfe erhalten hat, haben diese Gelder mit seinem phänomenalen Wachstum seit den 1990er-Jahren wenig zu tun.

Eine Lösung für das Armutsproblem in afrikanischen Ländern könnte darin bestehen, ihnen zollfreien Zugang zu den Märkten der reichen Ländern zu gestatten oder ihnen zu erlauben, vorübergehend Einfuhrbeschränkungen zu erheben, um die eigene Fertigungsindustrie vor der Konkurrenz durch chinesische und andere Produkte zu schützen.

Ironischerweise hängt die Antwort auf die Entwicklungskrise, zumindest teilweise, ausgerechnet von China ab, das zu Beginn des neuen Jahrtausends den Grundstein zu seinem gewaltigen wirtschaftlichen Erfolg gelegt hat. Seine Zuwendungen an afrikanische Staaten gehören heute zu den am schnellsten wachsenden weltweit. Ob diese Gelder an Bedingungen geknüpft sind, die den bedürftigsten Ländern der Welt wirklich helfen, der Armutsfalle zu entkommen, steht auf einem anderen Blatt.

Worum es geht
Die unterste Milliarde muss aus der Armut befreit werden

45 Umweltökonomie

Wirtschaft und Umwelt sind untrennbar miteinander verknüpft. Die wirtschaftliche Entwicklung ist zum Beispiel eine der Hauptursachen des Klimawandels, aber sie könnte auch seine Lösung herbeiführen. Ebenso könnten die Wirtschaftswissenschaften wichtige Beiträge zur Erforschung der globalen Erwärmung leisten, und vermutlich werden wirtschaftspolitische Instrumente – wie die Steuerpolitik und die Regulierung – den Hauptanreiz dafür bieten, die Umwelt weniger stark zu verschmutzen.

Schon immer ging die wirtschaftliche Entwicklung des Menschen mit der Ausbeutung der natürlichen Ressourcen der Erde einher. In besonders starkem Maße gilt dies seit der Industriellen Revolution. Ohne die Nutzung dieser Ressourcen, vor allem Kohle und Erdöl, hätten die westlichen Volkswirtschaften in den vergangenen Jahrhunderten kaum eine solche Entwicklung vollzogen und den heutigen Wohlstand erzeugt.

Natürlich hatte diese Entwicklung ihren Preis. Eine Vielzahl von Studien hat den kausalen Zusammenhang zwischen der Verbrennung fossiler Brennstoffe und der globalen Erwärmung aufgezeigt. Manche gehen davon aus, dass der vom Menschen verursachte Klimawandel auch für die größere Unbeständigkeit der globalen Wettersysteme und die damit einhergehende Zunahme extremer Wetterereignisse verantwortlich ist. Der Hurrikan Katrina, der im Jahr 2005 New Orleans fast ganz zerstörte, ist ein Beispiel für diese Art von Ereignis. Andere sagen voraus, dass bei einem weiteren Anstieg der globalen Temperaturen die polaren Eiskappen schmelzen könnten, was zu einem Anstieg des Meeresspiegels weltweit und zur Überflutung von Städten wie New York und London führen könnte. Eine weitere befürchtete Folge der globalen Erwärmung ist das Aussetzen des Golfstroms über den Atlantik, was das Klima im gesamten nördlichen Europa und weit darüber hinaus gravierend stören könnte.

Zeitleiste

1992	1997
Der „Erdgipfel" in Rio de Janeiro fordert die Regierungen auf, die Emission von Treibhausgasen zu stabilisieren	Im Abschlussprotokoll der Konferenz von Kyoto verpflichten sich die Länder dazu, ihre Emissionen zu senken

❯ Die Hinweise darauf, welch schwerwiegende Konsequenzen bei Nichtstun oder verspätetem Handeln drohen, lassen sich nicht mehr ignorieren. Wir riskieren Schäden, die das Ausmaß der Zerstörungen durch die Weltkriege des letzten Jahrhunderts weit übertreffen. Das Problem ist globaler Natur und kann nur durch Zusammenarbeit auf globaler Ebene gelöst werden. **❮**

Sir Nicholas Stern, britischer Ökonom

Das ökologische Dilemma   Solche möglichen Folgen wären katastrophal für den künftigen Wohlstand auf der Erde, und so stehen wir vor einem schwierigen Dilemma. Sollen wir unseren gegenwärtigen Verbrauch fossiler Brennstoffe einschränken, um die Auswirkungen des Klimawandels auf künftige Generationen abzumildern, selbst wenn dies ein schwächeres Wachstum und größere Armut in der unmittelbaren Zukunft bedeutet? Oder sollen wir weitermachen wie bisher, in der Annahme, die künftige, reichere und wissenschaftlich fortgeschrittenere Generation werde schon einen Ausweg aus dem Problem des Klimawandels finden?

Dem britischen Ökonomen Sir Nicholas Stern zufolge, der eine der ersten Studien zu diesem Dilemma durchführte, könnten sich die mit dem Klimawandel verbundenen Folgekosten auf rund 20 Prozent des globalen Bruttoinlandsprodukts – rund sechs Billionen Dollar – belaufen, während sofortige Maßnahmen zur Bewältigung des Problems Kosten von nur etwa einem Prozent des BIP verursachen würden.

Allerdings kann auch die Alternative, die darin besteht, abzuwarten, nicht von vornherein ausgeschlossen werden. Im Lauf der Geschichte haben technische Fortschritte immer wieder dazu beigetragen, scheinbar unlösbare Umweltprobleme zu bewältigen. Man denke nur an die apokalyptischen Vorhersagen von Thomas Malthus, die glücklicherweise nicht eingetreten sind, um zu erkennen, dass der Markt dazu neigt, selbst Lösungen für auftretende Probleme zu entwickeln.

Eine der größten Befürchtungen der Londoner Bevölkerung in viktorianischer Zeit war zum Beispiel, die englische Hauptstadt könnte aufgrund ihrer wachsenden Größe und der zunehmenden Zahl von Pferden auf den Straßen schließlich im Pferdedung ersticken. Das Aufkommen des Automobils, wenngleich mit eigenen ökologischen Problemen behaftet, verhinderte natürlich, dass sich diese Befürchtung bewahrheitete. Ebenso spricht auch heute manches dafür, dass neue Technologien – wasserstoffbetriebene Fahrzeuge, Energieerzeugung durch Kernfusion oder Kohlenstoffabscheidungsvorrichtungen für eine saubere Kohleverbrennung – zur Lösung

2005	**2007**
Das EU-System für den Handel mit Emissionsrechten tritt in Kraft	Die westlichen Industrienationen einigen sich darauf, die globalen CO_2-Emissionen bis 2050 zu halbieren

Wie Länder ihre Emissionen senken können

1. Grüne Steuern. Erheben von Abgaben auf Tätigkeiten, die die Atmosphäre verschmutzen; dies schließt auch Treibstoffsteuern ein; Besteuerung des von Energieunternehmen erzeugten Kohlenstoffs sowie Abgaben auf die Ablagerung gefährlicher Stoffe.

2. Handel mit Emissionsrechten. Diese von Ökonomen bevorzugte Methode funktioniert folgendermaßen: Die Staaten legen Emissionsobergrenzen fest und geben Umweltzertifikate heraus, die den Unternehmen, die sie kaufen, das Recht einräumen, eine bestimmte Menge an Kohlenstoff zu emittieren. Auf diese Weise werden die CO_2-Emissionen mit einem Preis versehen. Unternehmen, die viele Emissionen verursachen, können anderen Unternehmen, die weniger Schadstoffe ausstoßen, Zertifikate abkaufen, wobei die Gesamtmenge an Emissionen die festgelegte Obergrenze nicht übersteigen darf. Das Problem mit dem Emissionsrechtehandel liegt darin, dass das System noch in den Kinderschuhen steckt und bis vor kurzem von den meisten Ländern außerhalb der Europäischen Union mit Argwohn betrachtet wurde.

3. Technischer Fortschritt. Verschiedene grüne Technologien von der Solarenergie bis zu Elektrofahrzeugen könnten zu einer Verringerung der Emissionen beitragen. Die Schwierigkeit besteht darin, dass solche Technologien bis vor kurzem teurer waren als die herkömmliche Verbrennung von Kohle oder Öl. Es ist jedoch anzunehmen, dass sie erschwinglicher werden, je mehr in sie investiert wird.

der Krise beitragen werden, ohne das Wirtschaftswachstum der heutigen Generation zu stark zu bremsen.

Externe Effekte Der Klimawandel ist ein Beispiel für ein Marktversagen. Um mit Sir Nicholas Stern zu sprechen, stellte er das größte Marktversagen dar, das die Welt je erlebt hat. In einem ordentlich funktionierenden Markt steigt der Preis einer Sache, wenn das Angebot sinkt oder die Nachfrage steigt – dies ist ein Schlüsselelement der von Adam Smith entwickelten Theorie der unsichtbaren Hand (▶ Kapitel 1). Wenn jeder an sich selbst denkt, liefern die Märkte das, was die Menschen wollen, und davon profitieren alle.

Da jedoch bis vor kurzem weder saubere Luft noch Umweltverschmutzung mit einem Preis beziffert waren, wurde ihnen in der Volkswirtschaft kaum Beachtung geschenkt. Es gibt schließlich keinen „Besitzer" der Umwelt im eigentlichen Sinne des Wortes, obwohl sie natürlich allen Menschen gehört. Einen solchen Sachverhalt, der dadurch gekennzeichnet ist, dass sich ökonomische Handlungen auf unbeteiligte Dritte auswirken, bezeichnen die Ökonomen als Externalität oder externen Effekt. Die tatsächlichen impliziten Kosten der Umweltverschmutzung sind sehr hoch. Wenn aufgrund von Umweltschäden die Häufigkeit von Wirbelstürmen zunimmt, die Ausbreitung von Wüsten gefördert wird, der Meeresspiegel steigt und Städte und Dörfer verwüstet werden, dann ist das ein hoher Preis. Doch erst seitdem Wissenschaftler das zerstörerische Potenzial des Klimawandels erkannt haben, bemüht man sich um eine Ermittlung der tatsächlichen Kosten. Theoretisch sollte der Preis der Bekämpfung des Klimawandels dem entsprechen, was die Menschen zu zahlen bereit sind, damit sie selbst und ihre Kinder in Zukunft weiterhin saubere Luft atmen können. Sind sie bereit, sich mit der verschmutzten Luft und all ihren Konsequenzen abzufinden, gibt es keine externen Kosten.

Die Herausforderung Der weltweite Ausstoß an Treibhausgasen (die so benannt sind, weil sie eine Erwärmung der Erdatmosphäre wie in einem Treibhaus bewirken) muss nach Auffassung der Klimaforscher bis 2050 halbiert werden, wenn die mit einem Klimawandel verbundenen katastrophalen Auswirkungen verhindert werden sollen. Sie fordern sofortige Maßnahmen zur Bekämpfung der Abholzung, die für eine Zunahme der globalen Treibhausgasemissionen um 15 bis 20 Prozent verantwortlich ist.

Solche Ziele sind extrem schwer durchzusetzen, denn über ihre Notwendigkeit besteht kein allgemeiner weltweiter Konsens. Über Jahre hinweg haben es die USA und eine Reihe anderer Staaten, darunter Australien und China, abgelehnt, sich auf globale Emissionsreduktionsziele zu verpflichten, aus Angst, ihren Volkswirtschaften zu schaden. Eine Verringerung des Treibhausgasausstoßes geht nämlich für gewöhnlich mit einem schwächeren Wachstum einher.

Schwellenländer wie China, Brasilien und Indien vertreten darüber hinaus mit einiger Berechtigung die Auffassung, dass sie nicht zu signifikanten Verringerungen ihrer Emissionen verpflichtet werden dürfen. Da der Klimawandel weitgehend eine Folge der von der westlichen Welt verursachten Umweltverschmutzung ist, sehen es diese jungen Volkswirtschaften nicht ein, dass sie für die Altlasten anderer bezahlen sollen. Leider schicken sich genau diese aufstrebenden Volkswirtschaften an, mit ihrem Wachstum die Umwelt in den kommenden Jahren zusätzlich stark zu belasten. Die vom Klimawandel am stärksten Betroffenen werden mit großer Wahrscheinlichkeit die ärmsten Länder der Welt sein – vor allem diejenigen in den Tropen.

Es darf nicht verschwiegen werden, dass zwar die Mehrheit der Wissenschaftler die globale Erwärmung für ein tatsächliches und vom Menschen verursachtes Phänomen hält, manche jedoch den angeführten Belegen skeptisch gegenüberstehen. Trotzdem übersteigen nach der vorherrschenden Meinung die Kosten des Nichtstuns (eine potenzielle künftige Klimakatastrophe) die Kosten des sofortigen Handelns (Begrenzung der Emissionen und des Wirtschaftswachstums) bei weitem. Die Bekämpfung des Klimawandels sollte insofern als Versicherungspolice für künftige Generationen betrachtet werden.

Die Grundidee

Zur Vermeidung katastrophaler Umweltkosten ist sofortiges Handeln erforderlich

46 Verhaltens-ökonomie

Die Ökonomie hat eine Achillesferse, die bis vor kurzem von vielen nicht wahrgenommen oder bestritten wurde. Diese Schwachstelle ist letztlich verantwortlich für viele eklatante Fehler, die Ökonomen in den vergangenen Jahrhunderten gemacht haben. Es handelt sich um die fälschliche Annahme, der Mensch sei ein rationales Wesen.

Die Erfahrung zeigt, dass Menschen keineswegs immer rational handeln. Würde ein übergewichtiger Raucher wirklich rationale Maßstäbe an sein Verhalten anlegen, würde er in Anbetracht der gesundheitlichen Risiken, denen er sich aussetzt, sofort mit einer Diät beginnen und das Rauchen aufgeben. Wenn wir alle wirklich rationale Wesen wären, ließen wir uns nicht so leicht von der Werbung zu unsinnigen Geldausgaben verleiten und wir würden die Angemessenheit unseres Gehalts nicht nach dem beurteilen, was unser Nachbar oder unser Schwager verdient, sondern ausschließlich nach objektiven Kriterien.

Trotz dieser verbreiteten Beispiele irrationalen Handelns beruht die traditionelle „neoklassische" Volkswirtschaftslehre auf der Vorstellung, Menschen seien uneingeschränkt fähig und willens, Entscheidungen rational und eigennützig zu treffen. Dies ist die Grundlage der von Adam Smith postulierten Theorie der unsichtbaren Hand (▶ Kapitel 1), wonach das Handeln einer großen Zahl von Menschen nach rationalen und eigennützigen Kriterien dem Wohl der Gesellschaft insgesamt dient. Dieses von Ökonomen aufgestellte Idealbild eines rationalen Menschen wird oftmals als *Homo oeconomicus* bezeichnet.

In Wirklichkeit sind Menschen anfällig für Emotionen wie Liebe, Eifersucht und Trauer, die sie zu irrationalen Handlungen veranlassen können.

Die Ursprünge Die Verhaltensökonomie untersucht, wie und warum Menschen irrational handeln. Als Bindeglied zwischen der Ökonomie und der Psychologie ge-

Zeitleiste

1955
Der Nobelpreisträger Herbert Simon stellt die Annahme, der Mensch habe unbegrenzte Fähigkeiten zur Informationsverarbeitung, in Frage

1970er-Jahre
Tversky und Kahneman leisten bahnbrechende Arbeiten bei der Verknüpfung von Psychologie und Ökonomie

hört sie zu den jüngsten und faszinierendsten Zweigen der wirtschaftswissenschaftlichen Forschung. Weit davon entfernt, nur von akademischem Interesse zu sein, spielt sie inzwischen eine Schlüsselrolle in der wirtschaftspolitischen Entscheidungsfindung. Mit zunehmendem Verständnis der Funktionsweise von Geist und Gehirn trägt die Verhaltensökonomie dazu bei, die wahren Beweggründe für das Handeln der Menschen aufzuklären.

Die Pioniere der Verhaltensökonomie waren die Psychologen Amos Tversky und Daniel Kahneman, die in den 1970er-Jahren Theorien zur Informationsverarbeitung im Gehirn mit ökonomischen Modellen verglichen.

Sie stellten fest, dass Menschen in Situationen der Unsicherheit dazu neigen, weder rational noch zufällig, sondern nach bestimmten vorhersagbaren Mustern zu handeln. Sie benutzen zum Beispiel „Denkabkürzungen" – oder Faustregeln –, die Tversky und Kahnemann als *Heuristiken* bezeichneten. Diese können von der Erfahrung oder der Umwelt beeinflusst sein. Jemand, der sich zum Beispiel an einer Bratpfanne verbrannt hat, wird sie in Zukunft vorsichtiger anfassen.

Die fünf Prinzipien der Verhaltensökonomie

1. Die Handlungen der Menschen werden von Moral- und Wertvorstellungen beeinflusst. Sie tun oftmals das, was sie für „richtig" halten, und nicht das, was ihnen den größten Nutzen einbringen würde.

2. Menschen beurteilen Situationen unterschiedlich, je nachdem, ob Geld im Spiel ist oder nicht. Sie unterscheiden zwischen sozialen und marktbestimmten Situationen. Für einen neoklassischen Ökonomen macht es dagegen keinen Unterschied, ob man seinem besten Freund zu Weihnachten ein Buch im Wert von 20 Dollar schenkt oder ihm einen 20-Dollar-Geldschein überreicht.

3. Menschen sind irrationale Finanzakteure. Sie gewichten Ereignisse der jüngeren Vergangenheit stärker als längst vergangene und sie sind nicht sehr gut beim Ausrechnen von Wahrscheinlichkeiten. Außerdem sind sie keine guten Verlierer. Sie neigen dazu, an Investitionen festzuhalten, da sie ein starkes Besitzdenken haben.

4. Menschen folgen oftmals ihren Gewohnheiten, anstatt ihr Verhalten daraufhin zu überprüfen, ob es optimal ist. Alte Gewohnheiten sind schwer abzulegen.

5. Menschen sind ein Schmelztiegel von Erfahrungen – ihrer eigenen und denen anderer Menschen. Häufig tun sie etwas, weil sie es bei anderen beobachten, anstatt sich ihr eigenes Urteil zu bilden.

1980
Erste Einflüsse der Verhaltensökonomie auf die Spartheorien

1996
Amos Tversky stirbt

2002
Daniel Kahneman wird mit dem Nobelpreis für Wirtschaftswissenschaften ausgezeichnet

❯ Das nächste brandaktuelle Forschungsgebiet [ist] zweifellos die Verhaltensökonomie, die die Ökonomie und die Psychologie miteinander verbindet. Sie verheißt neue Perspektiven auf die öffentliche Politik. ❮

Greg Mankiw, **Professor für Ökonomie an der Harvard-Universität**

Die Beweise Entscheidungen können auch durch die Art und Weise beeinflusst werden, wie den Menschen ein Sachverhalt dargestellt wird – ein Vorgang, der als *Framing* bezeichnet wird. So entwickelten Tversky und Kahneman in einem wissenschaftlichen Artikel das folgende Szenario:

Die USA stehen vor dem Ausbruch einer ungewöhnlichen asiatischen Krankheit, die ohne Gegenmaßnahme voraussichtlich 600 Todesopfer fordern wird. Zwei unterschiedliche Vorgehensweisen werden vorgeschlagen. Bei Durchführung des Programms A werden 200 Menschen gerettet, bei Durchführung des Programms B besteht eine Wahrscheinlichkeit von einem Drittel, dass alle 600 Personen gerettet werden, und eine Wahrscheinlichkeit von zwei Dritteln, dass niemand gerettet wird. Rund 72 Prozent der Befragten wählten das „sicherere" Programm A, obwohl beide Programme letztlich zum selben Ergebnis führen. Einer zweiten Gruppe von Probanden wurden zwei andere Vorgehensweisen genannt. Bei Durchführung des Programms C müssen 400 Menschen sterben, bei Durchführung des Programms D besteht eine Wahrscheinlichkeit von einem Drittel, dass niemand stirbt, und eine Wahrscheinlichkeit von zwei Dritteln, dass 600 Personen sterben müssen. In dieser Formulierung, in der nicht von den geretteten Leben, sondern von den Toten die Rede ist, entschieden sich rund 78 Prozent der Befragten für das Programm D mit den Wahrscheinlichkeiten, nicht für das „sichere" Programm C (obwohl auch hier das Ergebnis schlussendlich identisch ist).

Ein neueres Beispiel stammt von dem Verhaltensökonomen Dan Ariely vom Massachusetts Institute of Technology. Er forderte seine Studenten auf, einen Teil ihrer Sozialversicherungsnummer auf ein Blatt Papier zu schreiben und dann anzugeben, welchen Betrag sie für eine Flasche Wein zu zahlen bereit wären. Die Höhe der Zahlungsbereitschaft hing von der Sozialversicherungsnummer ab – diejenigen mit niedrigen Ziffern neigten dazu, weniger zahlen zu wollen als diejenigen mit höheren Ziffern. Dieses Phänomen wird als *Verankerung* bezeichnet und widerspricht wie das *Framing* der althergebrachten Vorstellung, die Preise auf dem Markt seien eine reine Funktion von Angebot und Nachfrage.

Jüngste Entwicklungen in der Verhaltensökonomie machen sich moderne bildgebende Verfahren der Magnetresonanztomografie zunutze, um das Gehirn von Versuchspersonen zu durchleuchten und beobachtete Aktivitäten zu ökonomischen Entscheidungen in Beziehung zu setzen. So stellte die *Neuroökonomik* vor kurzem fest, dass der Bereich der Gehirns, der aktiviert wird, wenn jemand etwas verkaufen möchte und einen unsittlich niedrigen Preis angeboten bekommt, derselbe Gehirnbereich ist, der auf unangenehme Gerüche und Bilder reagiert.

Entscheidungen anstoßen   Menschen treffen also Entscheidungen nicht immer danach, was in ihrem eigenen besten Interesse liegt. Dies ist eine Feststellung von großer Tragweite, denn die meisten Volkswirtschaften beruhen auf genau dieser Annahme. Zum Beispiel gehen Ökonomen für gewöhnlich davon aus, dass Menschen während ihres ganzen Lebens sparen, weil es in ihrem eigenen Interesse liege, Ersparnisse zu haben, wenn sie in den Ruhestand gehen. Und sie nehmen weiter an, Menschen würden sich nur so hoch verschulden, wie sie es noch einigermaßen mühelos verkraften können. In Wirklichkeit ist es nach den Erkenntnissen der Verhaltensökonomie oft nicht Eigennutz, der uns dazu bringt, Schulden zu machen, sondern Heuristik. Darin schwingt die wichtige Folgerung mit, dass Menschen oftmals einen Anstoß brauchen, um bestimmte Dinge – wie zum Beispiel Sparen oder Abnehmen – in Angriff zu nehmen und man nicht unbedingt erwarten kann, dass sie es aus freien Stücken tun.

Dies hat zu einer Richtung innerhalb der Wirtschaftswissenschaften geführt, die als „libertärer Paternalismus" bezeichnet wird. Ihre Vertreter streben danach, Erkenntnisse aus der Verhaltensökonomie in die Praxis umzusetzen. Obwohl dem Menschen nicht das Recht auf seine freie Entscheidung genommen werden soll, halten manche es durchaus für sinnvoll, ihm einen sanften Schubs in eine bestimmte, positive Richtung zu geben. Ein Beispiel ist die automatische Aufnahme eines Angestellten in die betriebliche Altersversicherung, wobei ihm jedoch ein Widerspruchsrecht eingeräumt wird. Eine andere kontroverse Idee, die 2008 vom britischen Premierminister Gordon Brown vorgeschlagen wurde, besteht darin, die „Widerspruchslösung" auf Organspenden anzuwenden. Bei dieser Regelung geht man von der Annahme aus, dass jeder zur Organspende bereit ist, solange er sich nicht ausdrücklich dagegen ausgesprochen hat.

In den falschen Händen können solche Regelungen natürlich überaus gefährlich sein. Regierungen haben die Pflicht, ihre Bürger vor Krieg, Verbrechen und Armut zu schützen, aber müssen sie sie auch vor ihrer eigenen Unvernunft schützen? Wo würde eine solche Fürsorgepflicht aufhören? Wenn Menschen beim Sparen oder bei der Organspende falsche Entscheidungen treffen, könnten sie dann nicht auch in der Wahlkabine das Kreuz an der falschen Stelle machen?

Trotz dieser Bedenken haben die Erkenntnisse der Verhaltensökonomie die Wirtschaftswissenschaften von Grund auf verändert. Die Annahme, Menschen handelten stets rational und eigennützig, ist unwiderruflich entkräftet worden. In Wirklichkeit ist die menschliche Natur komplexer. Für die Ökonomie von morgen besteht die Aufgabe nun darin, nach Möglichkeiten zu suchen, die verschiedenen Ansätze miteinander in Einklang zu bringen.

Worum es geht
Menschen sind vorhersagbar irrational

47 Spieltheorie

In einer Szene des 1987 erschienenen Filmklassikers *Die Braut des Prinzen* nach dem Roman *Die Brautprinzessin* von William Goldman muss sich der Held Westley in einem geistigen Wettstreit mit seinem Widersacher Vizzini messen. Westley stellt zwei Gläser Wein auf den Tisch und erklärt, dass er in eines das tödliche Gift Jocan gemischt habe. Er fordert Vizzini auf, ein Glas zu wählen.

„Das ist doch ganz einfach", sagt Vizzini und fährt fort:

> „Ich brauche die Antwort nur davon abzuleiten, was ich über Euch weiß. Gehört Ihr zu dem Typ Mann, der das Gift in seinen eigenen Kelch oder in den seines Feindes schüttet? Nun, ein cleverer Mann würde das Gift in seinen eigenen Kelch tun, in der Hoffnung, dass nur ein großer Narr das nimmt, was man ihm reicht. Ich bin kein großer Narr, also kann ich natürlich nicht den Wein nehmen, der vor Euch steht. Aber Ihr müsstet wissen, dass ich kein großer Narr bin. Damit habt Ihr gerechnet. Also kann ich natürlich nicht den Wein nehmen, der vor mir steht."

Schließlich trinken sie; Vizzini aus dem vor ihm stehenden Glas und Westley aus seinem. Westley erklärt, Vizzini habe eine schlechte Wahl getroffen, woraufhin dieser nur hämisch lacht, da er die Gläser heimlich vertauscht hat.

Wie sich herausstellt, hat Westley, der sich gegen Jocan immunisiert hat, beide Gläser vergiftet. Vizzini bricht tot zusammen, während der Held die Prinzessin Buttercup rettet. Auf den ersten Blick scheint der Film nicht viel mit Ökonomie zu tun zu haben. Die Situation, die wir gerade betrachtet haben, ist jedoch ein perfektes Beispiel der Spieltheorie.

Die Spieltheorie befasst sich mit strategischem Denken und menschlichem Entscheidungsverhalten. Sie erforscht, wie Menschen versuchen, die Handlungen anderer und die daraus resultierenden Konsequenzen vorherzusehen. Sie hat sich insofern zu einer der einflussreichsten ökonomischen Disziplinen der vergangenen Jahrzehnte entwickelt. Adam Smith vertrat im 18. Jahrhundert die Auffassung, Men-

Zeitleiste

1944	1950
Veröffentlichung des Buches *Theory of Games and Economic Behavior* von John von Neumann und Oskar Morgenstern (*Spieltheorie und wirtschaftliches Verhalten*)	Formulierung des Gefangenendilemmas; Nash entwickelt seine Gleichgewichtstheorie

schen seien von Natur aus eigennützig, aber der durch einen Markt kanalisierte Eigennutz komme der Gesellschaft als Ganzer zugute. Die Spieltheorie untersucht im Unterschied dazu, wie Eigennutz die Art und Weise beeinflusst, in der Menschen miteinander interagieren.

Das Gefangenendilemma In diesem klassischen Modell der Spieltheorie werden zwei Gefangene, die beschuldigt werden, gemeinsam ein Verbrechen began- gen zu haben, getrennt voneinander verhört. Sie haben zwei Möglichkeiten: das Verbrechen zu gestehen oder zu schweigen. Wenn der eine gesteht und sein Kompli- ze schweigt, geht der Geständige straffrei aus, während der andere für zehn Jahre ins Gefängnis wandert. Schweigen beide, können sie aufgrund von Indizien nur zu einer Gefängnisstrafe von einem Jahr verurteilt werden. Wenn beide gestehen, wer- den sie jeweils für fünf Jahre eingesperrt.

Aus mathematischer Sicht wäre es für beide die vernünftigste Handlungsoption zu schweigen. Einer der Grundsätze der Spiel- theorie lautet jedoch, dass aufgrund der Selbstsüchtigkeit jedes Einzelnen die Wahrscheinlichkeit des beiderseitigen Verrats hoch ist. Der Anreiz, die längste Gefängnisstrafe zu vermeiden und möglicherweise sogar straffrei auszugehen, ist verlockender, als sich dem Risiko auszusetzen, zu schweigen und von seinem Komplizen verraten zu werden. Der entscheidende Punkt ist, dass die beste Ent- scheidung unter bestimmten Umständen nicht unbedingt die offensichtlichste ist.

> **Behandle andere nicht, wie du selbst behandelt werden möchtest. Ihr Geschmack könnte nicht derselbe sein.**
> George Bernard Shaw

Was wäre jedoch, wenn man das Gefangenendilemma viele Male durchspielen würde? Unter diesen Umständen wären die Gefangenen mit den Parametern des Spiels vertraut. Sie könnten lernen, dass Kooperation eine sinnvollere Taktik als Verrat wäre. Tatsächlich deckten Experimente mit dem Gefangenendilemma ver- schiedentlich die menschliche Neigung auf, die altruistische Handlungsoption des Schweigens zu wählen.

Ein anderes Beispiel aus der Spieltheorie findet sich in dem James-Dean-Film- klassiker „… *denn sie wissen nicht, was sie tun"*. Der Protagonist wird von seinem Gegenspieler zu einer Mutprobe herausgefordert, dem „Hasenfußrennen" oder *Chi- cken Game*, bei dem es darum geht, mit dem Auto auf eine Klippe zuzurasen und im letzten Moment herauszuspringen. Der Verlierer ist derjenige, der als erster die Ner- ven verliert und herausspringt. Obwohl beide jeweils das beste Ergebnis für sich an- streben, riskieren sie das Schlimmste – den eigenen Tod.

1960
The Strategy of Conflict von
Thomas Schelling erscheint

1982
Maynard Smith veröffentlicht
Evolution and the Theory of Games

1994
Nash erhält den Nobelpreis für
Wirtschaftswissenschaften

Spieltheorie meets Hollywood

Einem ungewöhnlich breiten Publikum wurde die Spieltheorie im Jahr 2001 durch den mit mehreren Oscars preisgekrönten Film „A Beautiful Mind – Genie und Wahnsinn" bekannt. Russell Crowe spielt darin den Mathematiker John Nash, einen der frühesten Theoretiker der Spieltheorie, der während des größten Teils seiner beruflichen Laufbahn unter paranoider Schizophrenie litt, bevor er 1994 mit dem Nobelpreis für Wirtschaftswissenschaften ausgezeichnet wurde. Nashs Leistung bestand allerdings nicht darin, die Spieltheorie erfunden zu haben – sie geht auf den Princetoner Mathematiker John von Neumann zurück –, sondern darin, sie weiterentwickelt und Anwendungen für sie entdeckt zu haben. Das Nash-Gleichgewicht, die von Nash entwickelte Theorie, beschreibt in nicht-kooperativen Spielen die Situation, in der zwei Spieler die Strategie ihres jeweiligen Gegners kennen, jeder gleichwohl beschließt, an derselben Strategie festzuhalten, da er nicht weiß, ob sein Gegner die Strategie ändern wird.

Die Kunst, jemandes Absichten zu durchschauen Aber die Spieltheorie ist ein weit umfassenderes Forschungsgebiet, als diese Beispiele vermuten lassen. Sie untersucht, wie Menschen sich in „spielähnlichen" Szenarien – im Gegensatz zu solchen, in denen es nicht auf strategisches Denken ankommt – verhalten. Gemeinsam ist solchen Situationen, dass sich die Handlungen eines Teilnehmers nicht nur auf seinen eigenen Erfolg, sondern unweigerlich auch auf den der anderen auswirken. Dies gilt sowohl für Nullsummenspiele, bei denen die Interessen der Spielteilnehmer so miteinander konkurrieren, dass die Vorteile des einen Teilnehmers auf Kosten des anderen gehen, wie auch für Spiele mit Win-Win-Ergebnissen.

Der Schlüssel zur Theorie liegt darin, dass man unter solchen Umständen gezwungen ist, die Absichten eines anderen rationalen, eigennützigen Menschen zu erraten. Da die menschlichen Interaktionen in hohem Maß von strategischer Interdependenz gekennzeichnet sind, hat sich die Spieltheorie zu einem äußerst einflussreichen Wissenschaftszweig entwickelt, der in der Politik, der Ökonomie und auch im internationalen Handel häufig zum Einsatz kommt. Banker machen sie sich beispielsweise bei der Vorbereitung von Übernahmen zunutze, Arbeitgeber und Gewerkschaften bei Tarifverhandlungen, Politiker bei der Verhandlung internationaler Handelsabkommen – oder bei der Entscheidung für oder gegen einen Krieg – und Unternehmen bei der Preisgestaltung ihrer Produkte.

Kriegsspiele Zu einer der frühesten und umstrittensten Anwendungen der Spieltheorie kam es während des Kalten Krieges. Sowohl die Sowjetunion als auch die Vereinigten Staaten verfügten über Kernwaffen mit dem Potenzial, dem Gegner vernichtende Schäden zuzufügen. Beide Kontrahenten wussten, dass das Abfeuern eines einzigen Sprengkopfes die sichere Zerstörung des eigenen wie des gegnerischen Landes nach sich gezogen hätte, da der Gegner sofort einen Vergeltungsschlag geführt hätte. Tatsächlich verglich der Philosoph Bertrand Russell das nukleare Wettrüsten mit einem *Chicken Game*.

In seinem 1960 erschienenen und inzwischen als Klassiker geltenden Buch *The Strategy of Conflict* untersuchte Thomas Schelling die Handlungsoptionen der Sowjetunion und der USA aus spieltheoretischer Sicht. Eine seiner überraschenden Schlussfolgerungen lautete, dass Länder in einem solchen atomaren Patt besser daran täten, ihre Waffensysteme zu schützen als ihre Bevölkerung. Dies begründete er damit, dass ein Land, das von sich glaube, es könne die Folgen eines Atomkriegs überstehen, am ehesten einen solchen Krieg beginnen würde. Besser als der flächendeckende Bau nuklearer Schutzräume sei es, die eigene Fähigkeit zu einem Vergeltungsschlag zu demonstrieren, falls der Gegner einen Sprengkopf auf das eigene Territorium abschießen sollte. Solche Erkenntnisse beeinflussten die Art und Weise, wie die Kontrahenten im Kalten Krieg das Spiel mit dem Untergang führten – sie veranlassten sie zum Beispiel dazu, Sprengköpfe auch auf U-Booten und nicht nur an Land zu stationieren. Dadurch wusste keine Seite von der anderen genau, über wie viele Raketen sie verfügte, wo die Abschussbasen lagen und auf welche Ziele sie gerichtet waren, doch stachelte diese Unsicherheit das Wettrüsten nur um so mehr an.

Wissenschaft oder Kunst Ein klassisches Beispiel der Spieltheorie ist Schach. Wann immer wir uns in einem strategischen Spiel mit einem Mitspieler messen, treffen wir Entscheidungen auf der Grundlage des erwarteten Vorgehens unseres Gegners. Die Anzahl der möglichen Schritte in jeder beliebigen Phase des Spiels ist jedoch fast unendlich, so dass wir nur wenige Züge im voraus planen können und uns nichts anderes übrig bleibt, als auf Erfahrung und Intuition zu setzen, um die Lücken zu füllen.

Die Spieltheorie ist nach wie vor einer der sich am schnellsten entwickelnden Bereiche der Wirtschaftswissenschaften und wir verdanken ihr wichtige Erkenntnisse über das menschliche Verhalten. Dennoch ist sie nach Auffassung eines ihrer weltweit führenden Experten, Avinash Dixit von der Princeton University, noch keineswegs abgeschlossen. „Der Entwurf einer erfolgreichen Strategie bleibt in vielerlei Hinsicht eine Kunst."

Worum es geht
Menschen verfolgen unterschiedliche Strategien in Spielen

48 Kriminalökonomie

**Was geschieht, wenn die Ökonomie vom Vorstandszimmer ins Schlaf-
zimmer verlegt wird, oder wenn sie eher der Beschäftigung mit
Verbrechern als mit Unternehmen dient? Was bedeutet es, wenn ihre
Werkzeuge zweckentfremdet werden, um die unterschiedlichsten
Themen vom Schwarzmarkt bis zum Familienleben zu untersuchen?
Die Werkzeuge der Wirtschaftstheorie – von Angebot und Nachfrage bis
zur Spieltheorie – sind so vielseitig und universal, dass mit ihnen alle
möglichen Themen beleuchtet werden können, die scheinbar nichts
miteinander zu tun haben.**

Nehmen Sie das Beispiel des Bagel-Verkäufers aus dem 2005 erschienenen Buch
Freakonomics von Steven Levitt und Stephen Dubner, das auf Untersuchungen des
Ökonomie-Professors Levitt beruht. Ein Bagel-Verkäufer beliefert Unternehmen mit
seinem Gebäck und stellt einfach eine Sammelbox für die Bezahlung daneben, anstatt mühsam den Preis bei jedem einzelnen Kunden abzukassieren. Dieses System,
das auf der Ehrlichkeit der Kunden beruht, funktioniert recht gut. Viel interessanter
sind jedoch die Erkenntnisse, die sich aus den Datensammlungen des Bagel-Verkäufers ergeben: Beispielsweise sind die Menschen ehrlicher, wenn sie in kleineren Bü-
ros arbeiten, wenn das Wetter gut ist und wenn ein Feiertag vor der Tür steht.

Das Buch wartet mit unkonventionellen Schlussfolgerungen zu einigen der umstrittensten Themen der modernen Gesellschaft – etwa Abtreibung und Rassenzuge-
hörigkeit – auf. Unter anderem enthüllt es überraschende Zusammenhänge zwischen dem Ku-Klux-Klan und Immobilienmaklern, und es deckt die kleinen Betrügereien von Lehrern in Chicago und von Sumo-Ringern auf.

Entscheidend ist jedoch, dass die Grundkonzepte der Ökonomie – Angebot und
Nachfrage, die unsichtbare Hand, Handlungsanreize oder sonstige Bestandteile des
Pantheons der Wirtschaftswissenschaften – auch in unkonventionellen Umgebun-
gen, die keine Märkte sind, anwendbar sind. Immerhin beschäftigt sich die Ökonomie mit der menschlichen Entscheidungsfindung, und dazu ist nicht unbedingt ein
mit Geld zusammenhängender Hintergrund erforderlich.

Zeitleiste

1776

Adam Smith veröffentlicht
Der Wohlstand der Nationen

Elternschaft: Selbstlosigkeit oder Investition?

Die meisten Eltern behandeln ihre Kinder mit offensichtlicher Selbstlosigkeit. Sie überschütten sie mit Aufmerksamkeit und Geschenken, ohne dafür eine direkte Belohnung zurückzubekommen, und scheinen sich nicht darum zu kümmern, dass ihre Sprösslinge während des größten Teils ihrer Kindheit von Natur aus egoistisch sind. Während gemeinhin unterstellt wird, dass dies eben das Wesen der Familienliebe sei, argumentiert Becker anders. Seiner Ansicht nach ist die Milde der Eltern vielmehr eine indirekte Investition in ihre Alterssicherung. Denn die Rendite aus der Investition in Kinder übersteige diejenige der üblichen Vorsorgeinstrumente, weil ein erfolgreiches und wohlhabendes Kind sich später um seine Eltern kümmere.

Doch Levitt und Dubner waren in ihrem Bestseller, der in den folgenden Jahren eine Reihe von Nachahmern auf den Plan rief, nicht die ersten, die die Regeln der Wirtschaftswissenschaften auf das normale Alltagsleben anwendeten. Der Pionier dieser Methode war Gary Becker, Ökonom an der Universität von Chicago. Becker, der 1992 den Nobelpreis erhielt, zeigte, dass jeder Mensch – ob Verbrecher, Rassist, Familienangehöriger oder Drogenabhängiger – in gewisser Weise durch wirtschaftliche Kräfte wie rationale Entscheidungsfindung und Anreize beeinflusst wird.

Nicht erwischt werden Im Zentrum von Beckers Theorien und Argumente steht der Gedanke, dass fast alles seinen Preis hat, auch wenn es ein sozialer oder emotionaler Preis und kein konkreter Geldbetrag ist. Seiner Ansicht nach erhöhten beispielsweise Menschen, die Minderheiten benachteiligen, häufig mental die Kosten einer Transaktion, wenn sie zu einer Interaktion mit ihnen gezwungen sind.

Sein Heureka-Erlebnis hatte Gary Becker, als er einmal entscheiden musste, ob er sein Auto bequem im Parkverbot oder mit größerem Aufwand einige Blocks weiter im Parkhaus parken sollte. Er entschied sich für das Parkverbot, weil ihm das Risiko, erwischt und bestraft zu werden, nicht groß genug erschien, um den zusätzlichen Aufwand für den längeren Fußweg zum Park-

> ❜ Da es sich bei der Wissenschaft der Ökonomie eher um eine Werkzeugkiste als um einen Betrachtungsgegenstand handelt, liegt auch das abstruseste Thema nicht außerhalb ihrer Reichweite. ❛
>
> **Steven Levitt**

1992	2003	2005
Gary Becker gewinnt den Nobelpreis für Wirtschaftswissenschaften	Steven Levitt erhält die John Bates Clark Medal	*Freakonomics* wird veröffentlicht

> **Die Verbrechenshäufigkeit hängt nicht nur von den Überlegungen und Vorlieben möglicher Verbrecher ab, sondern auch vom wirtschaftlichen und sozialen Umfeld, das die Politik schafft. Dazu gehören etwa die Ausgaben für die Polizei, das Strafmaß für verschiedene Vergehen und die Chancen auf Beschäftigung, Schulbildung und Weiterbildungsprogramme.**
> Gary Becker

haus zu rechtfertigen. Ähnliche Abwägungen, so folgerte er, wurden auch von Verbrechern vorgenommen, wenn sie eine Straftat begingen.

Diese Schlussfolgerung ist von großer Bedeutung dafür, wie die Justiz eines Landes geordnet wird, weil sie ein Argument für härtere Strafen darstellt. Je härter die Strafen, desto höher sind die Kosten, wenn man erwischt wird, und desto größer ist die Abschreckungswirkung. Mit dieser Erkenntnis wurde Becker zum Nobelpreisträger.

Seine Theorie wurde einige Jahre später von Levitt bewiesen, der die Kriminalitätsraten von Jugendlichen in verschiedenen US-Staaten mit denen der Erwachsenen verglich. Wie sich herausstellte, ließen die kriminellen Aktivitäten der Jugendlichen in der Regel nach, sobald sie alt genug waren, um die weit härteren Strafen für Erwachsene fürchten zu müssen.

Tim Hartford, der Autor von *The Undercover Economist* (*Warum die Reichen reich sind und die Armen arm und Sie nie einen günstigen Gebrauchtwagen bekommen*), erlebte dies am eigenen Leib, als er mit Becker zu einem Restaurant fuhr. Der Nobelpreisträger parkte seinen Wagen in einer Parkbucht mit einer Höchstdauer von 30 Minuten, die er natürlich weit überschritt. Da die Parkbuchten nicht so häufig kontrolliert wurden, nahm er das Risiko, erwischt zu werden, für seine Bequemlichkeit in Kauf. Er erklärte, dass er das regelmäßig so handhabe und die gelegentlichen Strafzettel ihn nicht davon abhielten. Er verhielt sich einfach nur rational.

Soziale Anwendungen Natürlich werden die Wirtschaftswissenschaften nicht nur auf die Kriminalität angewendet. So wies Harford nach, dass Teilnehmer an Speed-Dating-Veranstaltungen ihre Erwartungen an den gesuchten Partner nicht an den eigenen grundsätzlichen Ansprüchen, sondern an den tatsächlich anwesenden Kandidaten ausrichten und entsprechend erhöhen oder zurückschrauben. Die Anzahl der Teilnehmer, die einen Partner finden, bleibt unabhängig von der Attraktivität der Anwesenden konstant. Hierbei handelt es sich im Wesentlichen um das Phänomen der Verankerung, eines Konzepts der Verhaltensökonomie (▶ Kapitel 46).

Levitt beweist anhand der Wirtschaftstheorie, dass die Erziehung einen geringeren Einfluss auf Kinder als der wirtschaftliche und häufig auch der ethnische Hintergrund ihrer Eltern hat. Aufsehen erregte er mit seiner Behauptung, der Grund für die rückläufigen Verbrechensraten der 1990er-Jahre in den USA sei die Legalisierung der Abtreibung in den 1970er-Jahren, weil daraufhin sozial benachteiligte Familien nicht mehr so viele Kinder bekamen.

„In der Makroökonomie geht es eigentlich nicht um menschliches Verhalten", meint Levitt:

> Die Ökonomie ist eines von mehreren Werkzeugen, um die Welt zu betrachten. Aber sie führt zu absurden Schlussfolgerungen, weil sie sich nicht um Dinge wie Fairness, Moral oder psychologische Faktoren kümmert.
>
> Aus Sicht der Ökonomie wäre es richtig, als Strafe für unberechtigtes Parken auf einem Behindertenparkplatz in sehr seltenen Fällen die Exekution oder Folterung vorzusehen – und ich halte das für absolut vernünftig.

Auch wenn es Grenzen für die Anwendbarkeit der Ökonomie auf den Alltag gibt, vermittelt sie den Politikern eine eindeutige Lehre: Die Ökonomie ist kein perfekter Rahmen, um die Welt zu betrachten. Aber sie ist die bestmögliche verfügbare Methode um herauszufinden, wie man Menschen beeinflusst und ihr Verhalten vorhersagt. Das gilt für unsere kleinen Betrügereien im sozialen Umfeld genauso wie für unsere finanziellen Anliegen. Diese Schlussfolgerung hätte Adam Smith ganz sicher aus dem Herzen gesprochen.

Worum es geht
Die Ökonomie kann auf alles angewendet werden

49 Glücksökonomie

In den 1970er-Jahren gab die Wirtschaftslage im winzigen Königreich Bhutan im Himalaya Anlass zur Sorge. Gemessen an den üblichen Maßstäben – Bruttoinlandsprodukt, Nationaleinkommen oder Beschäftigung – wuchs die Wirtschaft nur im Schneckentempo. Deshalb entschloss sich der König zu einem ungewöhnlichen Schritt: Von nun an sollte der Fortschritt in Bhutan nicht mehr an den traditionellen wirtschaftlichen Kennzahlen, sondern am Bruttoinlandsglück des Landes gemessen werden.

Die Idee des Königs hätte lediglich eine unkonventionelle Antwort auf die Kritik aus dem Ausland sein können, aber sie entwickelte sich zu einer wichtigen und zunehmend anerkannten Disziplin der Glücksökonomie. Mit diesem Thema können die meisten Menschen etwas anfangen. Auf der Ebene der Nationen und der Individuen haben sich Wohlstand und Gesundheit fast überall verbessert. Allerdings ging diese Entwicklung mit einer zunehmenden Unzufriedenheit einher. Die Menschen in den reichen Nationen sind in den vergangenen 50 Jahren immer unglücklicher geworden.

Das Streben nach Glück   Die traditionelle Ökonomie kann dafür keine zufrieden stellende Erklärung bieten. Seit Adam Smith wurde angenommen, der Wohlstand sei die wichtigste Messgröße für den Fortschritt eines Landes. Deshalb – und weil Geld leicht zu messen ist – konzentrierten sich die Ökonomen gern auf Kennzahlen wie das Bruttoinlandsprodukt, die Arbeitslosigkeit und eine Handvoll sozialer Kriterien wie Lebenserwartung und Verteilungsgerechtigkeit. Aber erst vor kurzem kam auch das Glück ins Spiel. In Anbetracht dessen, wie wichtig das Thema der Zufriedenheit von frühester Zeit an für die Philosophen war, ist dies doch überraschend.

Allerdings war der Gedanke, den Fortschritt eines Landes anhand seines Glücks zu messen, schon vor 20 Jahren nicht neu. Thomas Jefferson bestimmte schon 1776, dass die Amerikaner nicht nur ein Recht auf Leben und Freiheit, sondern auch auf

Zeitleiste

1776

In der amerikanischen Unabhängigkeitserklärung werden das Recht auf Leben, Freiheit und das Streben nach Glück festgeschrieben

1780

Jeremy Bentham stellt die Forderung auf, jeder Mensch solle nach „größtmöglichem Glück" streben das „Streben nach Glück" haben sollten. Jeremy Bentheim forderte als Begründer des Utilitarismus im 19. Jahrhundert, dass die Menschen „das größtmögliche Maß an Glück" anstreben sollten.

In Bhutan scheint das Streben nach Glück eindeutig erfolgreich gewesen zu sein. Seit das Bruttoinlandsglück gemessen wird, ist das Land selbst nach den herkömmlichen ökonomischen Maßstäben in einem bemerkenswerten Tempo gewachsen. Im Jahr 2007 verzeichnete es die zweithöchste Wachstumsrate weltweit und steigerte dabei sogar noch das Bruttoinlandsglück. Damit die Menschen auch weiter zufrieden blieben, müssen 60 Prozent des Landes bewaldet bleiben, während das jährliche Wachstum des Tourismus, der das Glück offensichtlich zu beeinträchtigen scheint, begrenzt wird. Geld wird von den Reichen zu den Armen umverteilt, um die Massenarmut zu bekämpfen.

Wie kann man Glück messen? Die Bemühungen, Bhutan glücklicher zu machen, scheinen von Erfolg gekrönt zu sein. In einer Umfrage im Jahr 2005 gaben nur drei Prozent der Menschen an, nicht glücklich zu sein, während sich fast die Hälfte der Bevölkerung als sehr glücklich bezeichnete. Aber solche Umfragen sind häufig vage, wenig überzeugend und empirisch kaum vergleichbar. Glück ist weit schwieriger zu messen als beispielsweise der Lebensstandard oder die Lebenserwartung. Deshalb wurde der Glücksfaktor in der Ökonomie auch vernachlässigt. Aber dank der jüngsten Fortschritte bei Hirnscannern fanden die Neurowissenschaftler heraus, welcher Teil des zentralen Nervensystems durch das Glück am stärksten stimuliert wird. Ihre Ergebnisse trugen dazu bei, die wissenschaftliche Glaubwürdigkeit der Kenngrößen des Glücks zu untermauern.

Die Hierarchie der Bedürfnisse

Es gibt einige menschliche Grundbedürfnisse, die erfüllt sein müssen, um glücklich zu sein. Sie reichen von körperlichen Bedürfnissen (Atmung, Schlaf, Nahrung) über Sicherheit (Unterkunft, Arbeitsplatz) bis hin zu Liebe, Selbstachtung und Moral. Diese so genannte Bedürfnispyramide geht auf den Psychologen Abraham Maslow zurück, der in einem Artikel aus dem Jahr 1943 untersuchte, welche Voraussetzungen für die menschliche Zufriedenheit vorhanden sein mussten. Glücksökonomen haben festgestellt, dass das Glück eines Menschen häufig abnimmt, sobald seine existenziellen Bedürfnisse – körperliche Bedürfnisse und Sicherheit – erfüllt sind.

1972
Bhutan beginnt mit der Entwicklung eines Index für das Bruttoinlandsglück

2006
Nach einem Putsch der Armee in Thailand erstellt der neue Premierminister Surayud Chulanot einen ähnlichen Index

> ❞ **Das Konzept des Bruttoinlandsglücks verbindet die Entwicklungsziele Bhutans mit dem Streben nach Glück. In dem Konzept spiegelt sich also Bhutans Vision des Sinns des menschlichen Lebens. Diese Vision stellt die Selbstentfaltung des Einzelnen in den Mittelpunkt.** ❝
>
> Dasho Meghraj Gurung,
> **Minister in Bhutan**

Erst seit wenigen Jahrzehnten unternehmen Ökonomen und Psychologen ernsthafte Versuche, das Glück der Menschen in langfristigen Studien zu untersuchen. Nach ihren Schlussfolgerungen steigt zwar das Glück mit zunehmendem Wohlstand, allerdings immer schwächer, je größer der Abstand zur Armutsgrenze ist. Dem britischen Ökonomen Richard Leier zufolge, der sich auf die Glücksökonomie spezialisiert hat, machen Gehaltserhöhungen die Menschen ab einem landesweit durchschnittlichen Gehalt von über 20 000 Pfund nicht mehr glücklicher, sondern sogar zunehmend unzufriedener. In der Sprache der Wirtschaft kommt es also jenseits dieser Schwelle zu sinkenden Glückserträgen.

Richard Easterlin, der zu den Pionieren der Studie zählt, bezeichnet dies als „hedonischen Zyklus" (abgeleitet aus dem alten griechischen Wort für Vergnügen): Der Mensch gewöhnt sich sehr schnell an Reichtum und hält seinen Lebensstandard für selbstverständlich. Wie darüber hinaus Forschungen aus dem Bereich der Verhaltensökonomie (Kapitel 46) gezeigt haben, messen wir unsere Zufriedenheit nicht mehr am Kriterium unseres absoluten Wohlstands oder unserer Leistungen, sobald unsere Grundbedürfnisse erfüllt sind, sondern am Kriterium des Vergleichs zu anderen. Die Behauptung, dass man mit dem eigenen Gehalt zufrieden sei, solange es über dem des Mannes der Schwester der eigenen Frau liegt, wird in der Psychologie eindeutig bestätigt. Solche Erkenntnisse deuten auch darauf hin, dass eine Kultur, in der wir rund um die Uhr mit Details aus dem Leben der Reichen und Schönen bombardiert werden, die Zufriedenheit der Menschen noch weiter untergraben wird.

Geld ist nicht alles   Minister aus allen Teilen Großbritanniens, Australiens, Chinas und Thailands befinden sich auf der Suche nach einer international vergleichbaren Messgröße für das nationale Wohlergehen. Auch wenn sich klassische Ökonomen bisweilen darüber lustig machen, wäre es falsch anzunehmen, dass das derzeitige Spektrum der Messgrößen für den Fortschritt eines Landes in Stein gemeißelt wäre. So entwickelte die New Economics Foundation den Happy Planet Index, der eine Kombination aus persönlicher Zufriedenheit, Lebenserwartung und ökologischem Fußabdruck der Einwohner eines Landes darstellt. Den ersten Platz in diesem Index nahm 2006 die Pazifikinsel Vanuatu ein, gefolgt von Kolumbien und Costa Rica, während Burundi, Swasiland und Simbabwe weit abgeschlagen auf den hinteren Plätzen lagen. Die Mehrheit der reichsten Länder der Welt einschließlich der USA und Großbritanniens landeten in der unteren Hälfte der Liste.

Die Glücksökonomie findet auch zunehmenden Anklang bei Politikern in den Industrieländern. Sie überlegten beispielsweise, ob höhere Steuern für Großverdiener die Gesellschaft insgesamt glücklicher machen, weil dies dem Neid entgegenwirke. Eine andere Idee lautet, dass Unternehmen die Vergütung ihrer Mitarbeiter weniger stark von ihren Verdiensten abhängig machen sollten. Lord Layard schlug vor, eine kognitive Verhaltenstherapie für die gesamte Bevölkerung zu finanzieren. Natürlich sind solche Ideen sehr kontrovers, aber Politiker in Großbritannien und den USA nutzen sie dazu, ihre politikmüden Wähler anzusprechen.

Nach dem anfänglichen Erfolg der Glücksökonomie kam es zu einer leichten Gegenbewegung. Einige Psychologen argumentieren, dass Unzufriedenheit und Neid den positiven Effekt haben, die Menschen zur Auseinandersetzung mit sich selbst und zur Verbesserung ihrer Lage zu zwingen. Außerdem stellt sich noch die Frage, ob das Streben nach Glück auf der Ebene eines Landes aus ethischer Sicht gerechtfertigt ist. Im Jahr 1990 verwies Bhutan 100 000 Angehörige von Minderheiten des Landes. Dieser Schritt mag das nationale Glück des Landes gefördert haben, aber auf Kosten der Menschenrechte. Wohlstand ist sicherlich nicht alles, aber Glück auch nicht.

Worum es geht
Nicht alles dreht sich in den Wirtschaftswissenschaften ums Geld

50 Ökonomie im 21. Jahrhundert

Die Ökonomen sahen sich schon häufig Spott ausgesetzt, weil sie große Veränderungen in der Finanzwelt nicht vorhergesehen oder Signale, die einen Aktiencrash ankündigten, falsch gedeutet hatten. Doch nun, zu Beginn des dritten Jahrtausends, werden der Disziplin grundsätzliche Fragen gestellt, die sich nicht so leicht abtun lassen.

Zunächst ist zu erwähnen, dass die wichtigsten Doktrinen, wie sie zuerst von John Maynard Keynes und dann Milton Friedmann entwickelt wurden, im 20. Jahrhundert einer Belastungsprobe unterzogen worden, häufig mit ungünstigem Ergebnis.

Daneben liegt auch ein grundsätzlicheres Versagen vor. Seit ihrem Entstehen ging die Ökonomie mehr oder weniger davon aus, dass Menschen rational handeln: Sie verfolgen stets ihr Eigeninteresse, und dies wiederum verbessert in einem funktionierenden Markt letztlich das Wohlergehen der Gesellschaft als Ganzes (▶ Kapitel 1).

Das erklärt jedoch nicht, warum die Menschen so häufig Entscheidungen treffen, die ganz offensichtlich nicht in ihrem Eigeninteresse liegen. Schließlich würde es niemand als sein Interesse bezeichnen, früh ins Grab zu kommen, aber trotz aller Informationen über die Gefahren von Lungenkrebs und Übergewicht rauchen viele Menschen und essen zu viel Fett. Ähnliche Argumente wurden auch gegen den Klimawandel und die Umweltverschmutzung vorgebracht.

Neue Disziplinen wie die Verhaltensökonomie (▶ Kapitel 46) haben gezeigt, dass die Menschen sehr häufig Entscheidungen treffen, die keineswegs darauf beruhen, was für sie am besten wäre. Vielmehr wenden sie ein heuristisches Vorgehen an, wobei sie Rückschlüsse aus eigenen Erfahrungen ziehen oder das Verhalten anderer Menschen kopieren.

Zeitleiste

1776

Adam Smith veröffentlicht
Der Wohlstand der Nationen

1930er-Jahre

Die Große Depression macht die
Keynes'schen Ideen populär

Das Elend der Hypotheken

Die konventionelle Ökonomie nimmt an, dass die Menschen geschickt das ihren Interessen am besten entsprechende Produkt auswählen, auch wenn das schwierig ist. Wie wenig begründet diese Annahme ist, zeigte sich, als die Häusermärkte Anfang der 2000er-Jahre in den USA boomten. Viele Familien mit niedrigem Einkommen nahmen Hypotheken auf, ohne zu erkennen, dass ihre monatlichen Raten nach wenigen Jahren niedriger Zinsbelastungen auf eine Höhe schnellen würden, die ihre Verhältnisse weit überstiegen. Die konventionellen Ökonomen sahen das Ausmaß des folgenden Zusammenbruch teilweise deshalb nicht vorher, weil sie nicht erkannten, dass zu viele Menschen eindeutig vernunftwidrige Entscheidungen trafen, die sie letztlich das Dach über ihrem Kopf kosten würden.

Ein bunter Strauß   Im Licht der Erkenntnis, dass die Menschen nicht immer rational handeln, werden die Aufsichtsbehörden in Zukunft wahrscheinlich die Zügel anziehen. So gibt es bereits Ansätze zu einer stärkeren Regulierung des Hypothekenmarkts, damit Verbraucher nicht mehr so leichtfertig Entscheidungen treffen können, die ihrem besten langfristigen Interesse widersprechen.

Besaß die Ökonomie einmal einen fast grenzenlosen Glauben an die Fähigkeit der Märkte, die Ergebnisse zu steuern, stellt sie heute auch die Frage, ob die Märkte immer das gewünschte Ergebnis liefern. Damit ähnelt sie eher dem modernen Roman, der aus einer Vielzahl von Erzählstilen auswählt, anstatt sich auf nur einen zu beschränken. Auch die Ökonomie des 21. Jahrhunderts wird einen bunten Strauß darstellen, der sich aus dem Keynesianismus, dem Monetarismus, der Theorie der rationalen Märkte und der verhaltensorientierten Ökonomie zusammensetzt und schließlich eine neue Mischung ergibt.

Worum es geht

Eingreifen, wenn sich die Menschen vernunftwidrig verhalten

Anfang der **1980**er-Jahre	**1990**er-Jahre	**2000**er-Jahre
Ronald Reagan und Margaret Thatcher wenden monetaristische Maßnahmen an	Die verhaltensorientierte Ökonomie gewinnt an Popularität	Die Disziplinen der Ökonomie verschmelzen zu einer neuen Mischung

Glossar

Absoluter Vorteil Ein Land verfügt über einen absoluten Vorteil, wenn es Güter effizienter, also mit weniger Aufwand und Mühe, als ein anderes Land herstellen kann.

Aggregat Ein anderes Wort für eine Gesamtmenge, beispielsweise das Bruttoinlandsprodukt oder der Gesamtumsatz eines Unternehmens im Jahr.

Aktien Ein Anteil an einem Unternehmen. Aktien berechtigen den Inhaber zu einer Dividende und einem Stimmrecht in der Hauptversammlung.

Angebot Die gesamte Menge von Gütern oder Dienstleistungen, die zu einem bestimmten Preis gekauft werden können. Angebot und Nachfrage sind die Motoren der Marktwirtschaft.

Anleihe Schuldschein eines Landes oder Unternehmens.

Ausfallereignis Eine Privatperson, ein Unternehmen oder ein Land kann ihre bzw. seine Schulden nicht zurückzahlen.

Automatische Stabilisatoren Einnahmen und Ausgaben eines Staates, die steigen oder sinken, um die Konjunkturzyklen der Wirtschaft auszugleichen.

Bärenmarkt Ein anhaltender Rückgang am Aktienmarkt, der zur Ausbreitung einer pessimistischen Stimmung und schrumpfendem Wachstum führt.

Beschäftigungsquote Der Anteil der Erwerbstätigen, die einen Arbeitsplatz haben.

Bullenmarkt Eine von großem Anlegervertrauen geprägte Marktlage, die zur Ausbreitung einer optimistischen Marktstimmung und steigendem Wachstum führt.

Defizit Ein Fehlbetrag – sei es das Haushaltsdefizit eines Staates oder das Leistungsbilanzdefizit eines Landes.

Deflation Eine Situation, in der die Güterpreise in einer Wirtschaft durchschnittlich sinken anstatt zu steigen.

Depression Eine schwere Rezession. Einer verbreiteten Definition zufolge handelt es sich um einen Rückgang des Bruttoinlandsprodukts um zehn Prozent oder um eine mindestens drei Jahre in Folge schrumpfende Wirtschaftsleistung.

Exporte Güter und Dienstleistungen, die im Inland hergestellt und ins Ausland verkauft werden.

Fiskalpolitik Die Entscheidungen eines Staates darüber, wofür er sein Geld ausgibt, welche Steuern er erhebt und wie viel Geld er aufnimmt.

Geld Vermögenswert, der in der Regel dazu verwendet wird, Güter zu kaufen und Schulden zu begleichen. Es handelt sich um ein Tauschmedium, eine Rechnungseinheit und ein Wertaufbewahrungsmittel.

Geldangebot Die Geldmenge, die in einer Wirtschaft im Umlauf ist.

Geldmärkte Die Marktplätze, auf denen kurzfristiges Geld gehandelt wird – mit Laufzeiten von wenigen Stunden bis zu einem Jahr.

Geldpolitik Die Entscheidungen einer Regierung oder häufiger der Zentralbank, wie viel Geld zu welchem Preis in der Wirtschaft in Umlauf sein sollte.

Gleichgewichtspreis Der Preis, bei dem die Versorgung mit Gütern der Nachfrage entspricht.

Goldstandard Ein internationales System, in dem die Währungen der Länder im Verhältnis zum Goldpreis festgelegt werden.

Grenznutzen Der Unterschied, den es macht, eine zusätzliche Einheit zu kaufen oder zu verkaufen, gemessen an den Durchschnittskosten eines Produkts.

Hedgefonds Anlageinstrumente, die auf steigende oder fallende Unternehmenswerte sowie viele andere komplexere Strategien setzen.

Hyperinflation Eine Situation, in der die Inflation außer Kontrolle gerät. Dieses äußerst gefährliche Phänomen trat bekanntermaßen in Deutschland Ende der 1920er-Jahre und in Simbabwe in den 2000er-Jahren auf.

Importe Güter und Dienstleistungen, die im Ausland gekauft werden.

Inflation Die Teuerungsrate der Güter in einer Volkswirtschaft.

IWF Der Internationale Währungsfonds. Eine internationale Organisation, deren Aufgabe die Überwachung der Weltwirtschaft und die Rettung von Ländern in Finanzkrisen ist.

Kapital Geld oder physische Vermögenswerte, die zur Erzeugung von Einkommen eingesetzt werden.

Kapitalismus Wirtschaftssystem, in dem sich das Kapital in privater und Unternehmerhand befindet.

Kapitalkontrollen Vom Staat auferlegte Beschränkungen, wie viel Kapital in ein Land fließen bzw. es verlassen darf.

Kapitalmärkte Umfassender Begriff für Märkte, an denen Aktien und Anleihen emittiert und gehandelt werden.

Kommunismus Die marxistische Idee, wonach der Kapitalismus von einer Gesellschaft abgelöst werde, in der die Menschen (oder vielmehr der

Staat) die Produktionsmittel für die Wirtschaft besitzen.

Kredit Höfliche Umschreibung für Schulden. Ein Versprechen, jemandem in Zukunft etwas zu bezahlen, was er uns heute schon geliehen hat.

Kreditklemme Eine Finanzkrise, in der die Banken nur noch zögerlich oder gar kein Geld mehr verleihen, worunter der Rest der Wirtschaft leidet.

Laisser-faire Aus dem Französischen: Andere tun lassen, was sie wollen. Die Einstellung eines Staates, den Markt so weit wie möglich sich selbst zu überlassen.

Liquidität Eine Messgröße dafür, wie leicht und einfach ein Vermögenswert – ein Haus, einen Barren Gold oder eine Packung Zigaretten – gegen Geld oder andere Währungen getauscht werden kann.

Makroökonomie Die Wirtschaftswissenschaft auf Ebene der Volkswirtschaften und auf internationaler Ebene. Sie untersucht aus der Vogelperspektive, wie eine Volkswirtschaft funktioniert und welche Faktoren für ihr Bruttoinlandsprodukt, die Preise oder die Arbeitslosigkeit verantwortlich sind.

Markt Handelsplatz, auf dem Käufer und Verkäufer (häufig virtuell) zusammenkommen, um mit Gütern und Dienstleistungen zu handeln.

Mikroökonomie Die Untersuchung der Wirtschaft aus der Detailperspektive. Sie fragt etwa danach, warum

Menschen bestimmte Entscheidungen treffen und wie Unternehmen rentabel werden.

Monopol Ausschließliche Kontrolle, die der Anbieter eines bestimmten Produkts über den Markt ausübt.

Nachfrage Die gesamte Menge an Gütern oder Dienstleistungen, die Menschen zu einem gegebenen Preis zu kaufen bereit sind. Normalerweise geht die Nachfrage bei steigenden Preisen zurück.

Negatives Eigenkapital Wenn ein Vermögenswert, etwa ein Haus, unter den Betrag der Hypothek oder des Darlehens, mit dem er finanziert wird, sinkt.

Null-Summen-Spiel Hier entsprechen die Gewinne des einen den Verlusten des anderen. Dagegen gibt es auch Situationen, in denen beide Seiten gewisse Vorteile erzielen.

Privatisierung Verkauf eines staatlichen Unternehmens an eine private Organisation.

Produktivität Die Wirtschaftsleistung, die unter Einsatz eines bestimmten Aufwands (etwa einer Anzahl von Stunden oder Arbeitern) erzeugt wird.

Quantitative Geldpolitik Methoden von Zentralbanken, wenn das Instrument der Zinssteuerung nicht mehr greift, wie es in Japan in den 1990er-Jahren und in einem großen Teil der westlichen Welt in den 2000er-Jahren der Fall war. Damit soll eher die Menge als der Preis des Geldes in der Wirtschaft beeinflusst werden.

Rezession Rückgang des wirtschaftlichen Wohlstands eines Landes. Nach gängiger Definition ist dies bei einem schrumpfenden BIP in zwei aufeinander folgenden Quartalen der Fall.

Stagflation Hohe Inflation bei stagnierendem Wirtschaftswachstum.

Sturm auf die Bank Wenn ängstliche Kunden ihre Einlagen bei einer Bank alle gleichzeitig abheben wollen, kann das deren Zusammenbruch bewirken.

Subvention Ein meist von staatlicher Seite gewährter Zuschuss zur Unterstützung eines Unternehmens oder einer Branche. Subventionen werden häufig mit Protektionismus in Verbindung gebracht.

Wertpapiere Finanzkontrakte, die ein Recht an einem Vermögenswert wie Anleihen und Aktien bis hin zu komplexen Derivaten einräumen.

Zentralbank Die wichtigste Geldbehörde eines Landes. Sie gibt die Landeswährung aus und reguliert die Geldversorgung – insbesondere über die Steuerung der Zinssätze.

Zinsen Der in Prozent ausgedrückte Betrag, den jemand für ein Investition erhält. Umgekehrt ist es der Betrag, der für die Aufnahme von Geld gezahlt werden muss.

Zoll Abgabe, die ein Land auf aus dem Ausland importierte Waren erhebt.

Index

Bibliografische Information der Deutschen Nationalbibliothek
Die Deutsche Nationalbibliothek verzeichnet diese Publikation in der Deutschen Nationalbibliografie; detaillierte bibliografische Daten sind im Internet über http://dnb.d-nb.de abrufbar.

Springer ist ein Unternehmen von Springer Science+Business Media
springer.de

© Spektrum Akademischer Verlag Heidelberg 2011
Spektrum Akademischer Verlag ist ein Imprint von Springer

11 12 13 14 15   5 4 3 2 1

Planung und Lektorat: Frank Wigger, Martina Mechler
Redaktion: Peter Wittmann
Satz: TypoDesign Hecker. Leimen
Umschlaggestaltung: wsp design Werbeagentur GmbH, Heidelberg
Titelfotografie: © Matthias Kulka/Zeta/Corbis

ISBN 978-3-8274-2634-5

Printed in the United States
By Bookmasters